Herausgeber
Sanacorp eG Pharmazeutische Großhandlung

Betriebswirtschaftliche und steuerrechtliche Grundlagen für Pharmaziepraktikanten

Sanacorp

SASKA VERLAG

Bibliografische Information der Deutschen Bibliothek

Die Deutsche Bibliothek verzeichnet diese Publikation in der Deutschen Nationalbibliografie; detaillierte bibliografische Daten sind im Internet über http://dnb.ddb.de abrufbar.

ISBN 978-3-935120-13-5

Hinweise für den Benutzer:

Das vorliegende Werk ist konzipiert zur Unterstützung der Pharmaziepraktikanten zur Vorbereitung auf das dritte Staatsexamen in den Bereichen Betriebswirtschaftslehre und kaufmännisches Recht. Die Darstellung orientiert sich an den im begleitenden Unterricht gebotenen Lehrveranstaltungen zu den Themengebieten Steuerrecht, Rechnungslegung, Finanzierung und Leistungsfaktoren der Apotheke.

Die Wiedergabe von Gebrauchsnamen, Handelsnamen, Warenbezeichnungen usw. in diesem Werk berechtigt auch ohne besondere Kennzeichnung nicht zu der Annahme, dass solche Namen im Sinne der Warenzeichen- und Markenschutzgesetzgebung als frei zu betrachten wären und daher von jedermann benutzt werden dürfen.
Der Leser darf darauf vertrauen, dass Herausgeber, Autoren, Bearbeiter und Verlag große Mühe darauf verwandt haben, alle Angaben in diesem Werk genau dem Wissensstand entsprechend zu bearbeiten. Bei der Vielzahl der in diesem Werk enthaltenen Daten und Informationen sind Irrtümer oder Fehler nicht völlig auszuschließen. Für etwaige inhaltliche Unrichtigkeiten des Buches können deshalb Herausgeber, Autoren und Verlag keinerlei Verantwortung oder Haftung übernehmen.

Repro: Reprotechnik Grabl, Pentling
Druck: hm-Druck, Regensburg

Betriebswirtschaftliche und steuerrechtliche Grundlagen für Pharmaziepraktikanten

Manuskript für die begleitenden Unterrichtsveranstaltungen im dritten Ausbildungsabschnitt der Approbationsordnung für Apotheker

12. überarbeitete und erweiterte Auflage

Sanacorp eG Pharmazeutische Großhandlung

(Herausgeber)

bearbeitet von

Oliver Ammedick
Diplom Kaufmann
Sanacorp Pharmahandel GmbH

Dr. Andreas Frankenheim
Diplom Kaufmann - Steuerberater
Kanzlei Dr. Frankenheim & Rehm

Dr. Eugen Leippi
Diplom Kaufmann
Sanacorp Pharmahandel GmbH

Edmund Rehm
Diplom Kaufmann - Steuerberater
Kanzlei Dr. Frankenheim & Rehm

Dr. Thomas Strieder
Diplom Kaufmann
Sanacorp Pharmahandel GmbH

SASKA - Verlag

Inhaltsverzeichnis

VORWORT

Sehr geehrte Leserinnen und Leser dieses Buches,

die "Betriebswirtschaftlichen und steuerrechtlichen Grundlagen für Pharmaziepraktikanten" erscheinen nun bereits in der 12. Auflage. Erneut wurden die Inhalte umfassend aktualisiert und an die neue Rechtssprechung angepasst. So ist mit den "Grundlagen" wieder eine aktuelle Unterstützung der begleitenden Unterrichtsveranstaltungen im dritten Ausbildungsabschnitt gewährleistet. Der im vorliegenden Buch zusammengefasste Stoff ergänzt die Lehrveranstaltungen der Autoren im dritten Ausbildungsabschnitt damit erneut in idealer Weise.

Seit 1970 engagiert sich die Sanacorp und ihre Vorgängerunternehmen, begründet durch ihren Vorstandsvorsitzenden, Herrn Dr. Jürgen Brink, in der Ausbildung angehender Apothekerinnen und Apotheker. Als im Zuge der neuen Approbationsordnung für Apotheker vom 23.08.1971 sozialversicherungsrechtliche, handelsrechtliche und betriebswirtschaftliche Prüfungsinhalte formuliert wurden, musste ein völlig neuer Stoff- und Prüfungskatalog erstellt werden. Mit umfangreichen Arbeiten wurde durch Herrn Dr. Brink Pionierarbeit für die neu geordnete Ausbildung angehender Apothekerinnen und Apotheker geleistet. Seit mehr als 40 Jahren engagiert sich die Sanacorp für diese ehrenamtliche, gleichwohl notwendige und verantwortungsvolle Verpflichtung als apothekereigenes Unternehmen.

Aufgrund vieler Nachfragen von Studenten entstand 1982 auf der Grundlage des Stoff- und Prüfungskataloges sowie der Vorlesungsunterlagen die erste Auflage der "Betriebswirtschaftlichen und steuerrechtlichen Grundlagen für Pharmaziepraktikanten" als zusammengefasstes Manuskript für die Unterrichtsveranstaltungen.

Der Dank des Herausgebers gilt Herrn Dr. Jürgen Brink für sein Engagement und seine Pionierarbeit - und allen Autoren dieses Buches für ihr Mitwirken, ohne das auch die 12. Auflage unmöglich gewesen wäre.

Der Herausgeber

Sanacorp eG Pharmazeutische Großhandlung
Der Vorstand

DER WIRTSCHAFTLICHE RAHMEN DES APOTHEKERS

Teil I

1. Rechtliche Einordnung der Apothekertätigkeit

Der Apotheker ist in einem approbierten Heilberuf als Freiberufler tätig. Er ist insoweit Organ der staatlichen Gesundheitspflege. In Ausübung seiner Tätigkeit unterhält er den Gewerbebetrieb „Apotheke". Der Apotheker ist deshalb **sowohl Freiberufler als auch Gewerbetreibender**. Anders als die freiberuflich tätigen Rechtsanwälte, Notare und Ärzte ist der Apotheker auch Gewerbetreibender und damit insbesondere in steuerrechtlicher Hinsicht den übrigen Gewerbebetrieben – wie etwa den Einzelhandelsunternehmen – gleichgestellt. Neben dem speziellen Berufsrecht zählen deshalb auch Gewerberecht und Steuerrecht ebenso zum rechtlichen Rahmen des Apothekers wie die generell für alle anderen Rechtssubjekte maßgeblichen Bestimmungen, insbesondere des **Bürgerlichen Gesetzbuches (BGB)** und bei Kaufleuten des **Handelsgesetzbuches (HGB)**.

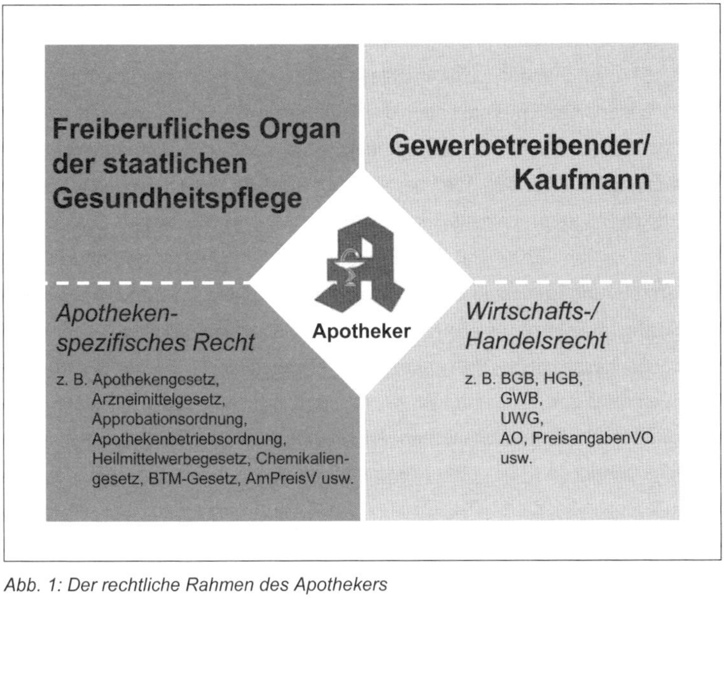

Abb. 1: Der rechtliche Rahmen des Apothekers

1.1 Die apothekenspezifischen Vorschriften

Der Apotheker ist **Organ der Gesundheitspflege**. Die Ausbildung zum Apotheker ist im Einzelnen in der Approbationsordnung für Apotheker geregelt. Die Bedingungen, die vorliegen müssen, um eine Apotheke betreiben zu dürfen, sind in der Bundesapothekerordnung enthalten. Die Tätigkeit des Apothekers ist gesetzlich im **Apothekengesetz (ApoG)** festgehalten und auf dem Apothekengesetz wiederum basiert die **Apothekenbetriebsordnung (ApBetrO)**, in der wesentliche Fragen der Ausgestaltung der Apotheke sowohl in räumlicher und sachlicher als auch in personeller Hinsicht angesprochen werden. Die Tätigkeit des Apothekers ist darüber hinaus wesentlich beeinflusst von den Bestimmungen des **Arzneimittelgesetzes (AMG)**, des **Chemiekaliengesetzes (ChemG)** und des **Betäubungsmittelgesetzes (BtMG)**, das – vereinfacht ausgedrückt – die produktspezifischen gesetzlichen Regelungen enthält. Zum Bereich des Berufsrechts gehören die **Apothekerkammern**; für jeden Apotheker besteht die Pflichtmitgliedschaft in einer der Landesapothekerkammern.

Die Apothekerkammern haben gemäß dem jeweils geltenden Heilberufskammerrecht das Recht und die Verpflichtung, **Berufsordnungen** zu erlassen. Diese Berufsordnungen, die im Wesentlichen im gesamten Bundesgebiet inhaltlich vereinheitlicht sind, halten die Grundsätze des Standesrechtes fest. Zu den apothekenspezifischen Vorschriften zählt auch die **Arzneimittelpreisverordnung (AMPreisV)**, die die Abgabepreise für verschreibungspflichtige (sog. taxpflichtige) Arzneimittel regelt.
Seit 1. Januar 2004 mit dem Inkrafttreten des **Gesundheitssystem-Modernisierungsgesetzes (GMG)** sind die Abgabepreise für sogenannte **OTC-Präparate** (over-the-counter-Arzneimittel, d. h. apothekenpflichtige, aber nicht verschreibungspflichtige Präparate) vom Gesetzgeber freigegeben worden. Damit sind für den Endverbraucher Preisvergleiche notwendig, da nicht mehr zwingend von einem einheitlichen Abgabepreis ausgegangen werden kann. Bislang allerdings hat die Preisfreigabe noch zu kaum erkennbaren Veränderungen geführt. Die meisten Apotheker halten sich an den vom Hersteller empfohlenen Abgabepreis. Lediglich bei Internetapotheken ist ein nennenswerter Preiswettbewerb zu verzeichnen.

Ein kleiner Teil der OTC-Arzneimittel wird allerdings weiterhin von den Kassen erstattet (sog. OTX-Präparate), für die die Preisregelungen aus der alten (vor 2004 geltenden) Arzneimittelpreisverordnung anzuwenden sind.

1.2 Der Apotheker als Kaufmann

Nach § 1 (1) HGB ist Kaufmann, wer ein Handelsgewerbe betreibt. Soll abgeleitet werden, ob der Apotheker als Leiter einer Apotheke Kaufmann ist, so ist zu klären, ob es sich bei der Apotheke um einen Gewerbebetrieb handelt. Die allgemeine juristische Definition für den Begriff „Gewerbe" lautet: „jede rechtlich selbständige, private, substituierbare Tätigkeit, die auf Dauer angelegt ist und planmäßig mit der Absicht der Gewinnerzielung ausgeübt wird". Ein Angestellter eines Unternehmens (nicht rechtlich selbständig), ein öffentliches Unternehmen (nicht privat) oder die rein wissenschaftliche oder künstlerische Tätigkeit stellen damit ebenso wenig ein Gewerbe dar, wie die freien Berufe des Arztes oder Rechtsanwalts (nach § 15 (1) Einkommensteuergesetz (EStG)).

Nach § 1 (2) HGB ist jedes Handelsgewerbe ein Gewerbebetrieb, es sei denn, das Unternehmen erfordert nach Art und Umfang keinen in kaufmännischer Weise eingerichteten Geschäftsbetrieb. In § 15 (2) EStG werden neben den freien Berufen auch die Land- und Forstwirtschaft von der Gewerbedefinition ausgeschlossen, nicht jedoch die Apotheke.

Somit ist die Apotheke nach § 1 (2) HGB ein Gewerbebetrieb und damit der Apotheker als Betreiber der Apotheke nach § 1 (1) HGB Kaufmann. Die Kaufmannseigenschaft ergibt sich somit aus der Art seiner Tätigkeit. Ein Verzicht auf diese rechtliche Einstufung ist nicht möglich. **Der Apotheker ist somit Kaufmann aufgrund seiner Tätigkeit.**

Der Apotheker wird deshalb gewerbe- und steuerrechtlich als Gewerbetreibender behandelt. Dies hat zur Folge, dass der Apotheker wie jeder Gewerbetreibende vom Gewerbeaufsichtsamt kontrolliert wird. Aus dem Gewerberecht wiederum folgen zahlreiche öffentlich-rechtliche Verpflichtungen, die mit der Ausübung des Gewerbes zusammenhängen. Aus der gewerberechtlichen Einordnung des Apothekers folgt die steuerrechtliche Einordnung der Einkünfte aus einer Apotheke als „Einkünfte aus Gewerbebetrieb“ mit der Konsequenz der **Gewerbesteuerpflicht** sowie der Buchführungs- und **Umsatzsteuerpflicht**.

2. Rechtliche Auflagen und Pflichten des Apothekers

2.1 Die wichtigsten handelsrechtlichen Bestimmungen für den Apotheker

Mit der Kaufmannseigenschaft des Apothekers sind vor allem folgende Rechte und Pflichten verbunden:

- **Pflicht zur Handelsregistereintragung (§§ 8–16 HGB).**
  Das Handelsregister ist ein öffentliches Verzeichnis aller Vollkaufleute beim jeweiligen Amtsgericht. Eintragungen in das Handelsregister, die im Bundesanzeiger und einer örtlichen Tageszeitung veröffentlicht werden, genießen öffentlichen Glauben. Sie gelten rechtlich als bekannt, so dass man sich nicht auf Unkenntnis berufen kann. Da die Kaufmannseigenschaft des Apothekers sich bereits aus der Art seiner Tätigkeit ergibt, ist der Apotheker auch bereits vor der Eintragung ins Handelsregister hinsichtlich seiner rechtlichen Stellung Kaufmann, man spricht daher auch von einer nur **deklaratorischen Eintragung**.

- **Firmenrecht (§§ 17–37a HGB).**
  Die Firma des Apothekers ist der Name, unter dem er im Handel seine Geschäfte betreibt und seine Unterschrift leistet, klagen oder verklagt werden kann (§ 17 HGB). Die Eintragung der Firma bietet Schutz vor Verwendung durch andere.

Entgegen früheren Regelungen bietet heute das Firmenrecht wesentlich flexiblere Möglichkeiten für die Wahl eines geeigneten Firmennamens.

Nach § 18 HGB muss der Firmenname allerdings grundsätzlich

- **zur Kennzeichnung geeignet,**
- **unterscheidungskräftig und**
- **nicht irreführend sein.**

Mit Blick auf diese Kriterien sind nach § 19 (1) Nr. 1 HGB mögliche Firmenbezeichnungen beispielsweise die „Adler Apotheke e. Kfr.“ oder „Adler Apotheke e. Kfm.“ ohne Nennung des Familiennamens, wobei „e. Kfr.“ bzw. „e. Kfm.“ für „eingetragene Kauffrau“ bzw. „eingetragener Kaufmann“ steht. Nicht möglich, da irreführend, sind aber weiterhin Bezeichnungen wie „Heilgarantie-Apotheke“. Neben den geschlechtsspezifischen Abkürzungen e. Kfr. und e. Kfm. hat sich mittlerweile vor allem auch die geschlechtsneutrale Abkürzung e. K. etabliert.

Im Falle der Gründung einer Personengesellschaft (OHG) ist die Bezeichnung offene Handelsgesellschaft oder die allgemein gebräuchliche Abkürzung OHG zu verwenden.
Der Firmenname ist durch das HGB, BGB und Wettbewerbsrecht geschützt.

Im Zusammenhang mit den Regelungen des Firmenrechts sind auch die Vorgaben für Geschäftsbriefe in der Apotheke zu sehen. Alle Schreiben mit rechtlich relevanten Erklärungen, wie beispielsweise Angebote oder Bestellungen, müssen die Firma, die Bezeichnung eingetragene(r) Kauffrau/Kaufmann nach § 19 (1) Nr. 1 HGB (bei einer offenen Handelsgesellschaft die Abkürzung OHG), den Ort der Handelsniederlassung, des Registergerichts und die Nummer, unter der die Firma im Handelsregister eingetragen ist, enthalten. Die notwendigen Angaben auf Geschäftsbriefen lauten demnach beispielhaft wie folgt:

Adler-Apotheke e. K., Berlin,
Amtsgericht Charlottenburg, HRA: 56789

bzw.

Adler-Apotheke OHG, Berlin,
Amtsgericht Charlottenburg, HRA: 56788

Die Aufteilung und Gestaltung der oben genannten zwingend notwendigen Angaben auf Geschäftsbriefen bleibt aber weiterhin dem Firmeninhaber überlassen.

- **Buchführungspflicht (§§ 238 ff. HGB)**
  Jeder Kaufmann ist verpflichtet, Bücher zu führen und in diesen seine Handelsgeschäfte und die Lage seines Vermögens darzustellen. Erstmalig mit Eröffnung der Apotheke ist es erforderlich, eine Eröffnungsbilanz und ein Eröffnungsinventar zu erstellen. Danach ist für jedes Geschäftsjahr eine Bilanz, eine Gewinn- und Verlustrechnung und ein Inventar nach den Grundsätzen ordnungsgemäßer Buchführung notwendig. In der Regel wird die Buchführung nicht vom Apothekenleiter selbst durchgeführt, sondern von externen Spezialisten wie Steuerberatern im Auftrag erledigt.

  Aus der handelsrechtlichen leitet sich die steuerrechtliche Buchführungspflicht gemäß **Abgabenordnung (AO)** ab. Die Abgabenordnung ist das steuerrechtliche Grundlagengesetz.

- **Haftung für ein Verschulden der Erfüllungsgehilfen**
  Im Rahmen seines Apothekenbetriebes haftet der Apothekenbetreiber für ein Verschulden seines Apothekenpersonals genauso wie für eigenes Verschulden (§ 278 BGB).
  Begeht allerdings ein Mitarbeiter eine unerlaubte Handlung, und kann der Unternehmer die im Geschäftsverkehr notwendige Sorgfalt bei der Auswahl seiner Gehilfen nachweisen, so haftet dieser nicht. Die unerlaubte Handlung muss aber über die Tätigkeiten hinausgehen, die üblicherweise im alltäglichen Apothekenbetrieb anfallen.

2.2 Anmeldepflicht bei der Eröffnung oder Übernahme einer Apotheke

Vor der Eröffnung oder Übernahme einer Apotheke hat der Apotheker sein Unternehmen bei folgenden Institutionen anzumelden:

- Anmeldung des Gewerbebetriebes beim örtlich zuständigen **Gewerbeamt**.
- Die Gewerbeanmeldung dient als Grundlage für die Anmeldung als Steuerpflichtiger beim **Finanzamt**.
- Eintragung ins Handelsregister beim **Amtsgericht**
  (Registergericht, Abteilung A: Einzelhandelskaufleute, OHG, KG).
- Anmeldung bei der zuständigen **Berufsgenossenschaft** (Berufsgenossenschaft für Gesundheitsdienst und Wohlfahrtspflege, Hamburg).

- Anmeldung bei der **Industrie- und Handelskammer (IHK)**.
- Anmeldung bei der **Apothekerkammer**.
- Anmeldung bei den **Sozialversicherungsträgern**, wenn Arbeitnehmer in der Apotheke beschäftigt werden.

Bei der Apothekerkammer, der zuständigen Berufsgenossenschaft und bei der Industrie- und Handelskammer besteht für Apotheker Pflichtmitgliedschaft. Die Pflichtmitgliedschaft bei der Apothekerkammer bewirkt aus Billigkeitsgründen, dass bei der Industrie- und Handelskammer nur ¼ des üblichen Beitrages zu entrichten ist. Für die Beitragshöhe ist der Gewerbesteuermessbetrag maßgeblich.

2.3 Voraussetzungen und Auflagen für den Apothekenleiter

Der Apothekenleiter muss ein Studium von mindestens vier Jahren sowie eine daran anschließende praktische Ausbildung von einem weiteren Jahr erfolgreich abgeschlossen haben.

- Er darf für pharmazeutische Tätigkeiten nur pharmazeutisches Personal einsetzen (§ 3 ApBetrO).

- Er ist mit seiner Apotheke zum Nacht- und Sonntagsdienst verpflichtet.

- Er muss sich an die Verordnungen der Ärzte halten. Wenn der Arzt nur den Wirkstoff angibt oder **„aut idem"** nicht ausschließt, ist der Apotheker verknüpft mit bestimmten Bedingungen verpflichtet worden, eines der drei preisgünstigsten Arzneimittel abzugeben. Hat die Krankenkasse des Versicherten einen **Rabattvertrag** für ein bestimmtes Arzneimittel abgeschlossen, so ist ausschließlich dieses abzugeben, außer es ist nicht lieferbar.

- Neben Arzneimitteln dürfen gemäß § 25 ApBetrO nur „apothekenübliche" Waren abgegeben werden.

- Die Raumgröße muss nach § 4 ApBetrO insgesamt mindestens 110 m^2 betragen. Außerdem muss eine sogenannte Raumeinheit vorliegen, die dem Apotheker eine ausreichende Überwachung seiner Apotheke ermöglicht.

- Es besteht die Pflicht, ein ausreichendes Vorratslager an Arzneimitteln zu halten, das mindestens dem durchschnittlichen Bedarf von einer Woche entspricht (§ 15 ApBetrO). In der Regel beinhaltet ein breitgestreutes Warenlager, wie es die Praxis verlangt, ca. 8.000–10.000 Arzneimittel, wenngleich etwa 2.000 Arzneimittel rund 90% des Umsatzes in der Apotheke ausmachen.
  In Anlage 2 zu § 15 ApBetrO sind zudem Gruppen von Medikamenten aufgeführt, die grundsätzlich vorrätig zu halten sind, u. a. Analgetika, Antibiotika, Antidiabetika usw.

- Der Apothekenleiter darf **Einzelwerbung nur im Bereich des Ergänzungssortiments** vornehmen; außerdem sind ihm bei der Schaufenstergestaltung aufklärende, dem Berufsstand angemessene Produkthinweise erlaubt. Werbemethoden, die der unbedingten Absatzmehrung dienen, sind unzulässig.

- Der Apotheker muss sich an die Arzneimittelpreisverordnung (AmPreisV, auch „Preisspannenverordnung") halten. Seit 1. Januar 2004 sind nur noch die rezeptpflichtigen Arzneimittel der AmPreisV unterworfen, d. h. taxpflichtig. Weder darf er die Preise für diese taxpflichtigen Arzneimittel selbst kalkulieren, noch darf er die gesetzlich festgelegten Preise über- oder unterschreiten. Rezeptfreie apothekenpflichtige wie auch freiverkäufliche Arzneimittel sind hingegen frei nach betriebswirtschaftlichen Überlegungen zu kalkulieren. Ausnahme hierzu sind die sogenannten OTX-Arzneimittel (siehe auch 1.1).

2.4 Handelsgeschäfte

Wie unter 1.2 hergeleitet wurde, ist der Apotheker Kaufmann. Nach § 344 (1) HGB gelten die von einem Kaufmann vorgenommenen Rechtsgeschäfte im Zweifel als zum Betriebe seines Handelsgewerbes gehörig und damit nach § 343 (1) HGB als Handelsgeschäfte.

Grundsätzlich sind damit alle Rechtsgeschäfte des Apothekers Handelsgeschäfte, es sei denn,

- der private Charakter eines Geschäfts wurde vereinbart (bei Schuldscheinen muss der private Charakter aus der Urkunde hervorgehen (§ 344 (2) HGB)) oder
- ist eindeutig aus den Umständen des Geschäfts zu entnehmen.

Der Zweck der gesetzlichen Generalannahme, dass alle Rechtsgeschäfte des Apothekers grundsätzlich Handelsgeschäfte sind und somit die z. T. abweichenden Regelungen des Handelsgesetzbuches Anwendung finden, liegt

1. in der Überlegung des Gesetzgebers begründet, dass Kaufleuten nicht der gleiche Schutz zugestanden werden muss wie „Zivilpersonen“, und
2. in der Überlegung, dass Rechtsgeschäfte unter Kaufleuten rationeller ablaufen sollen.

Abbildung 2 stellt die unterschiedlichen Regelungen des BGB und des HGB gegenüber:

	BGB	HGB
1. Geringerer Schutz	**§ 343:** Möglichkeit zur Klage auf Herabsetzung einer Vertragsstrafe	**§ 348:** nicht möglich
	§§ 766, 780, 781: Formvorschriften für Bürgschaften, Schuldversprechen und Schuldanerkenntnis	**§ 350:** mündlich genügt
	§ 771: Einrede des Bürgen auf Vorausklage	**§ 349:** nicht möglich
2. Vereinfachung der Rechts-Geschäfte		**§ 354 (1):** Für Geschäftsbesorgungen und Dienstleistungen kann auch ohne Vereinbarung Provision und Lagergeld gefordert werden.
	§ 246: Zinssatz beträgt 4% p. a.	**§ 354 (2):** Darlehenszinsen können vom Tag der Leistung (nicht Verzug) an berechnet werden.
	Schweigen ist grundsätzlich keine Willenserklärung!	**§ 352 (2):** Der Zinssatz beträgt 5% p. a.
		§ 362: Schweigen gilt als Annahme eines Angebots.
		§ 377: Eingegangene Ware muss unverzüglich untersucht und ggf. gerügt werden.

Achtung AGB: AGB werden Vertragsbestandteil, wenn der Vertragspartner weiß oder wissen muss, dass der Lieferant sie zu verwenden pflegt. Nur bei Nichtkaufleuten müssen sie beiliegen!

Abb. 2: Die Unterschiede zwischen BGB und HGB

In vielen Fällen bedarf der Kaufmann aus der Sicht des Gesetzgebers nicht der Fürsorge und des Schutzes, den z. B. das BGB dem Einzelnen bei bestimmten Rechtsgeschäften gewährt:

- So hat nach § 348 HGB ein Kaufmann nicht die Möglichkeit, auf Herabsetzung einer versprochenen Vertragsstrafe zu klagen (aber: § 343 BGB).

- Bei Bürgschaftserklärungen, Schuldversprechen und Schuldanerkenntnis sind nach § 350 HGB nicht die Formvorschriften des § 766 Satz 1 und 2, § 780 und § 781 Satz 1 und 2 BGB zu beachten, so dass auch mündliche Vereinbarungen Gültigkeit erlangen.

- Während nach § 771 BGB der Bürge die Möglichkeit hat, die Befriedigung des Gläubigers zu verweigern, solange nicht eine Zwangsvollstreckung ohne

Erfolg beim Schuldner versucht wurde, steht dem Bürgen diese sogenannte „Einrede der Vorausklage“ nach § 349 HGB nicht zu.

In anderen Fällen sollen die Vorschriften des HGB dazu führen, dass Rechtsgeschäfte rationeller ablaufen können:

- So können nach § 354 (1) HGB für Geschäftsbesorgungen und Dienstleistungen auch ohne Vereinbarung Provision und Lagergeld gefordert werden.

- Darlehenszinsen können nach § 354 (2) HGB vom Tag der Leistung an und nicht erst vom Eintritt des Verzugs angerechnet werden.

- Der gesetzliche Zinssatz beträgt nicht 4% nach § 246 BGB, sondern pauschal 5% nach § 352 (2) HGB.

- Während nach BGB Schweigen grundsätzlich keine Willenserklärung darstellt, ist der Kaufmann verpflichtet, unverzüglich zu antworten. Sein **Schweigen gilt gem. § 362 HGB als Annahme eines Antrages/ Angebotes**.

- Aktiv muss der Kaufmann auch bei Zugang von Lieferungen werden. **Eingegangene Ware ist unverzüglich zu untersuchen**; etwaige Mängel sind dem Verkäufer gem. § 377 HGB sofort mitzuteilen.

- Um Gültigkeit zu erlangen, müssen bei Nicht-Kaufleuten die **Allgemeinen Geschäftsbedingungen (AGB)** einem schriftlichen Angebot beiliegen oder zumindest deutlich sichtbar im Betrieb aushängen. Dies gilt bei Kaufleuten nicht. Allgemeine Geschäftsbedingungen werden bereits dann Vertragsbestandteil, wenn der Vertragspartner weiß oder wissen müsste, dass sein Lieferant sie zu verwenden pflegt.

3. Zu den Gestaltungsmöglichkeiten bei der Rechtsformwahl

Grundsätzlich unterscheidet man zwischen Personen- und Kapitalgesellschaften. Bei der Rechtsform der Personengesellschaft (Einzelkaufmann, offene Handelsgesellschaft (OHG), Kommanditgesellschaft (KG), stille Gesellschaft) haftet mindestens eine natürliche Person gesamtschuldnerisch (d. h. auch mit dem Privatvermögen!). Diese private Haftung entfällt bei den als juristische Personen selbständig auftretenden Kapitalgesellschaften (Gesellschaft mit beschränkter Haftung (GmbH), Aktiengesellschaft (AG) aber auch Genossenschaft (eG)).

Für den Betrieb einer Apotheke gibt es allerdings nur sehr eingeschränkte Möglichkeiten hinsichtlich Rechtsformwahl.

3.1 Zulässige Rechtsformen

Eine Apotheke kann nach dem heute geltenden Recht in der Rechtsform des Einzelunternehmens oder in der Rechtsform der OHG (sowie BGB-Gesellschaft) betrieben werden:

- **Einzelunternehmen**
  Eine Person (der eingetragene Kaufmann oder die eingetragene Kauffrau) betreibt allein den Gewerbebetrieb Apotheke und haftet einschließlich mit ihrem gesamten Privatvermögen.

- **OHG (Offene Handelsgesellschaft) §§ 105–160 HGB**
  Zwei oder mehrere Apothekeninhaber, die gesamtschuldnerisch mit ihrem Privatvermögen für die Schulden der Apotheke haften (also nicht nur mit ihrem Geschäftsguthaben), führen gleichberechtigt die Apotheke. Dabei ist es für die Verantwortlichkeit jedes Beteiligten im Außenverhältnis unerheblich, ob er mehr oder weniger Kapital zur Verfügung gestellt hat. Alle Gesellschafter werden im Handelsregister eingetragen. Ist ein Apotheker Gesellschafter einer OHG, kann er nicht zusätzlich noch eine eigene Apotheke leiten. Alle Gesellschafter der OHG bedürfen der Approbation. Die OHG ist gem. § 6 (1) HGB Kaufmann.
  Ein Problem kann sich bei der Rechtsform der OHG vor allem aus der

Tatsache ergeben, dass interne Absprachen grundsätzlich keine Wirkung gegenüber externen Dritten haben.
So ist z. B. folgende Situation denkbar: Apothekerin D. und Apotheker R. haben in ihrem Gesellschaftsvertrag vereinbart, nur gemeinsam Bankkredite aufnehmen zu können. Apotheker R. nimmt dennoch einen Kredit in Höhe von 1 Mio. € auf und setzt sich damit in die Karibik ab. Apothekerin D. kann sich nicht auf die oben genannte Klausel im Gesellschaftsvertrag berufen und haftet in voller Höhe für die 1 Mio. € gegenüber der Bank, auch mit ihrem Privatvermögen.

3.2 Nicht zulässige Rechtsformen

Der Betrieb einer Apotheke ist eng an die Person des Apothekenleiters, der als Freiberufler seine Dienste im Rahmen der staatlichen Gesundheitsfürsorge erbringt, gebunden. Deshalb sind folgende Rechtsformen für den Betrieb einer Apotheke unzulässig:

- **Typische stille Gesellschaft**
  Der stille Gesellschafter einer Einzelunternehmung ist gegen Kapitaleinlage nur am Gewinn beteiligt, nicht am Verlust. Dafür erhält er kein Stimmrecht, die Eigenverantwortlichkeit des Apothekenleiters bleibt de lege gewahrt. Wegen der Undurchsichtigkeit der Kapitalverhältnisse und des realiter nicht sichergestellten Ausschlusses der Mitbestimmung des kapitalgebenden Dritten ist diese Rechtsform für Apotheken bereits seit dem 01.01.1986 endgültig abgeschafft.

- **Atypische stille Gesellschaft**
  Der stille Gesellschafter ist gegen Kapitaleinlage in die Einzelunternehmung am Gewinn und Verlust beteiligt. Da dies auch eine Mitbestimmung bei der Unternehmenspolitik zur Folge haben kann, wurde die atypische stille Gesellschaft für den Betrieb von Apotheken nicht anerkannt, da das eigenverantwortliche Handeln des Apothekenleiters durch Dritte eingeschränkt werden könnte.

- **KG (Kommanditgesellschaft)**
Durch die Ausgestaltung der Rechtsform in vollhaftende Komplementäre und auf die Einlage beschränkt haftende Kommanditisten entsteht eine den Zielen des Apothekenrechts zuwiderlaufende Rechtskonstruktion. Das gleiche gilt für die GmbH & Co. KG (GmbH = Komplementär) mit einer noch weitergehenden Haftungsbeschränkung; bei dieser Personengesellschaft stellt die Gesellschaft mit beschränkter Haftung nämlich den Komplementär dar.

- **Gesellschaft mit beschränkter Haftung und Aktiengesellschaft**
Da die Apothekenbetriebserlaubnis nach § 1 (2) ApoG nur an eine natürliche Person gegeben wird und nur eine natürliche Person die Approbation erwerben kann, scheiden die Gesellschaft mit beschränkter Haftung (GmbH) und die Aktiengesellschaft (AG) als Rechtsformen für den Betrieb einer Apotheke grundsätzlich aus. Beide Gesellschaftsformen treten als eigenständige – juristische – Personen im Wirtschaftsleben auf. Die Haftung der Gesellschafter bzw. Aktionäre ist auf ihre Anteile beschränkt. Diese Haftungsbeschränkung macht die Kapitalgesellschaften gerade auch für Neugründungen attraktiv. Doch aus obigen Ausführungen wird deutlich, dass der Betrieb einer haftungsbeschränkten Apotheke (Apotheken GmbH oder AG) vom Gesetzgeber nicht erlaubt wird.

Exkurs: Die Apotheken-AG

Mit einem beispiellosen Vorgang musste sich die europäische Rechtsprechung auseinandersetzen:
Die niederländische Versandapotheke DocMorris N.V. (Naamloze Vennootschap, entspricht der deutschen Aktiengesellschaft) hatte 2006 den Betrieb einer deutschen Präsenzapotheke in Saarbrücken beantragt – und von der Genehmigungsbehörde unter Berufung auf die Vorrangigkeit von Europarecht auch erhalten. In diesem Verfahren, so das Oberverwaltungsgericht des Saarlandes, das die vorübergehende Schließung der Apotheke im Eilverfahren verfügte, ist eine „...Entscheidung komplexer Fragen zum Verhältnis von Gemeinschaftsrecht und nationalem Recht“ erforderlich.

Eine entsprechende Entscheidung des Europäischen Gerichtshofes (EuGH) ist am 19. Mai 2009 gefallen. Die Richter haben damit die gültige deutsche strenge Regelung, das sog. Fremdbesitzverbot, wonach nur ein approbierter Apotheker eine Apotheke betreiben darf, für Europarecht-konform erklärt. Somit musste die DocMorris-Apotheke in Saarbrücken schließen. Es sei angemerkt, dass die Entscheidung des EuGH die Öffnung des deutschen Apothekenmarktes für Kapitalgesellschaften in Zukunft nicht ausschließt. Mit anderen Worten, der deutsche Gesetzgeber könnte sich zu einem späteren Zeitpunkt dennoch für die Abschaffung des Fremdbesitzverbotes entscheiden.

- **Genossenschaft**

  Eine interessante Rechtsform ist die eingetragene Genossenschaft (eG). Sie ist, anders als die Kapitalgesellschaften GmbH und AG, **nicht primär auf Gewinnmaximierung ausgelegt, sondern auf das individuelle Interesse ihrer jeweiligen Mitglieder**. Mittels eines gemeinsamen Geschäftsbetriebes in der Rechtsform der Genossenschaft soll der Erwerb und die Wirtschaft ihrer einzelnen Mitglieder gefördert werden. Deshalb gilt bei Genossenschaften auch das **Demokratieprinzip** unabhängig von der Höhe der Kapitaleinlage in der Genossenschaft. Obwohl für den Betrieb einer Apotheke unzulässig, besitzt die Rechtsform der Genossenschaft für den Apotheker doch eine besondere Bedeutung: So gibt es von Apothekern getragene Großhandelsunternehmen, die in der Rechtsform der Genossenschaft geführt werden. Diese Großhandlungen (Sanacorp eG Pharmazeutische Großhandlung und Noweda eG) stehen im Dienst ihrer Mitglieder und Kunden, die gleichzeitig ihre Eigentümer sind. Entstanden aus dem gemeinsamen übergeordneten Einkauf der Apothekenleiter ist es ihr Geschäftszweck, die Interessen ihrer Mitglieder, also der selbstständigen Apotheker, auf der vorgelagerten Handelsstufe zu vertreten und mit ihren Leistungen die Betriebsführung in den Mitgliedsapotheken zu unterstützen.

4. Die wichtigsten Rechtsgeschäfte des Apothekers

4.1 Grundlegende Arten von Rechtsgeschäften

Rechtsgeschäfte des Apothekers sind Handlungen (oder Situationen) mit rechtlich eindeutig definierten Konsequenzen für die Beteiligten.

Grundsätzlich unterscheidet man zwischen einseitigen und mehrseitigen Rechtsgeschäften (Verträgen).

- Einseitige Rechtsgeschäfte beruhen auf einer **rein empfangsbedürftigen Willenserklärung** einer Person (z. B. Kündigung eines Arbeitnehmers). Dabei gibt es auch **nicht empfangsbedürftige, einseitige Willenserklärungen** (z. B. Testament, Schenkung), die jedoch für den normalen Geschäftsbetrieb in der Apotheke nur geringe Bedeutung erlangen.

- Mehrseitige Rechtsgeschäfte dominieren eindeutig im Rechtsverkehr des Apothekers (z. B. bei Kaufverträgen durch Angebot und Annahme).

Die häufigste Form von Rechtsgeschäften sind Verträge. Sie definieren über ihren Inhalt die Rechtsfolgen §§ 145–157 BGB. Aus den Vertragsinhalten leiten sich Rechte und Pflichten ab. Neben einer Reihe von Reformen hat mittlerweile auch das EU-Recht Eingang in die rechtlichen Regelungen gefunden. Viele dieser Regelungen erweitern und stärken die rechtliche Position des Käufers (d. h. des Apothekenkunden). Für die rechtliche Beurteilung der Beziehungen zwischen Vollkaufleuten sind die Neureglungen dagegen weitestgehend unerheblich.

4.2 Kaufverträge (§§ 433 ff. BGB)

a) Grundlegende Definition

Ein Kaufvertrag kommt nur dann zustande, wenn zwei oder mehrere Vertragsparteien übereinstimmende Willenserklärungen (Angebot, Annahme des Angebots) abgeben. Ein Angebot im juristischen Sinne muss sich auf eine **bestimmte Person** beziehen. Der Wille zur Bindung an den Inhalt des Angebots muss klar sein (**Erklärungswille**). Verträge unterliegen keinen besonderen Formvorschriften (**Formfreiheit**). Sie können schriftlich, mündlich oder auch durch schlüssiges Handeln (z. B. Handzeichen bei Versteigerung von Apothekervasen, Warenentnahme aus dem Automaten) zustande kommen.

Aus Beweisgründen werden Verträge aber oft schriftlich abgeschlossen, obwohl sie dieser Form nicht bedürfen. Allerdings existieren Ausnahmen, bei denen das Gesetz eine bestimmte Form vorschreibt. So verlangen z. B.

- Mietverträge auf länger als ein Jahr die Schriftform während
- Grundstückskäufe sogar einer notariellen Beurkundung bedürfen. Eine notarielle Beurkundung dient der Beweissicherung und erschwert Fälschungen von Verträgen.

Letztlich muss der **Inhalt** eines Angebots bestimmt oder bestimmbar sein. Es sind damit diese vier Kriterien: **Person, Erklärungswille, Form und Inhalt** ausschlaggebend, anhand derer sich beurteilen lässt, ob ein Angebot im juristischen Sinne vorliegt. Kommt durch die Annahme des Angebots ein Kaufvertrag zustande, so wird der Verkäufer verpflichtet, dem Käufer das Eigentum an einer mängelfreien Sache zu verschaffen, der Käufer muss dafür dem Verkäufer den vereinbarten Kaufpreis zahlen und die gekaufte Sache abnehmen.

b) Apothekenrelevante Kaufverträge

Rezeptverkauf:

Die größte Zahl an Kaufverträgen kommt in der Apotheke auf der Absatzseite zwischen den gesetzlichen Krankenkassen und der Apotheke zustande. Bei Rezeptkäufen, die zu Lasten der gesetzlichen Krankenkassen gehen, erhält der Apotheker den Kaufpreis nicht durch den Rezepteinreicher (Kunde/ Patient), sondern gemäß den Bestimmungen der Arzneilieferungsverträge durch die gesetzliche Krankenkasse.

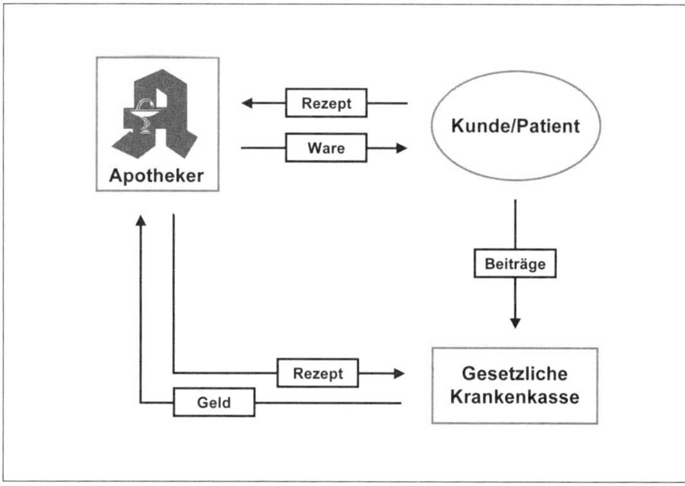

Abb. 3: Waren- und Geldfluss bei Rezeptkäufen

Die Abrechnung der Rezepte gegenüber den Kassen übernehmen hierbei i. d. R. die **Apothekenrechenzentren** (z. B. die VSA = Verrechnungsstelle Süddeutscher Apotheker), da bei einer großen Zahl an Rezepten pro Monat der Abrechnungsaufwand für die einzelne Apotheke nicht mehr vertretbar ist.

Handverkauf:

Beim Handverkauf dagegen wird der Kaufvertrag idealtypisch zwischen Kunde und Apotheker abgeschlossen. Hier basiert der Vertrag auf den Bestimmungen des BGB. Der Kunde erhält die Ware und zahlt den vom Apotheker ausgewiesenen Verkaufspreis. Dabei können die Allgemeinen Geschäftsbedingungen die Willenserklärung des Verkäufers ergänzen.

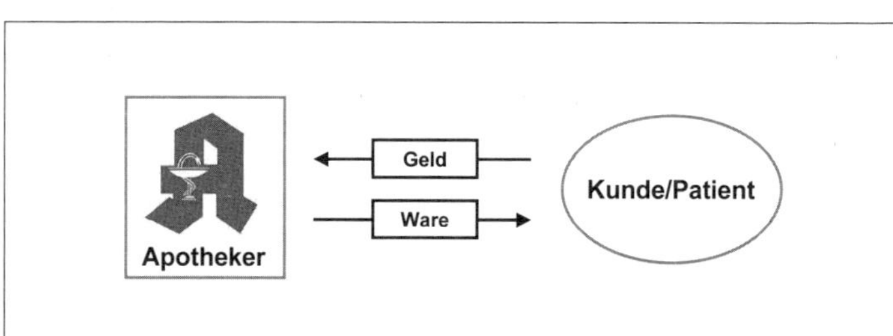

Abb. 4: Waren- und Geldfluss beim Handverkauf

Rechtsgeschäfte auf der Beschaffungsseite:

Bei den Rechtsgeschäften auf der Beschaffungsseite stehen sich i. d. R. zwei Vollkaufleute (Apotheker und Pharmagroßhandel oder Hersteller im sogenannten „Direktgeschäft") gegenüber. Hier finden die teilweise von BGB abweichenden Regelungen des HGB (vgl. Punkt 2.4) Anwendung.

Im heutigen Geschäftsverkehr ist es vor allem auch zwischen Kaufleuten üblich, dass ganze Geschäftszweige ihre Bedingungen, zu denen sie Verträge abschließen wollen, von vornherein schriftlich in Allgemeinen Geschäftsbedingungen (AGB) festlegen. Ein individuelles Aushandeln wird dadurch eingeschränkt.

c) Erfüllungsort

Der Erfüllungs- bzw. Leistungsort ist für den jeweiligen Vertragsbeteiligten der Ort, an dem er seine Verpflichtungen aus dem Kaufvertrag zu erfüllen hat. Dieser kann vertraglich vereinbart werden. Ist dies nicht der Fall, so gilt der gesetzliche Erfüllungsort.

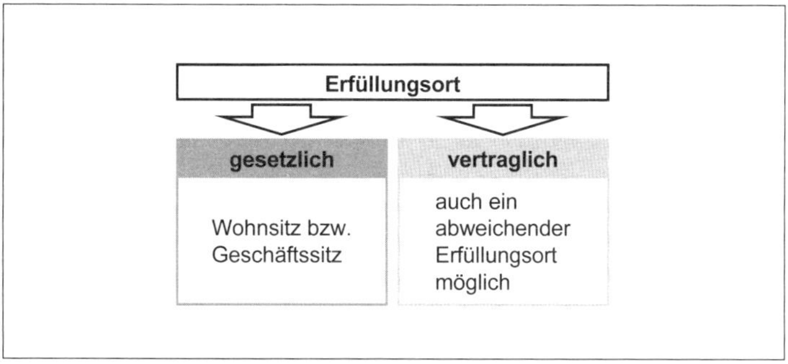

Abb. 5: Gesetzlicher vs. vertraglicher Erfüllungsort

Nach § 269 BGB handelt es sich immer dann um den gesetzlichen Erfüllungsort, wenn im Vertrag der Ort der Leistung nicht festgelegt wurde und auch nicht aus den Umständen ableitbar ist. In der Regel bestimmen die AGB der Industrie und des Großhandels ihren jeweiligen Niederlassungsort als Erfüllungsort. Der Erfüllungsort des Verkäufers ist dann gleichzeitig der Gerichtsstand.

d) Sicherheiten

Der **Eigentumsvorbehalt** stellt das einfachste rechtliche Instrument dar, um den Gegenwert der verkauften Ware abzusichern. Für den Apotheker bietet er allerdings einen nur sehr geringen Schutz.

Verkauft der Apotheker größere Mengen (z. B. an ein Krankenhaus) unter Eigentumsvorbehalt, erlangt der Käufer bis zur vollständigen Bezahlung zwar nicht das Eigentum, jedoch den Besitz. Der Besitz ermöglicht ihm aber bereits den Verbrauch der Ware. Der Apotheker kann die ausgegebene Ware zwar zurückverlangen, wenn der Käufer mit der Zahlung in Verzug gerät, die Ware kann dann allerdings bereits verbraucht und somit als Sicherheit nicht mehr verfügbar sein.
Auch im Falle des Geschäfts mit den Endverbrauchern ist der Eigentumsvorbehalt aufgrund des typischen Umsatzgeschäftes kaum relevant und kommt als geeignete Sicherheit nicht in Frage. Außerdem sind Kreditvergaben an Kunden in der Apotheke äußerst selten.

En weiteres Problem ist die Tatsache, dass der **gutgläubige Erwerb zugunsten Dritter** (§ 366 HBG bzw. § 932 BGB) den Eigentumsvorbehalt praktisch wenig bedeutsam macht. Denn der Großhandel/Apotheker hat keinerlei rechtliche Möglichkeiten, eine mit einem Eigentumsvorbehalt behaftete Ware zurückzuverlangen, wenn der Käufer sie an einen gutgläubigen Dritten weiter veräußert hat. Er kann in der Regel nur **Schadensersatzansprüche gegenüber dem Käufer**, nicht aber gegenüber dem Dritten geltend machen. Auch auf Rückgabe der Ware besteht gegenüber dem gutgläubigen Erwerber kein Anspruch.

Aufgrund dieses Nachteils vereinbaren die Großhandelsunternehmen wie auch die Hersteller (i. d. R. im Rahmen ihrer AGB) mit den Apothekern ausschließlich den **verlängerten Eigentumsvorbehalt (VEV)**. Der Apotheker muss sich bewusst sein, wenn er seine Warenrechnung noch nicht bezahlt hat, dass seine Forderung an die Krankenkassen gemäß den Bestimmungen des VEV automatisch an den Großhandel abgetreten wird (**Forderungszession**).

Der VEV hat dabei Vorrang vor allen sonstigen Forderungsabtretungen. Hat der Apotheker seine Forderungen gegenüber den Krankenkassen z. B. an eine Bank abgetreten, muss sich die Bank im Insolvenzfall des Apothekers unter Umständen mit der um den Krankenkassenrabatt gekürzten Spanne des Apothekers begnügen, denn zunächst muss z. B. der Großhandel, der mit dem Apotheker den VEV vereinbart hat, bedient werden. Die Forderung an die Krankenkasse ist dabei um die gekürzte Spanne höher als der dem Großhandel aus dem VEV zustehende Betrag.

Problematisch wird die Angelegenheit, wenn zwei Lieferanten, deren Rechnungen nicht durch den Apotheker bezahlt wurden, wegen des VEV von der Forderungszession Gebrauch machen. In diesem Fall erhält der später seine Rechte anmeldende Gläubiger nur den Betrag, der nach Bedienung der Ansprüche des ersten übrig bleibt.

e) Mangelhafte Ware

Ist eine gekaufte Ware mit Fehlern behaftet, so dass eine vertragsgemäße Verwendungsmöglichkeit nicht gegeben ist, kann der Käufer gemäß BGB unterschiedliche Rechte geltend machen. Der Kunde der Apotheke hat folgende Möglichkeiten:

1. **Nacherfüllung bzw. Nachbesserung oder Umtausch** (§ 439 BGB)
   Wenn 1. (Nacherfüllung) nicht möglich ist, dann
2. **Rücktritt** (§§ 440, 323 und 326 (5) BGB) oder
3. **Kaufpreisminderung** (§ 441 BGB): Herabsetzung des Kaufpreises
4. **Schadensersatz** (§§ 440, 280f. 283 und 311a BGB) oder Ersatz vergeblicher Aufwendungen nach § 284 BGB bei Folgen schuldhafter Vertragsverletzung.

Für eine unerhebliche Minderung des Wertes oder der Tauglichkeit der Ware haftet der Verkäufer dabei nicht (z. B. leichte Druckstelle in der Arzneimittelverpackung), wenn eine vertragsgemäße Verwendungsmöglichkeit gegeben ist.

Die Bedeutung der einzelnen Rechte:

- In der Beziehung Apotheker/Kunde stellen der Umtausch bzw. die Nacherfüllung die häufigsten Fälle im verschreibungspflichtigen Sortiment dar. Eine Kaufpreisminderung für das rezeptpflichtige, d. h. taxpflichtige Sortiment, scheidet aus, da der Abgabepreis vom Gesetzgeber durch die AmPreisV vorgeschrieben ist. Lediglich Im OTC-Bereich bzw. im Randsortiment kann der Apotheker – zumeist allerdings eher theoretisch – für bestimmte Produkte wegen kleinerer Mängel dem Kunden eine Kaufpreisminderung zugestehen.

- Im Vertragsverhältnis Apotheker/Großhandel (bzw. Industrie) ist neben Nacherfüllung und Umtausch auch die Kaufpreisminderung (z. B. wegen relativ kurzer Laufzeiten) bedeutsam.

Schadensersatz wegen Nichterfüllung vertraglich zugesicherter Eigenschaften dürfte dagegen für die Kaufverträge in der Apotheke kaum Bedeutung erlangen, da hier nahezu ausschließlich **der Gattung nach bestimmte Waren** (= Massenware) gehandelt werden. Gem. § 243 BGB ist hierbei eine Ware mittlerer Art und Güte zu leisten.

Allerdings sind nicht nur Waren, sondern z. B. Einrichtungsgegenstände bis hin zu einer kompletten Apotheke ebenfalls Gegenstände von Kaufverträgen für den Apotheker. Hier kann durchaus ein **Stückkauf** (bzw. eine Stückschuld) vorliegen (z. B. Ziehschrank, Firmenfahrzeug) und dabei eine zugesicherte Eigenschaft des Verkäufers Bedeutung erlangen.

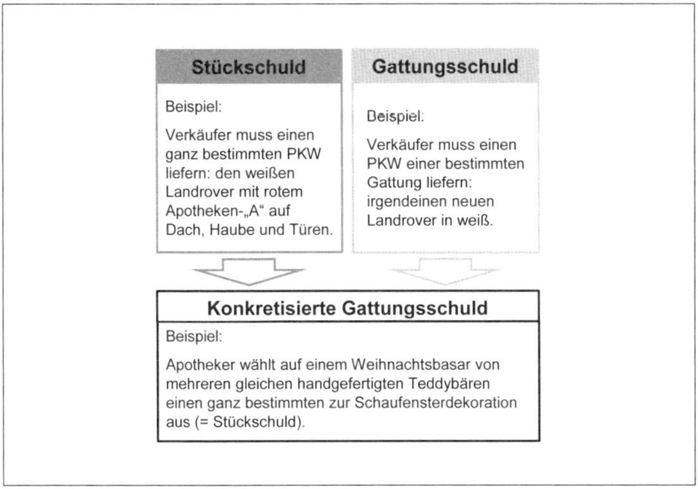

Abb. 6: Stück- und Gattungsschuld

Wird eine nur der Gattung nach bestimmte Ware geschuldet, so ist gleichwertiger Ersatz (mittlerer Art und Güte) zu leisten. Der Käufer einer fehlerbehafteten Ware muss den Mangel unverzüglich anzeigen (d. h. sobald die Ware in seinen Besitz gelangt). Bei versteckten Fehlern hat die Mängelrüge sofort nach der Entdeckung zu erfolgen. Der Käufer kann die Mängel mündlich oder schriftlich dem Verkäufer mitteilen.

Unter der Prämisse eines hohen Verbraucherschutzes liegt die Verjährungsfrist für Mängelansprüche bei 2 Jahren (§ 438 BGB). Diese Frist lässt sich im Verkehr mit dem Verbraucher nicht verkürzen. Im kaufmännischen Verkehr kann diese Frist über eine entsprechende AGB-Gestaltung auf 1 Jahr reduziert werden.

Zudem trägt der Verkäufer die Beweislast für Mängel. So muss der Verkäufer während der ersten sechs Monate nachweisen, dass die Ware mangelfrei war. Erst nach dieser Frist gilt die Beweislast-Umkehr, wobei dann der Käufer nachweisen muss, dass zum Kaufzeitpunkt der Mangel bereits bestand.

4.3 Arbeits- und Dienstverträge mit dem Apothekenpersonal

Arbeits- und Dienstverträge definieren die Ausgestaltung entgeltlicher Arbeits- und Dienstverpflichtungen auf Zeit. Das BGB unterscheidet zwischen Dienstverträgen und Werkverträgen. Während beim Dienstvertrag primär die Tätigkeit an sich geschuldet wird, stellen Werkverträge auf den Erfolg einer Tätigkeit ab. Da es sich in der Apotheke in der Regel um langfristige Beschäftigungsverhältnisse oder Vertretungen im Sinne von Dienstverträgen handelt, erlangen die §§ 611–630 BGB in Verbindung mit den apothekenspezifischen Bestimmungen (z. B. Bundesrahmentarifvertrag für Apothekenmitarbeiter) besondere Relevanz. Im Rahmen von Dienstverträgen müssen insbesondere die in Abbildung 7 zusammengefassten Inhalte vertraglich geregelt werden.

Abb. 7: Regelungen in Dienstverträgen

4.4 Mietverträge und Pachtverträge

Zu den wesentlichen betrieblichen Voraussetzungen für die Apotheke zählen die Räume, in denen die Apotheke betrieben wird. So kann die Neugründung einer Apotheke in eigenen oder in fremden Räumen erfolgen. Soll die Neugründung in fremden Räumen stattfinden, ist ein Mietvertrag über diese Räume nach §§ 535 ff. BGB erforderlich. Die überwiegende Zahl der deutschen Apotheken wird in gemieteten Räumen betrieben.

Durch den Mietvertrag wird der Vermieter verpflichtet, dem Apotheker den Gebrauch der vermieteten Räume während der Mietzeit gegen einen vereinbarten Mietzins zu gewähren.

Wichtige Bestandteile eines Mietvertrages:

- Bezeichnung der Mieträume
- Dauer des Vertrages (einseitiges Optionsrecht zur Verlängerung)
- Kündigungsfristen
- Höhe des Mietzinses (Wertsicherungsklausel)
- Nebenkosten
- Instandhaltungsverpflichtungen
  (Unterschied zwischen privaten/gewerblichen Mietverträgen)
- Recht zur Untervermietung und Verpachtung
- Übertragung bei Verkauf der Apotheke
- Berechtigung der Erben zum Eintritt in den Vertrag bei Tod des Mieters

In Anbetracht der aktuellen Marktsituation ist genau zu prüfen, ob die Mietkosten den Ertragschancen des Objektes adäquat sind. Als absolute umsatzgrößenabhängige Obergrenze der Belastung gilt gemeinhin eine Miete, die 4% bis 5% vom Umsatz ausmacht. Der Mietzins ist natürlich unabhängig vom Umsatz zu vereinbaren.

Im Gegensatz zur Neugründung (in eigenen oder fremden, d. h. gemieteten, Räumen) kann auch eine bereits bestehende Apotheke entweder durch Kauf, Pacht oder Erbfolge übernommen werden (vgl. Abbildung 8).

Betrieb einer Apotheke durch:

Neugründung:

a) in eigenen oder
b) fremden Räumen (bei fremden Räumen: Mietvertrag)

Übernahme einer bestehenden Apotheke durch:

a) Kauf (Apotheke in eigenen oder fremden Räumen)
b) Pacht (Apotheke in eigenen oder fremden Räumen)
c) Erbfolge (Apotheke in eigenen oder fremden Räumen)

Abb. 8: Möglichkeiten zum Betrieb einer Apotheke

Im Gegensatz zum Mietvertrag beinhaltet ein Pachtvertrag nicht nur die Vermietung von Räumen, sondern betrifft die gesamte Apotheke inklusive Kundenstamm. Zur Unterscheidung von Miet- und Pachtvertrag gem. §§ 581 ff. BGB siehe Abbildung 9.

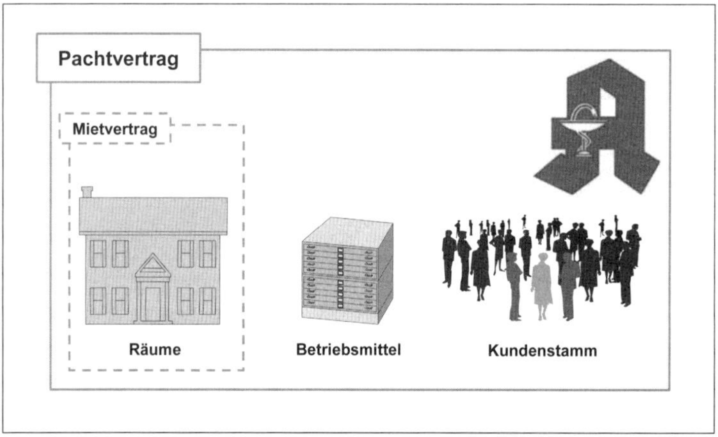

Abb. 9: Regelungsinhalte von Miet- und Pachtverträgen

Der Verpächter einer Apotheke bleibt Eigentümer, der Pächter muss das Unternehmen allerdings für den Zeitraum des Pachtvertrages in eigener Verantwortung führen. Rund 20% aller Apotheken in der Bundesrepublik sind Pachtapotheken. Der Pachtzins, den der Pächter für die Überlassung der

Apotheke zu entrichten hat, stellt eine Betriebsausgabe des Pächters dar. Der Pachtzins liegt in der Regel zwischen 5% und 8% vom Umsatz. Durch die Strukturreformen im Gesundheitswesen verlieren insbesondere umsatzschwächere Pachtapotheken an Wert. In der Bilanz des Pächters ist der Wert des Anlagevermögens meist nur sehr gering, da Grundstück, Gebäude und Einrichtung bilanziell dem Verpächter zugerechnet werden und der Pächter lediglich „Nutzer" (Besitzer) der Werte ist. Abbildung 10 zeigt die wichtigsten Regelungsinhalte des Pachtvertrages für Apotheken.

Wichtige Bestandteile des Pachtvertrages:

- Pachtgegenstand
- Pachtbemessungsgrundlage
- Höhe des Pachtzinses
- Pachtdauer
- vorzeitige Kündigungsmöglichkeit
- Vorkaufsrecht
- Übergabe des Warenlagers
- Behandlung der Räume und der Apothekeneinrichtung
- Neuanschaffungen

Abb. 10: Wichtige Bestandteile des Pachtvertrages

§ 9 ApoG bestimmt, unter welchen Voraussetzungen eine Apotheke verpachtet werden darf.

4.5 Darlehens- und Leihverträge (§§ 598–610 BGB)

Bei der **Leihe** handelt es sich immer um eine unentgeltliche Gebrauchsüberlassung von Sachen, sowohl von Bargeld als auch Gegenständen (§§ 598 ff. BGB). Einem **Darlehensvertrag** liegt hingegen die Übereignung von Geld (oder von vertretbaren Sachen) gegen spätere Rückerstattung (gleicher Art, Menge und Güte) zuzüglich eines in der Regel vorher vereinbarten Entgelts zugrunde.
Ein Darlehen stellt eine Möglichkeit dar, einen Kredit einzuräumen. Für die Apotheke besitzen **Kreditverträge** große Relevanz, wobei vom Kreditnehmer

nicht nur die Kreditsumme zu tilgen, sondern auch ein marktgerechter Zins zu leisten ist.

Die große Bedeutung von Darlehens- bzw. Kreditverträgen resultiert vor allem aus dem Auseinanderklaffen von Zahlungsvorgängen: Während Warenlieferungen des Großhandels regelmäßig nach einem Monat zum 15. des Folgemonats, d. h. nach Erhalt der Sammelrechnung, zu begleichen sind, entstehen die Einnahmen aus dem Verkauf von Arzneimitteln in der Regel erst wesentlich später. Somit sind finanzielle Mittel nötig, um eine mögliche Zahlungsunfähigkeit (Liquiditätsengpass) zu überbrücken. Auch oder gerade bei Neugründungen bzw. Übernahmen von Apotheken sind erhebliche Finanzmittel nötig, bevor eine Selbstfinanzierung aus dem laufenden Apothekenbetrieb erfolgen kann.

In Abbildung 11 sind die wesentlichen Regelungsinhalte der Kreditverträge aufgelistet.

Wesentliche Bestandteile eines Kreditvertrages:

- Kreditbetrag
- Kreditlaufzeit
- Zinssatz (Effektivverzinsung)
- Zinstermine
- Rückzahlungsmodalitäten
- Kündigungsmöglichkeiten
- sonstige Gebühren
- Sicherheiten

Abb. 11: Wesentliche Regelungsinhalte bei Kreditverträgen

4.6 Verwaltungsvertrag

Eine apothekenrechtliche Besonderheit ist der Verwaltungsvertrag. § 13 ApoG sieht vor, dass nach dem Tod des Erlaubnisinhabers seine Erben die Apotheke für maximal 12 Monate durch einen approbierten Apotheker verwalten lassen dürfen. Nach dieser Frist ist eine Verpachtung nach den in § 9 ApoG genannten Bedingungen möglich.

Abbildung 12 zeigt die wesentlichen Regelungsinhalte des Verwaltungsvertrages.

Wichtige Bestandteile des Verwaltungsvertrages:

- Übertragung der Verwaltung
- Vertragsdauer
- Höhe des Verwaltergehaltes
- Urlaubsregelung
- Pflichten als verantwortlicher pharmazeutischer Leiter
- Pflichten hinsichtlich der kaufmännischen Leitung

Abb. 12: Die wesentlichen Regelungsinhalte des Verwaltungsvertrages

5. Zahlungsverzug und Zahlungsunfähigkeit

5.1 Außergerichtliches und gerichtliches Mahnverfahren

Zahlt ein Schuldner nicht fristgerecht, so kann der Gläubiger zunächst versuchen, über das **außergerichtliche Mahnverfahren** (Mahnung) zu seinem Geld zu kommen. Häufig schickt der Gläubiger als erstes nur ein allgemein gehaltenes Erinnerungsschreiben. In Verzug gerät der Schuldner jedoch in der Regel erst durch eine **rechtswirksame Mahnung**. Sie muss bestimmt und eindeutig sein und erkennen lassen, dass das Ausbleiben der Leistung Konsequenzen haben wird. D. h., der Gläubiger muss eine letzte Frist setzen und für den Fall der Nichteinhaltung dieser Frist gerichtliche Maßnahmen andeuten. Rechtsfolgen des Schuldnerverzuges sind insbesondere **Schadensersatz und Verzugszinsen**. Der Gläubiger kann vom Schuldner Ersatz für entstandene Mahnkosten sowie Verzugszinsen verlangen. Für Geschäfte mit Nichtkaufleuten legt § 288 (1) BGB die Höhe der Verzugszinsen mit 5 %-Punkten über dem Basiszinssatz (§ 247 (1) BGB) fest. Sind keine Verbraucher an dem Rechtsgeschäft beteiligt, so wird die Höhe der Verzugszinsen nach § 288 (2) BGB geregelt. Demnach liegt der entsprechende Zinssatz 8 %-Punkte über dem Basiszinssatz. Verzugszinsen in dieser Höhe betreffen damit auch die Rechtsgeschäfte des Apothekers mit dem Hersteller bzw. dem Großhandel.

Unabhängig von der gesetzlichen Rahmenregelung kann der Gläubiger jedoch immer dann höhere Zinsen in Rechnung stellen, wenn er entsprechende Kreditkosten nachweist, die ihm durch den Zahlungsverzug des Schuldners entstanden sind.

Da die gesetzlichen Krankenkassen ihren Zahlungsverpflichtungen in der Regel pünktlich nachkommen, und mit den Privatkunden meist nur Barverkäufe abgewickelt werden, gelangt der Apotheker nur selten in die Position des Gläubigers bei einem Zahlungsverzug. Vielmehr kommt es aufgrund des Auseinanderklaffens von Auszahlungen und Einzahlungen bei ungenügender Liquiditätsplanung vor, dass der Apotheker als Schuldner gegenüber seinen Lieferanten in Verzug gerät. Auch in diesen Fällen wird zunächst das außergerichtliche Mahnverfahren angestrengt. Erst nach erfolglosem außergerichtlichen Mahnverfahren kann der Gläubiger ein gerichtliches Mahnverfahren einleiten. Leistet der Schuldner nicht aufgrund des Zahlungsbefehls (gerichtlicher Mahnbescheid), kann der Gläubiger die **Zwangsvollstreckung** gegen ihn betreiben.

Der Schuldner hat allerdings die Möglichkeit, innerhalb von 14 Tagen Widerspruch sowohl gegen den gerichtlichen Mahn- als auch gegen den Vollstreckungsbescheid einzulegen. Als zuständige Vollstreckungsorgane fungieren Gerichtsvollzieher (zuständig für körperliche Sachen) und Amtsgericht (zuständig für Forderungen und Vermögensrechte).

Es erweist sich für den Fall, dass der Schuldner Arbeitnehmer ist, als ratsam, beim Amtsgericht auch einen **Pfändungs- und Überweisungsbeschluss** zu beantragen. Diese Vorgehensweise ist unabdingbar für eine Pfändung von Lohn- und Gehaltsforderungen des Schuldners gegenüber seinem Arbeitgeber.

Ein gesetzlich bestimmter Teil des Lohnes und Gehaltes ist aber je nach Familienstand und Kinderzahl nicht pfändbar (**Existenzminimum**). Ein rechtskräftiger Vollstreckungsbescheid verjährt erst nach 30 Jahren. In diesem Zeitraum kann der nicht vollständig befriedigte Gläubiger erneut die Zwangsvollstreckung einleiten, wenn sich die wirtschaftlichen Verhältnisse des Schuldners gebessert haben. Leistet der Schuldner einen Offenbarungseid, muss der Gläubiger zunächst drei Jahre warten, ehe er erneut seine Ansprüche geltend machen darf.

5.2 Insolvenzordnung

Die **Insolvenzordnung (InsO)** vereint die frühere Konkurs- und Vergleichsordnung als eine übergreifende Regelung bei dauerhafter „Zahlungsunfähigkeit". Die Insolvenzordnung verfolgt vor allem die folgenden Ziele:

- Förderung der außergerichtlichen Sanierung
- Verringerung der Massenarmut
- Stärkung der Autonomie der Gläubiger
- Erhöhung der Verteilungsgerechtigkeit
- Einführung eines Verbraucherkonkurses und der Restschuldbefreiung (siehe unten)

Die Insolvenzordnung sieht drei Wege der Vermögenshaftung vor:

- Liquidation des Schuldnervermögens zur Befriedigung
- Sanierung des insolventen Betriebes und
- übertragende Sanierung (Trennung der zu sanierenden Unternehmen vom zu liquidierenden Unternehmensträger)

Wird eine Sanierung angestrebt, so muss ein sogenannter Insolvenzplan aufgestellt werden, aus dem die Art und Höhe der Gläubigerbefriedigung hervorgeht und dem die Gläubiger zustimmen müssen.

5.3 Verbraucherinsolvenz

Die Insolvenzordnung ermöglicht auch Privatpersonen, ein Insolvenzverfahren durchzuführen. Dieses Verfahren läuft in vier Stufen ab:

1. Versuch einer außergerichtliche Einigung
2. Gerichtliche Prüfung des Schuldenbereinigungsplanes
3. Vereinfachtes Insolvenzverfahren
4. Treuhandphase

Im Folgenden sollen die einzelnen Phasen näher erläutert werden.

Versuch einer außergerichtlichen Einigung

Bevor eine Privatperson einen Antrag auf ein Insolvenzverfahren stellen kann, muss sie sechs Monate lang versuchen, eine außergerichtliche Einigung herbeizuführen. Hierbei muss sie sich durch eine Schuldnerberatungsstelle oder einen Anwalt beraten lassen. Die außergerichtliche Einigung basiert vor allem auf den folgenden Unterlagen, die vom Schuldner zu erstellen sind:

- Gläubigerverzeichnis
- Vermögens- und Einkommensverzeichnis
- Schuldenbereinigungsplan

Diese Unterlagen werden den Gläubigern zur Verfügung gestellt. Sollte es auf dieser Basis zu einer Einigung kommen, so spart man sich das kosten- und zeitaufwendige Insolvenzverfahren. Kommt es zu keiner Einigung, so muss innerhalb von sechs Monaten ein Antrag auf Durchführung des Insolvenzverfahrens und auf Restschuldbefreiung beim zuständigen Gericht gestellt werden. Über das Scheitern der außergerichtlichen Einigung erstellt die Schuldnerberatung oder der Anwalt eine Bescheinigung, die zusammen mit dem Antrag abzugeben ist.

Gerichtliche Prüfung des Schuldenbereinigungsplanes

Das Gericht prüft zunächst, ob der Schuldner die Kosten des Verfahrens tragen kann. Das Verfahren wird nur dann eröffnet, wenn das der Fall ist. Dem Antrag müssen folgende Unterlagen beigefügt werden:

- Angaben zu den persönlichen Verhältnissen
- Bescheinigung über das Scheitern des außergerichtlichen Einigungsversuchs
- Vermögens- und Einkommensverzeichnis
- Gläubiger- und Forderungsverzeichnis
- Schuldenbereinigungsplan
- Abtretungserklärung

Ist der Antrag zulässig und vollständig, dann eröffnet das Gericht das Verfahren und stellt es zunächst ruhend. In dieser Phase versucht das Gericht auf Basis des vom Schuldner eingereichten Schuldenbereinigungsplans eine Einigung mit den Gläubigern zu erzielen. Die Chancen des Gerichts, hierbei erfolgreich zu sein, sind deshalb höher, weil es die Möglichkeit hat, fehlende Zustimmung einzelner Gläubiger zu ersetzen. Dies ist dann möglich, wenn mehr als die Hälfte – und zwar sowohl nach den Köpfen als auch nach dem Schuldenanteil – dem Schuldenbereinigungsplan zustimmen. Kann eine Einigung gefunden werden, so gelten die Anträge auf Eröffnung des Insolvenzverfahrens und auf Erteilung der Restschuldbefreiung als zurück genommen. Falls nicht, so wird das ruhende Insolvenzverfahren fortgesetzt.

Vereinfachtes Insolvenzverfahren

Das Gericht bestellt einen Treuhänder, der die Insolvenzmasse übernimmt und verwaltet. Der Treuhänder listet die Schulden und das Vermögen des Schuldners auf und lässt diese Aufstellung von den Gläubigern und dem Schuldner prüfen. Das Vermögen wird anteilig auf die Gläubiger verteilt. Wenn keine Obliegenheitsverletzungen (z. B. Verschweigen eines Vermögensgegenstandes durch den Schuldner) vorliegen, wird die Restschuldbefreiung angekündigt.

Treuhandphase

Während einer Phase von sieben Jahren muss das gesamte pfändbare Einkommen an die Gläubiger abgetreten werden. Wird in dieser Zeit nicht gegen Obliegenheiten verstoßen (z. B. „schwarz“ erworbene Einkommensbestandteile werden dem Treuhänder nicht mitgeteilt), erteilt das Gericht die Restschuldbefreiung, die nach einer Wartezeit von einem Jahr rechtskräftig wird.

BILANZIERUNG

Teil II

1. Einteilung und Aufgaben des Rechnungswesens

Das betriebliche Rechnungswesen spiegelt das betriebliche Geschehen zahlenmäßig und objektiv wider. Das Rechnungswesen ist die lückenlose, systematische Erfassung und Auswertung sämtlicher betrieblicher Vorgänge, soweit sie quantifizierbar sind.

Je nach Zielsetzung werden die Daten des Rechnungswesens unterschiedlich verarbeitet. Das Zielsystem des Unternehmens bestimmt die Art der Klassifizierung der Zahlen. Wir unterscheiden drei Bereiche des Rechnungswesens:

- Geschäftsbuchhaltung
- Kostenrechnung
- betriebswirtschaftliche Statistik

Welche Aufgaben diese drei Bereiche schwerpunktmäßig abdecken, ersehen Sie dem Schaubild:

	Geschäfts-buchhaltung	Kosten-rechnung	Statistik
Erfüllung der gesetzlichen Aufgaben	X		
Kontrollinstrument	(X)	X	X
Planungsinstrument		X	X
Datenerfassung	X	(X)	(X)

Geschäftsbuchhaltung

Die wichtigsten Instrumente der Geschäftsbuchhaltung sind die Bilanz und die Gewinn- und Verlustrechnung. Die Bilanz zeigt die Vermögens- und Kapitalstruktur auf, die Gewinn- und Verlustrechnung gibt durch die Gegenüberstellung von Aufwendungen und Erträgen Auskunft über das Zustandekommen eines Gewinns oder Verlusts.

Kostenrechnung (Kalkulation)

Die Kostenrechnung dient der Kontrolle der Wirtschaftlichkeit des Betriebsprozesses. Neben tatsächlich angefallenen Kosten fließen auch kalkulatorische Kosten in die Kostenrechnung mit ein, wie z.B. die kalkulatorische Miete für die Apothekenräume, die dem Apotheker selbst gehören. Diese erweiterte Rechnung wird gemacht, um die Opportunitätskosten zu berücksichtigen, die dem Apotheker dadurch entstehen, dass er die Räume selbst nutzt und nicht durch anderweitige Vermietung zusätzliche Erträge realisiert (weitere kalkulatorische Kostenarten sind z.B. die Eigenkapitalzinsen bezogen auf das im Unternehmen eingesetzte Kapital). Der kostenmäßige Input wird in der Kostenrechnung im Ergebnis mit dem ertragsmäßigen Output, den Erlösen der Apotheke, verglichen.

Auf einer sorgfältig geführten Kostenrechnung, die ihr Zahlenmaterial überwiegend aus der Geschäftsbuchhaltung erhält, kann der Apotheker außerdem seine Planung für die zukünftige Entwicklung seiner Apotheke aufbauen. Durch einen kontinuierlichen Soll/Ist-Vergleich erhält er eine aktuelle Übersicht über die wirtschaftliche Entwicklung seines Unternehmens und kann seine Planungsgenauigkeit überprüfen. Dabei schlüsselt der Apotheker einzelne Kostenarten, wie z.B. Personal-, Fuhrpark-, Raumkosten, Kosten des Ergänzungssortimentes auf und veranlasst, vor allem im Falle negativer Tendenzen, betriebliche Veränderungen.

Als Preiskalkulationsgrundlage (Vollkosten-, Teilkosten-, Deckungsbeitragsrechnung) besitzt die Kostenrechnung für die Apotheke im Gegensatz zu einem Produktionsbetrieb jedoch aufgrund der weitgehenden staatlichen Preisreglementierung nur eine untergeordnete Bedeutung.

Eine selbstbestimmte Preiskalkulation und -fixierung kann der Apotheker im Ergänzungssortiment vornehmen. Das Konkurrenzverhalten, vor allem die Preisaktivität der Drogeriemärkte, verhindern aber eine vollständig autonome, an den Kosten ausgerichtete Preisgestaltung. Derartige Preisüberlegungen sind nur im apothekenexklusiven Sortiment möglich, sofern auch diese Preise nicht bereits durch Konkurrenten gesenkt werden.

Betriebswirtschaftliche Statistik

Die Statistik stellt ebenfalls auf die Kontrolle der Wirtschaftlichkeit des Unternehmens ab. Sie bildet ein wichtiges Hilfsinstrument zur Auffindung von Schwachstellen im Unternehmen. Durch statistische Untersuchungen kann das Betriebsgeschehen quantitativ durchleuchtet und ausgewertet werden (interne, externe Betriebsvergleiche).

Insbesondere durch aussagekräftige Kennziffern lassen sich die einzelnen Betriebsbereiche durchleuchten und mit anderen Unternehmen vergleichen. Größtenteils bezieht die Statistik das Zahlenmaterial aus der Buchführung. Die betriebliche Statistik bildet zusätzlich eine wichtige Grundlage für die Unternehmensplanung.

a) Arten betriebswirtschaftlicher Statistiken

Unterteilt man die betriebliche Sphäre nach ihren unterschiedlichen Funktionen, unterscheidet man folgende Arten wichtiger Unternehmensstatistiken:

- Absatzstatistik:

  Sie stellt die Entwicklungen und Veränderungen des gesamten Umsatzes und seiner Struktur fest (z.B. Krankenkassenumsatz, Umsatz im Bereich des freiverkäuflichen Sortimentes getrennt nach Indikationsbereichen).

- Beschaffungsstatistik:
  Sie beinhaltet sowohl die Einkaufs- als auch die Lagerstatistik. Eine gute Beschaffungsstatistik gibt wertvolle Hinweise über das Einkaufsverhalten, optimale Bestellmengen, Lagerdauer und Umschlaghäufigkeit des Lagers. Sie gibt auch Auskunft darüber, wie unrentabel häufig Großbestellungen direkt bei der Industrie mit (vermeintlich) hohen Rabatten sind.

- Personal- und Arbeitskräftestatistik:
  Sie gibt Aufschlüsse über die Personalstruktur, Lohn- und Gehaltskosten und, in Verbindung mit der Absatzstatistik, über die Leistungsfähigkeit des Personals.

- Finanzstatistik:
  Sie verdeutlicht Art, Zusammensetzung und Rentabilität des Kapitaleinsatzes, ferner die Finanzierung der betrieblichen Investitionen und die Liquiditätslage.

- Kosten- und Erfolgsstatistik:
  Sie analysiert die Entwicklung der einzelnen Kosten und Erträge sowie der Gesamtkosten und Gesamterträge.

Statistiken können in zwei verschiedenen Zahlenvarianten erstellt werden:

- Statistiken, die mit absoluten Zahlen geführt werden.
- Statistiken, in denen alle untersuchten Merkmale auf eine Größe bezogen werden (z.B. betriebliche Entwicklungsübersicht mit dem Umsatz als Bezugsgröße für alle Kosten- und Erfolgsarten).

b) Interne und externe Betriebsvergleiche der Apotheke

Interner Betriebsvergleich

Es werden Kennzahlen im Betrieb erarbeitet und Zeitvergleiche (Monat, Jahr, usw.) angestellt. Die elektronische Datenverarbeitung begünstigt die Durchführung betrieblicher Statistiken erheblich, so dass umfangreiche Zahlenanalysen schnell und relativ einfach erstellt werden können. Viele Apotheker wenden sich auch an spezialisierte externe Firmen (z.B. über ihren Steuerberater an die Datev), die ihnen monatlich standardisierte Statistiken über ihren Betrieb liefern.

Wichtige Kennzahlen sind u.a.:

→ Kostenkennzahlen:

- Kostenarten in % vom Umsatz
- Anteil bestimmter Kostenarten an den Gesamtkosten

→ Rentabilitätskennzahlen:

- Umsatzrentabilität (Gewinn : Umsatz)
- Kapitalrentabilität (Gewinn : Kapital)
  ⇒ Eigenkapitalrentabilität
  ⇒ Gesamtkapitalrentabilität

→ Finanzierungskennzahlen:

- Verschuldungsgrad (Fremdkapital : Eigenkapital)
- Eigenkapital und Fremdkapital jeweils in % vom Gesamtkapital (Eigenkapital-/Fremdkapitalquote)
- Liquiditätsgrad (liquide Mittel : kurzfristige Verbindlichkeiten)

→ Ware:

- Wareneinsatzkennziffer
- Lagerumschlag

→ Personal:

- Umsatz je beschäftigte Person

Externer Betriebsvergleich

Ein zwischenbetrieblicher Vergleich gibt Auskunft darüber, wie eine Apotheke innerhalb der Branche steht. Allerdings ist ein statistischer Vergleich mit einer anderen Apotheke oder den Durchschnittswerten einer Gruppe von Apotheken nur sinnvoll, wenn zumindest ähnliche Voraussetzungen bei den zu vergleichenden Apotheken vorliegen. So vergleicht man Äpfel mit Birnen, wenn eine branchentypische Apotheke mit € 1,0 Mio. Umsatz und eine Großapotheke mit € 3,5 Mio. Umsatz verglichen wird.

Auch ist es wenig ergiebig, Pachtapotheken mit Nichtpachtapotheken zu messen. Ein Vergleich erscheint daher nur dann aussagekräftig, wenn
- eine vergleichbare Betriebsgröße (Beschäftigtenzahl, -struktur, qm-Größe, Umsatz),
- vergleichbare Standortbedingungen,
- vergleichbarer Sortimentsumfang,
- vergleichbare rechtliche Vertragsgestaltung

vorliegen.

Betriebsvergleich des Instituts für Handelsforschung

Einer der wichtigsten externen Betriebsvergleiche, der, zumindest in Teilbereichen, die genannten Voraussetzungen erfüllt, wird jährlich vom Institut für Handelsforschung an der Universität zu Köln aufgestellt. Die Einzeldaten, die in diesen Vergleich eingehen, werden von den Apothekern jährlich schriftlich abgefragt und maschinell getrennt ausgewertet. Die Analyse ist statistisch haltbar, da über 10% aller Apotheken sich an dieser Befragung beteiligen. In der Auswertung wird sowohl nach den Eigentumsverhältnissen (Pacht-/Nichtpacht-Apotheke) als auch nach der Beschäftigtenzahl unterschieden.

Als Bezugsgröße für alle Aufwands- und Ertragsgrößen dient der Bruttoumsatz. In der Auswertung sind alle Apotheken durch eine geheime Kennnummer verschlüsselt und damit nicht von der Konkurrenz identifizierbar.

Zeigt sich beim externen Betriebsvergleich, dass die Werte einer Apotheke besser sind als der entsprechende Durchschnittswert ihrer Vergleichsgruppe, besteht wenig Anlass für den Apotheker, Änderungen in seinem Betrieb durchzuführen. Sind seine Werte dagegen schlechter und lässt sich das Ergebnis nicht mit vertretbaren Gründen erklären (z.B. Neueröffnung des Betriebes, besonders hohe Miete, ein hoher Verschuldungsgrad etc.), ist es für den Apotheker unerlässlich, Maßnahmen zur Verbesserung der Wirtschaftlichkeit und der Rentabilität einzuleiten.

Nachteilig zeigt sich bei derartigen Betriebsvergleichen die große zeitliche Verzögerung, mit der der Apotheker das Vergleichsmaterial erhält. Negative Entwicklungen, die die Auswertung aufzeigt, sind unter Umständen inzwischen überholt, so dass sich Gegenmaßnahmen als falsch erweisen können. Genauso kann ein positiver Zahlenausweis längst durch negative Entwicklungen verwischt worden sein.

Vor allem Branchenstatistiken (als Durchschnittsanalysen) sind für die einzelne Apotheke als Vergleichsinstrument wenig ergiebig. Sie vermitteln höchstens eine ungefähre Vorstellung von den Größenordnungen einzelner Kostenarten in der Apotheke. Sowohl interne als auch externe Betriebsvergleiche gewinnen dann an Brauchbarkeit, wenn eine Tendenz der betrieblichen Entwicklung der Apotheke oder der gesamten Branche über mehrere Jahre abgelesen werden kann.

Um einen Überblick über die wichtigsten Auswertungspositionen zu geben, wird hier auf die verkürzte und vereinfachte Form des Betriebsvergleiches der ABDA - Bundesvereinigung Deutscher Apothekerverbände - zurückgegriffen, der jährlich in der Pharmazeutischen Zeitung abgedruckt erscheint. Er enthält sowohl Kennzahlen, absolute Vergleichswerte als auch Indexzahlen.

2. Grundlagen der Bilanzierung

2.1 Rechtliche Grundlagen

Der Apotheker ist als Betreiber einer Apotheke gemäß § 1 Abs. 1 HGB kraft Gesetzes "Kaufmann". Daraus (s. Teil I) resultiert nach § 238 Abs. 1 HGB die Buchführungspflicht.

Der § 238 Abs. 1 Satz 1 HGB lautet:

> „Jeder Kaufmann ist verpflichtet, Bücher zu führen und in diesen seine Handelsgeschäfte und die Lage seines Vermögens nach den Grundsätzen ordnungsmäßiger Buchführung ersichtlich zu machen."

Weitere Aufzeichnungspflichten können sich für einen Apotheker aus dem Einkommensteuergesetz und der Abgabenordnung ergeben.

2.2 Die Grundsätze ordnungsmäßiger Buchführung

In § 238 Abs. 1 HGB wurden die Grundsätze ordnungsmäßiger Buchführung (GOB) in einem Gesetz kodifiziert. Weil die Buchführungstechnik einem relativ schnellen Wandel unterliegt, sind die GOB nicht einzeln durch konkrete Rechtsvorschriften geregelt.

Als Leitlinie hat immer zu gelten, dass sich ein sachverständiger Dritter in dem Rechenwerk ohne große Schwierigkeiten in angemessener Zeit zurecht finden kann (§ 238 Abs. 1 S. 2 HGB). Im konkreten Einzelfall können die GOB induktiv (Ausgangspunkt theoretische Zielsetzung) entwickelt werden.

Die wichtigsten GOB sind:

a) Grundsatz der Wahrheit (Richtigkeit und Willkürfreiheit); § 239 Abs. 2 HGB

Die Buchhaltung hat richtig und willkürfrei zu sein. Es dürfen keine fiktiven Buchungen vorgenommen werden.

b) ***Grundsatz der Klarheit & Übersichtlichkeit; § 243 Abs. 2 HGB***
Die Buchungen sind nur anhand von Belegen vorzunehmen, die fortlaufend zu nummerieren und geordnet aufzubewahren sind.
Des Weiteren darf das Rechnungswesen nur in einer lebenden Sprache und in Inlandswährung (EURO) geführt werden (§ 244 HGB). Die Konten müssen richtig bezeichnet und der Kontenrahmen ausreichend gegliedert sein.
Es dürfen keine nachträglichen Änderungen, außer durch Stornobuchungen, vorgenommen werden. Deshalb haben Eintragungen dokumentenecht (kein Bleistift) zu erfolgen. Das Rechnungswesen darf keine Leerräume enthalten ("Buchhaltungsnasen").

c) ***Grundsatz der Vollständigkeit; § 239 Abs. 2 und § 246 Abs. 1 HGB***
Alle Geschäftsvorfälle müssen fortlaufend und vollständig aufgezeichnet werden.
Die Buchungen sollten auch zeitnah erfolgen. Die Bilanzierung muss wegen des Inventarprinzips aufgrund einer körperlichen Bestandsaufnahme der Vermögensgegenstände und Verbindlichkeiten vorgenommen werden.

d) ***Grundsatz der Stetigkeit; § 252 Abs. 1 Nr. 6 HGB***
Bei der Rechnungslegung ist sowohl die formelle als auch die materielle Kontinuität zu wahren. Die formelle Bilanzkontinuität umfasst die gleichen Erfassungs- und Darstellungsmethoden in den aufeinanderfolgenden Geschäftsjahren.
Die materielle Bilanzkontinuität beinhaltet die Buchhaltung der Bewertungsgrundsätze und die Bilanzidentität (Schlussbilanz entspricht der Anfangsbilanz des darauffolgenden Geschäftsjahres).

e) ***Grundsatz der Aufbewahrung; § 257 Abs. 1 HGB***
Alle Buchungsunterlagen, Handelsbücher, Inventare und Inventurlisten Jahresabschlüsse sind zehn Jahre aufzuheben. Eingegangene Handelsbriefe sowie Duplikate von abgesandten Handelsbriefen sind nur sechs Jahre aufzubewahren. Eine Speicherung der Buchungsunterlagen auf Mikrofilm oder anderen Datenträgern ist zulässig, wenn die Buchungen in angemessener Zeit lesbar gemacht werden können bzw. ausdruckbar sind.

f) Verpflichtung zur Führung von Handelsbüchern

Das wichtigste Handelsbuch stellt das Hauptbuch dar. In ihm sind die einzelnen Sachkonten festgehalten, aus deren Salden der Jahresabschluss entwickelt wird. Die Gliederung des Hauptbuches erfolgt grundsätzlich nach dem einheitlichen Kontenrahmen für Apotheker.
Daneben ist noch ein Journal zu führen. In diesem sind die einzelnen Buchungen chronologisch vollständig zu erfassen.

3. Das Inventar als Basis der Bilanz

Das Inventar ist das als Ergebnis der Inventur aufgestellte Verzeichnis der positiven und negativen Vermögensgegenstände.

Die Inventur ist eine Bestandsaufnahme aller vorhandenen Gegenstände. Durch Zählen, Messen, Wiegen werden die Bestände **mengenmäßig** erfasst. Dies ist bei Waren, Grundstücken, Fahrzeugen, Schränken etc. kein Problem; bei Forderungen, Schulden, die § 240 Abs. 1 HGB ebenfalls aufzählt, kommt eine mengenmäßige Erfassung nicht in Frage.

Forderungen und Schulden müssen buchmäßig aus den Unterlagen des Kaufmanns ermittelt werden. Aus dem Kontoauszug kann der Apotheker z.B. seinen Guthabenstand bei der Bank ersehen und ihn in das Inventar übertragen.

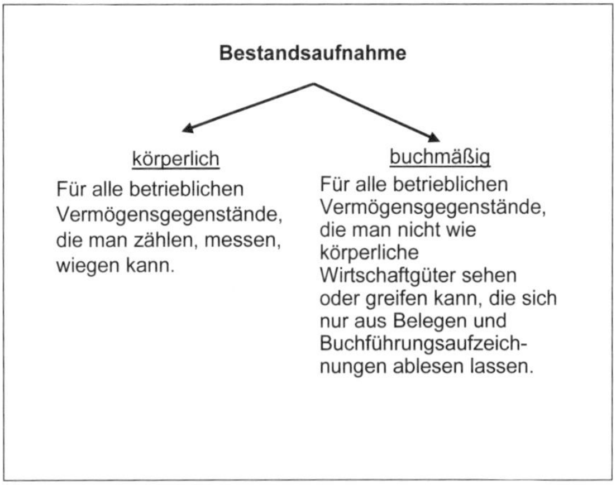

In der Praxis ist es nicht immer möglich, die Inventur direkt am Bilanzstichtag durchzuführen. § 241 HGB gewährt dem Kaufmann verschiedene Alternativen:

Permanente Inventur

Führt der Kaufmann Lagerkarteien oder Lagerbücher, in denen alle Warenbewegungen permanent festgehalten werden, kann er die Bestände am Bilanzstichtag durch diese Unterlagen ermitteln. Allerdings muss der Kaufmann auch in diesem Fall an einem beliebigen Zeitpunkt im Jahr eine körperliche Bestandsaufnahme für jeden Artikel durchführen und den ermittelten Wert mit dem buchmäßigen Bestand abstimmen. Gleichzeitig muss der Kaufmann zu jedem Zeitpunkt im Geschäftsjahr die bereits gezählten Artikel von denjenigen, die noch nicht körperlich aufgenommen wurden, abgrenzen können.

Vor- und nachgelagerte Inventur

Die Bestandsaufnahme kann noch innerhalb der letzten drei Monate vor oder der ersten zwei Monate nach dem Bilanzstichtag durchgeführt werden. Wie bei der zeitnahen Inventur muss ebenfalls der aufgenommene Bestand mengen- und wertmäßig auf den Bilanzstichtag fortgeschrieben oder zurückgerechnet werden.

Es versteht sich von selbst, dass zum Gewerbebetrieb der Apotheke nur Vermögensgegenstände und Schulden zählen, die betrieblich veranlasst sind. Ein Privatgrundstück, private Gelder und Wertpapiere zählen z.B. nicht zu den betrieblichen Vermögensgegenständen.

Die Inventur wird durchgeführt, um ein Inventar erstellen zu können, das Auskunft über Mengen und Wert der Wirtschaftsgüter eines Gewerbebetriebes gibt. Wurden alle Wirtschaftsgüter vollständig **mengenmäßig** erfasst, müssen sie auch noch zutreffend bewertet, d. h. **wertmäßig** festgehalten werden.

Das Inventar ist das genaue Verzeichnis über das Ergebnis der Inventur. Alle positiven Vermögensgegenstände und Schulden werden einander gegenübergestellt. Das Inventar ist zu Beginn der gewerblichen Tätigkeit und danach jeweils zum Ende des Wirtschaftsjahres zu erstellen.

Sollten Sie in etwa einem Jahr eine Apotheke kaufen, könnte Ihr zweites Inventar z. B. wie folgt aussehen:

		€			€
I.	**Vermögen**		II.	**Schulden**	
1.	Grundstück	130.000,00	1.	Bankdarlehen Bank A	220.000,00
2.	5 Apothekenräume	390.000,00	2.	Bankdarlehen Bank B	180.000,00
			3.	Lieferantenverbindlichkeiten	
7.	6 Ziehschränke	120.000,00		Großhandel A	150.000,00
12.	10 x 20 x Thomapyrin	26,80	4.	Lieferantenverbindlichkeiten	
				Großhandel B	20.000,00
65.	Forderungen an		5.	Kurzfristiger Kontokor-	
	Schreiner	500,00		rentkredit Bank A	30.000,00
70.	Kasse	9.473,20			
	Summe	650.000,00		Summe	600.000,00

Der Differenzbetrag zwischen Vermögen und Schulden ergibt das Eigenkapital (entspricht in etwa dem steuerlichen Betriebsvermögen).

Aufgabe:

Summe Vermögen	=	€ 650.000,00
Summe Schulden	=	€ 600.000,00
Eigenkapital	=	€ ?

Um § 242 HGB Genüge zu leisten, entwickeln wir nun aus dem Inventar die Bilanz.

Die Begriffe Vermögensgegenstand (gemäß HGB) und Wirtschaftsgut (gem. Steuergesetzen) sind weitgehend synonym. Letztlich erstellt der Kaufmann heute nicht eine gesonderte Handels- und eine Steuerbilanz, sondern er ermittelt sein Jahresergebnis unter Wahrung der handelsrechtlichen und steuerrechtlichen Bestimmungen (sogenannte „Einheitsbilanz“).

4. Die Bilanz

4.1 Grundlagen

Die Bilanz übernimmt die Vermögensgegenstände und Schulden des Inventars. Ansatzvorschriften gibt uns das HGB in den §§ 246 ff. Insbesondere sind in der Bilanz das Anlage- und das Umlaufvermögen, das Eigenkapital, die Schulden sowie die Rechnungsabgrenzungsposten gesondert auszuweisen und hinreichend aufzugliedern. Aus Übersichtlichkeitsgründen und im Interesse der Klarheit werden gleiche Vermögensgegenstände zu sinnvollen Gruppen zusammengefasst (z.B. alle Arzneimittel unter dem Gliederungspunkt "Waren").

Eine Rechnungslegung gemäß internationalen Standards wie nach IFRS oder US-GAAP sind in Deutschland nur für Konzernabschlüsse von börsennotierten Mutterunternehmen notwendig.

Anlagevermögen
Hier werden alle Wirtschafsgüter erfasst, die dazu bestimmt sind, dem Betrieb zumindest bis über den nächsten Bilanzstichtag hinaus zu dienen. Sie sind nicht für den laufenden Verkauf bestimmt (Grundstücke, Pkw etc.).

Umlaufvermögen
Hier werden alle Wirtschaftsgüter erfasst, die nicht dazu bestimmt sind, dem Betrieb bis zum nächsten Bilanzstichtag zu dienen, sondern möglichst schnell umgesetzt werden sollen (Arzneimittel, Kundenforderungen, Kasse). Beachten Sie, dass es auf die **ursprüngliche Bestimmung**, und nicht auf die tatsächliche Verweildauer des Wirtschaftsgutes im Apothekenbetrieb ankommt, d.h., selbst wenn einzelne Arzneimittel nach drei Jahren immer noch nicht abverkauft werden, zählen sie dennoch zum Umlaufvermögen.

Nach welchen Kriterien ist die Bilanz gegliedert?
Die Reihenfolge der aufgeführten Bilanzpositionen auf der Vermögensseite richtet sich nach dem **Liquiditätsgrad** der Wirtschaftsgüter, d.h. wie schnell ein Wirtschaftsgut in Geld umgetauscht, also liquide gemacht werden kann.

Deshalb stehen Grundstücke - als viel Zeit beanspruchende Veräußerungsobjekte - ganz oben in der Bilanz, die Position "Waren" weiter unten und die Position Kasse ganz unten. Logischerweise sind Wirtschaftsgüter des Anlagevermögens in der Regel kurzfristig schwerer zu veräußern als Wirtschaftsgüter des Umlaufvermögens.

Auf der Passivseite stellt die **Mittelherkunft** das Gliederungskriterium dar. Dabei erfolgt eine Unterteilung von langfristiger Mittelverfügbarkeit (Eigenkapital und langfristige Verbindlichkeiten) bis hin zu den kurzfristigen Verbindlichkeiten. Die Reihenfolge der Schulden richtet sich nach der **Fälligkeit**. Parallel zur Vermögensseite werden auch zuerst die später fälligen Positionen aufgeführt.

Die Bilanz wird in Kontenform erstellt:

Auf der linken Seite (= Aktivseite) befinden sich die positiven Vermögensgegenstände (= Aktiva). Die Aktivseite gibt Aufschluss über die Zusammensetzung des Vermögens und damit über die Mittelverwendung. Auf der rechten Seite (= Passivseite) befinden sich die Schulden und das Eigenkapital (= Passiva). Die Passivseite zeigt die Herkunft der Mittel auf, mit denen die Aktiva finanziert wurden.

Die Differenz zwischen dem Gesamtwert des Vermögens und der Schulden ist das Eigenkapital (= Betriebsvermögen). Sofern die Schulden das Vermögen übersteigen, entsteht ein nicht durch Eigenkapital gedeckter Fehlbetrag (= negatives Eigenkapital). Durch die Position Eigenkapital wird folgende Grundregel sichergestellt:

Die (Bilanz-)Summe der Aktivseite = Summe aller Passiva

Die Bilanz ist also stets betragsmäßig ausgeglichen. Man kann die Bilanz daher auch mit einer exakt austarierten Waage vergleichen. "Waage" heißt auf italienisch übrigens "bilancia".

Die Summengleichheit ergibt sich stets durch den Saldo „Eigenkapital". Gibt es eine Möglichkeit, das Eigenkapital vorzeichenmäßig den Schulden gleichnamig zu machen?

Das Eigenkapital wird als Schuld des Unternehmens an den Unternehmer betrachtet. Diese durchaus plausible Erklärung verdeutlicht auch noch einmal die strikte Trennung von betrieblicher und privater Sphäre.

Anhaltspunkte für eine hinreichende Gliederung der Bilanz lassen sich aus den Gliederungsvorschriften für die kleine Kapitalgesellschaft gewinnen (§ 266 Abs. 1 S. 3 HGB).

Die Bilanz einer Einzelunternehmung (wie einer Apotheke) könnte in etwa wie folgt aussehen:

Aktiva	**Passiva**
A. Anlagevermögen 1. Immaterielle Vermögensgegenstände 2. Sachanlagen 3. Finanzanlagen	**A. Eigenkapital** Stand 01.01.20.. Einlagen/Entnahmen Bilanzergebnis Stand 31.12.20..
B. Umlaufvermögen 1. Vorräte 2. Forderungen und sonstige Vermögensgegenstände 3. Wertpapiere 4. Flüssige Mittel einschl. Bankguthaben	**B. Rückstellungen** **C. Verbindlichkeiten** 1. Warenschulden 2. Wechselschulden 3. Bankschulden 4. Sonst. Verbindlichkeiten
C. Rechnungsabgrenzungsposten	**D. Rechnungsabgrenzungsposten**
Bilanzsumme	**Bilanzsumme**

Begriffe, die Sie kennen müssen:

Bilanz zum 31.12. ....

Aktivseite (Aktiva)	**Passivseite (Passiva)**
positive Vermögensgegenstände	negative Vermögensgegenstände + Saldo Eigenkapital
Anlage- und Umlaufvermögen	
Mittelverwendung	Mittelherkunft
Gliederung nach Liquiditätsgrad	Gliederung nach der rechtlichen Stellung der Kapitalgeber
Vermögensgegenstände körperlich und buchmäßig ermittelt	buchmäßig ermittelt
= Summe	= Summe
⇒ Wie ist das Kapital angelegt?	⇒ Woher stammt das Kapital?

4.2 Buchen auf Bestandskonten

4.2.1 Wertveränderungen in der Bilanz

Jeder Geschäftsvorfall bewirkt, dass sich aufgrund der doppelten Buchführung grundsätzlich immer zwei Bilanzpositionen verändern. Einem Zugang muss ein Abgang gegenüberstehen, nur so kann das Bilanzgleichgewicht (Aktivseite = Passivseite) gewahrt bleiben.

Eine Apotheke erhält vom Großhandel Waren geliefert.

a) Bezahlt der Apotheker eine Warenlieferung in bar, liegt ein Aktivtausch vor. Im gleichen Maße wie sich die Aktivposition "Waren" erhöht, nimmt die "Kasse" ab.

Aktivseite:	+ Waren
Aktivseite:	- Kasse
= Aktivtausch	

b) Bezieht ein Apotheker Waren auf Lieferantenkredit, entsteht zunächst für die Apotheke eine Warenverbindlichkeit, außerdem erhöht sich die Vermögensposition "Waren".

Aktivseite:	+ Waren
Passivseite:	+ Verbindlichkeiten in gleicher Höhe
= Bilanzverlängerung	

c) Bezahlt der Apotheker eine Lieferverbindlichkeit durch Scheckzahlung, erlöschen diese Warenschulden in der Bilanz, d.h. die Passivseite reduziert sich. Die Position "Bank" auf der Aktivseite vermindert sich in gleicher Höhe.

Aktivseite:	- Bank
Passivseite:	- Lieferantenverbindlichkeit
= Bilanzverkürzung	

d) Verzichtet der Großhandel auf die kurzfristige Bezahlung der Verbindlichkeiten seitens des Apothekers und räumt ihm stattdessen ein langfristiges Darlehen ein, so verringern sich die kurzfristigen und erhöhen sich die langfristigen Verbindlichkeiten. Es wird also eine Passivposition gegen eine andere Passivposition ausgewechselt.

Passivseite:	+ Darlehen
Passivseite:	- Lieferantenverbindlichkeiten
= P a s s i v t a u s c h	

4.2.2 <u>Auflösen der Bilanz in Bestandskonten</u>

Jeder Geschäftsvorfall verändert mindestens zwei Posten der Bilanz. In der Praxis ist es aber nicht möglich, die Veränderungen der Aktiv- und Passivposten ständig in der Bilanz vorzunehmen. Man benötigt eine genaue und übersichtliche **Einzelabrechnung jedes Bilanzpostens (= Konto).**

Deshalb löst man die Bilanz in Konten auf. Jeder Bilanzposten erhält sein entsprechendes Konto. Nach den Seiten der Bilanz unterscheidet man **Aktiv- und Passivkonten.**

Aktiv- und Passivkonten weisen im einzelnen Bestände an Vermögen und Kapital des Unternehmens aus und erfassen die Veränderungen dieser Bestände aufgrund der Geschäftsvorfälle. Sie stellen daher Bestandskonten dar. Man spricht von aktiven und passiven Bestandskonten. Die linke Seite eines Kontos wird mit „Soll“ (S), die rechte Seite mit „Haben“ (H) bezeichnet.

Aktiva	**Eröffnungsbilanz**		**Passiva**
Einrichtung	15.000	Eigenkapital	70.000
Waren	80.000	Bankdarlehen	20.000
Kasse	5.000	Verbindlichkeit L/L	10.000
	100.000		**100.000**

S	Einrichtung	H
AB	15.000	

S	Eigenkapital	H
		70.000 AB

S	Waren	H
AB	80.000	

S	Bankdarlehen	H
		20.000 AB

S	Kasse	H
AB	5.000	

S	Verbindlichkeit L/L	H
		10.000 AB

Links stehen die **Aktivkonten.** Bei ihnen stehen die **Anfangsbestände** auf der **Sollseite,** weil sie sich auf der linken Seite der Bilanz befinden.

Rechts stehen die **Passivkonten.** Bei ihnen stehen die **Anfangsbestände** auf der **Habenseite,** weil sie sich auf der rechten Seite der Bilanz befinden.

Soll	**Aktivkonto** Haben
AB	- Minderungen
+ Mehrungen	SB

Soll **Passivkonto**	Haben
- Minderungen	AB
SB	+ Mehrungen

4.2.3 Buchung von Geschäftsvorfällen und Abschluss der Bestandskonten

Eröffnung der Konten

Die zum Schluss des vorhergegangenen Geschäftsjahres aufgestellte Bilanz ist gleichzeitig die Eröffnungsbilanz zu Beginn des neuen Geschäftsjahres. Zu jeder Bilanzposition werden die entsprechenden Aktiv- und Passivkonten eingerichtet und die Anfangsbestände (AB) vorgetragen.

Laufende Buchungen

Folgende Geschäftsvorfälle sind nun in den Aktiv- und Passivkonten zu buchen, nachdem die Anfangsbestände (AB) vorgetragen wurden. Jeder Buchung muss ein entsprechender Beleg zugrunde liegen: Eingangsrechnung, Ausgangsrechnung, Bankauszüge.

Geschäftsvorfälle:

(1) Kauf einer EDV-Anlage gegen Banküberweisung 10.000 €

Die Geschäftsausstattung erhöht sich:	Aktivkonto:	Soll
Das Bankguthaben vermindert sich:	Aktivkonto:	Haben

(2) Zieleinkauf von Waren für 50.000 €

Der Warenbestand nimmt zu:	Aktivkonto:	Soll
Die Verbindlichkeiten L/L nehmen auch zu:	Passivkonto	Haben

(3) Kunde begleicht eine Rechnung durch Banküberweisung: 15.000 €

Das Bankguthaben nimmt zu:	Aktivkonto:	Soll
Der Bestand an Forderungen L/L nimmt ab:	Aktivkonto:	Haben

Jeder Geschäftsvorfall wird **doppelt** gebucht, **zuerst im Soll** und **danach im Haben**. Bei der Buchung in den Konten wird jeweils das Gegenkonto angegeben.

Abschluss der Bestandskonten

Sind alle Geschäftsvorfälle gebucht, wird für jedes Aktiv- und Passivkonto der **Schlussbestand (SB)** errechnet und jeweils **zum Ausgleich des Kontos** auf der schwächeren Seite eingesetzt. Danach wird die Schlussbilanz des Geschäftsjahres aufgestellt, indem die Schlussbestände der Aktivkonten auf die Aktivseite der Schlussbilanz übertragen werden, die der Passivkonten auf die Passivseite. Vorher muss jedoch noch eine **Abstimmung** der kontenmäßigen Schlussbestände (Buchbestände) mit den Inventurwerten (Istbestände) vorgenommen werden.

Aktiva		Eröffnungsbilanz		Passiva
Geschäftsausstattung	15.000		Eigenkapital	50.000
Waren	60.000		Bankdarlehen	20.000
Forderungen	50.000		Verbindlichkeit L/L	60.000
Bank	5.000			
	130.000			**130.000**

S	Geschäftsausstattung		H
AB	15.000		
(1) +	10.000	25.000	SB
	25.000	25.000	

S	Eigenkapital		H
SB	50.000	50.000	AB
	50.000	50.000	

S	Waren		H
AB	60.000		
(2) +	50.000	110.000	SB
	110.000	110.000	

S	Bankdarlehen		H
SB	20.000	20.000	AB
	20.000	20.000	

S	Forderungen		H
AB	50.000	15.000	- (3)
		35.000	SB
	50.000	50.000	

S	Verbindlichkeit L/L		H
SB	110.000	60.000	AB
		50.000	+ (2)
	110.000	110.000	

S	Bank		H
AB	5.000	10.000	- (1)
(3) +	15.000	10.000	SB
	20.000	20.000	

Aktiva		Schlussbilanz		Passiva
Geschäftsausstattung	25.000		Eigenkapital	50.000
Waren	110.000		Bankdarlehen	20.000
Forderungen	35.000		Verbindlichkeit L/L	110.000
Bank	10.000			
	180.000			**180.000**

5. Die Gewinn- und Verlustrechnung

5.1 Grundlagen

Ebenso wie für die Bilanz gibt es für die Gliederung der Gewinn- und Verlustrechnung (GuV) spezielle gesetzliche Vorschrift.

Die GuV muss
- sich als eine Gegenüberstellung von Aufwendungen und Erträgen darstellen (§ 242 Abs. 2 HGB)
- den Grundsätzen ordnungsmäßiger Buchführung entsprechen (§ 243 Abs. 1 HGB)
- klar und übersichtlich sein (§ 243 Abs. 2 HGB)
- alle Aufwendungen und Erträge enthalten (§ 246 Abs. 1 S. 1 HGB)
- insbesondere alle Aufwendungen und Erträge brutto, d.h. unsaldiert ausweisen (§ 246 Abs. 2 HGB)
- die Umsatzsteuer nicht berücksichtigen.

Die Gewinn- und Verlustrechnung kann bei einem Apotheker sowohl in Konto- als auch in Staffelform aufgestellt werden und nach dem Gesamtkosten- oder dem Umsatzkostenverfahren gegliedert sein. Bei einem Einzelunternehmer bzw. einer offenen Handelsgesellschaft ist die Staffelform unter Verwendung des Gesamtkostenverfahrens üblich.

Der Saldo aus Aufwendungen und Erträgen einer Abrechungsperiode (in der Regel zwölf Monate) ergibt den Jahresüberschuss bzw. Jahresfehlbetrag. Dieser wird dann mit der Position Eigenkapital in der Bilanz verrechnet. Insoweit ist damit der Zusammenhang zwischen Bilanz sowie Gewinn- und Verlustrechnung hergestellt.

5.2 Buchen auf Erfolgskonten

5.2.1 Aufwendungen und Erträge

Bisher wurden lediglich Geschäftsvorfälle auf den Bestandskonten betrachtet. Das Eigenkapital blieb dabei unberührt. Diese Geschäftsvorfälle hatten keinen Einfluss auf den Erfolg des Unternehmens. Der Absatz von Produkten führt jedoch zu Veränderungen des Eigenkapitals. Man spricht von „**Aufwendungen**“ und „**Erträgen**“.

Letztlich sind der Gewinn und damit das durch den Gewinn beeinflusste Eigenkapital die maßgeblichen Größen für jeden Unternehmer. Insofern interessieren primär die Auswirkungen der Geschäftsvorfälle auf das Eigenkapital.

Geschäftsvorfälle, die das Eigenkapital

- **nicht ändern,**
  sondern das Betriebsvermögen nur umschichten (z.B. Aktivtausch, Passivtausch). Diese Geschäftsvorfälle sind stets erfolgsneutral.

- **ändern,** sind entweder
  a) erfolgswirksam, nämlich als Aufwendungen oder Erträge
  b) erfolgsneutral, nämlich als Privatentnahmen und Privateinlagen

Jeder Werteverzehr eines Unternehmens an Gütern und Diensten bezeichnet man als **Aufwand**. Aufwendungen vermindern das Eigenkapital. Zu den Aufwendungen zählen:

- Materialaufwendungen
- Lohn- und Gehaltsaufwendungen
- Wertminderung des Anlagevermögens durch Abnutzung (Abschreibungen)
- Aufwendungen für Miete, Betriebssteuern, Verwaltung, Werbung...

Erträge sind dagegen alle Wertzuflüsse in das Unternehmen, die das Eigenkapital erhöhen. Zu den Erträgen zählen:

- Umsatzerlöse
- Zinserträge
- Erträge aus Vermietung und Verpachtung

Aufwand	=	periodisierter Wertverbrauch
Ertrag	=	periodisierter Wertzuwachs

Beispiel für Ertrag: Mietertrag auf Bankkonto

Das Bankguthaben wächst, aber wir finden kein Bestandskonto für "Miete". Berührt wird nur das Eigenkapital. Die erhaltene Miete löst einen Ertrag aus; sie verursacht ceteris paribus einen Gewinn, das Eigenkapital nimmt durch die erhaltene Miete zu.

Beispiel für Aufwand: Lohnzahlung in bar

Der Kassenbestand schmilzt, aber wir finden wiederum kein Bestandskonto für "Löhne". Der Buchungsausgleich kann nur durch Änderung der Größe Eigenkapital hergestellt werden. Das Eigenkapital wird durch die Bezahlung des Lohnes kleiner.

Die Erfolgskonten

Das Eigenkapitalkonto ist zwar ein Bestandskonto, es setzt sich aber auch aus einer Vielzahl von Erfolgskonten zusammen. Um die laufenden betrieblichen Kapitaländerungen so zu erfassen, dass bei der Fülle der täglichen Buchungen der Überblick nicht verlorengeht, führt man als Unterkonten die sogenannten Aufwands- und Ertragskonten ein, deren Salden im G&V-Sammelkonto geführt werden. Die G&V dient dazu, genauen Aufschluss über die Aufwands- und Ertragskomponenten der Apotheke zu geben.

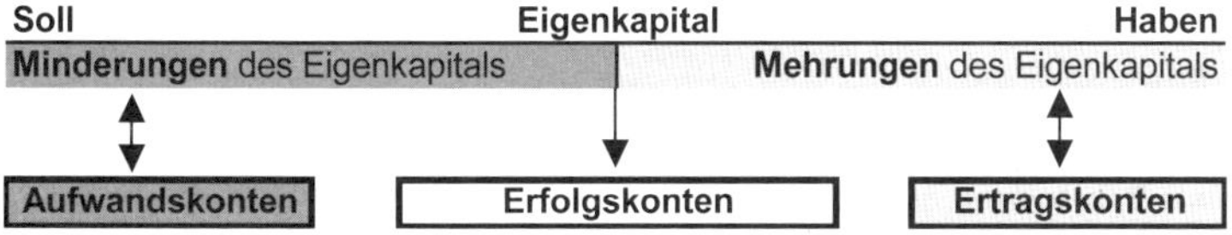

Damit das System der doppelten Buchführung aufgeht, vor allem eine Ankoppelung an die Bestandskonten überhaupt funktioniert, müssen alle Aufwandskonten im Soll und alle Ertragskonten im Haben gebucht werden.

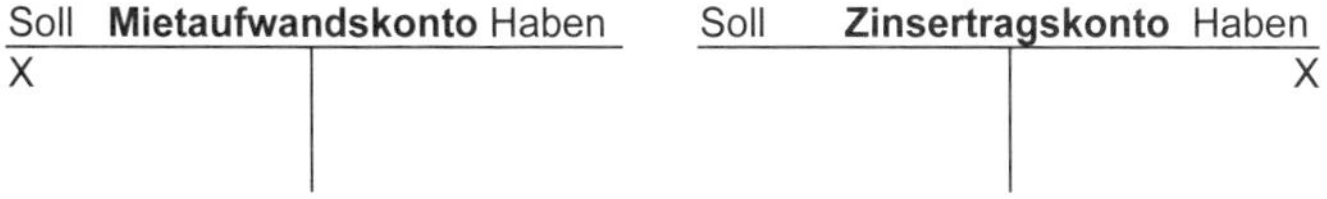

Aufwandsbuchung in der G&V im Soll

Ertragsbuchung in der G&V im Haben

Aufwandskonten haben zum Beginn des Geschäftsjahres keinen Anfangsbestand. Bei einem Aufwand, der wie im nächsten Beispiel mit einem Zahlungsvorgang in Verbindung steht, vermindert sich das Bestandskonto, so dass gemäß den Regeln der doppelten Buchführung für das Aufwandskonto nur eine Sollbuchung übrig bleibt.

Wird also durch einen Geschäftsvorfall ein Erfolgskonto berührt, orientieren Sie sich bei der Bildung des Buchungssatzes zuerst an der Veränderung des Bestandskontos. Im Laufe der Zeit wird es für Sie selbstverständlich sein, alle Aufwendungen im Soll und alle Erträge im Haben zu buchen.

Beispiel:
Ein Apotheker bezahlt seine Miete für die Geschäftsräume in Höhe von € 2.000,00 per Bank.

Soll	**Mietaufwandskonto**	Haben
2.000,00		

Soll	**Bankkonto**	Haben
		2.000,00

Buchungssatz: (per) Mietaufwand an Bank(-konto) € 2.000,00

Vergegenwärtigen Sie sich noch einmal:

- Das Eigenkapitalkonto ist grundsätzlich ein Passivkonto.
- Der Anfangsbestand sowie die Eingänge des Eigenkapitals werden im Haben eingetragen und die Abgänge des Eigenkapitals im Soll.
- Jeder Aufwand ist ein Abgang vom Eigenkapital, folglich muss der Aufwand im Soll gebucht werden, wenn das System der doppelten Buchführung schlüssig sein soll.

Im folgenden Schaubild sind noch einmal die letzten Buchungsregeln übersichtlich zusammengefasst.

Bestandskonten

S	Aktivkonto H
Anfangsbestand	
+ Zugänge	Abgänge
	Saldo
	=
	Endbestand

S	Passivkonto H
	Anfangsbestand
Abgänge	+ Zugänge
Saldo	
=	
Endbestand	

Erfolgskonten

S	Aufwandskonto H
Aufwand	Saldo

S	Ertragskonto H
Saldo	Ertrag

Um das Eigenkapitalkonto nicht durch die Vielzahl betrieblich bedingter Erfolgskonten aufzublähen, werden diese Unterkonten durch das Vorkonto "Gewinn- und Verlustkonto" abgeschlossen. Das G&V-Konto sammelt auf der Aufwandsseite die Salden aller Aufwandskonten und auf der Ertragsseite die Salden aller Ertragskonten. Der Saldo, der den Unterschiedsbetrag zwischen Erträgen und Aufwendungen darstellt, ist der Jahresüberschuss oder -fehlbetrag.

Aufwendungen	**G&V - Konto** **Erträge**
...	...
...	...
Steueraufwand	Zinsertrag
...	...
...	...
Jahresüberschuss	(Jahresfehlbetrag)
Summe	Summe

Nur wenn die Erträge die Aufwendungen übersteigen, ergibt sich ein Jahresüberschuss. In diesem Fall ist der Saldo natürlich auf der linken Seite der G&V.

Sind die Aufwendungen größer als die Erträge, müssen wir die Ertragsseite noch etwas verlängern, um die beiden Kontenseiten summenmäßig auszugleichen. Der Saldo der G&V entsteht dann auf der rechten Seite, da die Aufwendungen die Erträge übersteigen. Der Gewinn bzw. Verlust ergibt sich durch Erweiterung des Jahresüberschusses bzw. Jahresfehlbetrages um den Gewinnvortrag bzw. Verlustvortrag. Erst der Gewinn oder Verlust wird in der Bilanz vom Kapitalkonto übernommen. Das heißt, nur durch diese eine Größe erfolgt indirekt eine Vermischung von Bestandskonten der Bilanz und Erfolgskonten der Gewinn- und Verlustrechnung.

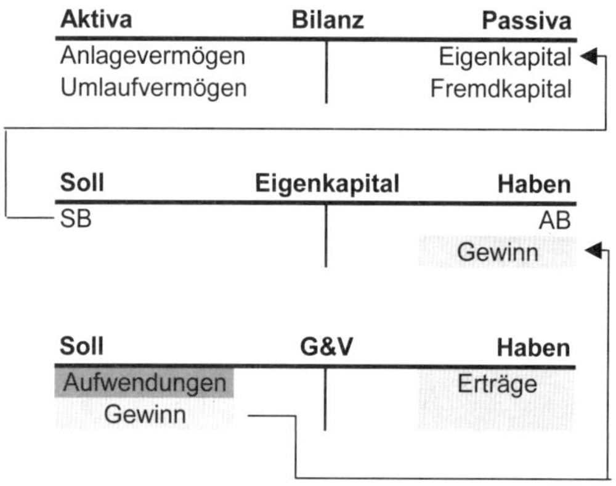

5.2.2 Beispiel für eine apothekentypische G&V

Die Aufwendungen lassen sich in Wareneinsatz, Personal- und Sachaufwendungen, in Zins- und Steueraufwendungen unterteilen. Bei den Erträgen enthält die Position "Handverkauf" auch die Rezeptgebühren bzw. Zuzahlungen, die die Patienten der gesetzlichen Krankenversicherung unmittelbar an die Apotheke entrichten müssen, sofern noch keine Festbeträge für verschreibungspflichtige Arzneimittel vorliegen bzw. das verordnete Präparat den Festbetrag übersteigt.

Die Rezeptgebühren zählen also nicht zur Position "Verkauf gegen Rezept der gesetzlichen Krankenkassen", die um den gesetzlich festgelegten Rabatt an die Krankenkassen (5%) und um die Mehrwertsteuer gekürzt werden muss. Die Position "Großhandel" beinhaltet alle Verkäufe an Großabnehmer, nicht nur an den Großhandel (z.B. auch Krankenhäuser, Praxisbedarf für Ärzte etc.). Die T-Kontenform des G&V-Kontos wird zunehmend von der heute üblichen Staffelform verdrängt (deshalb auch der Begriff G&V-Rechnung).

a) in Kontenform:

Aufwendungen	**€**	***Erträge***	**€**
Wareneinsatz	850.000,00	Handverkauf	382.000,00
Personalaufwand		Verkauf	
(incl. Sozialaufwendungen)	144.000,00	Krankenkassen	800.000,00
Raumkosten	60.000,00	Großhandel	15.000,00
Postkosten	3.000,00	Eigenverbrauch	1.000,00
Rechts- und Beratungskos-ten	15.000,00	Personalverkäufe	2.000,00
Beiträge, Versicherungen	10.000,00	Skonto-Erträge	12.400,00
Kosten der Rezeptab-rechnung	5.000,00		
Kraftfahrzeugkosten	7.000,00		
Werbe- und Reisekosten	8.000,00		
sonst. Betriebskosten	12.000,00		
Abschreibungen	24.000,00		
Zinsaufwendungen	26.400,00		
Betriebliche Steuern (GewSt)	8.400,00		
Jahresüberschuss	39.600,00		
	1.212.400,00		1.212.400,00

b) in Staffelform:

Gewinn- und Verlustrechnung	**€**	**€**
Erlöse		
Handverkauf		382.000,00
Verkauf		
Krankenkassen		800.000,00
Großhandel		15.000,00
Eigenverbrauch		1.000,00
Personalverkäufe		2.000,00
Umsatzerlöse		**1.200.000,00**
Wareneinsatz	850.000,00	
Skonti-Erträge	./. 12.400,00	./. 837.600,00
Rohgewinn		**362.400,00**
Aufwendungen		
Personalaufwand (incl. Sozialabgaben)	144.000,00	
Raumkosten	60.000,00	
Postkosten	3.000,00	
Rechts- u. Beratungskosten	15.000,00	
Beiträge, Versicherungen	10.000,00	
Kosten der Rezeptabrechnungen	5.000,00	
Kraftfahrzeugkosten	7.000,00	
Werbe- und Reisekosten	8.000,00	
sonstige Betriebskosten	12.000,00	
Abschreibungen	24.000,00	
Zinsaufwendungen	26.400,00	
betriebliche Steuern	8.400,00	322.800,00
Jahresüberschuss		**39.600,00**

Der Gewinn in Höhe von € 39.600,00 muss noch um die Einkommensteuer gekürzt und um die kalkulatorischen Kosten (Unternehmerlohn, Eigenkapitalverzinsung und Risikoprämie) gemindert werden. Der Umsatz von € 1.200.000,00 reicht offensichtlich nicht aus, um betriebswirtschaftlich erfolgreich am Markt bestehen zu können.

6. Die Bilanzierung und Bewertung wichtiger Bilanzposten

6.1 Spezielle Bilanzierungs- und Bewertungsvorschriften

6.1.1 Prinzip der Vorsicht

Der Grundsatz der Vorsicht stellt eine der ältesten und traditionsreichsten Forderungen der handelsrechtlichen Bilanzierungspraxis dar. Er verlangt, dass mögliche Risiken und Wertverluste bei der Bilanzerstellung sowohl im Rahmen der Bilanzierung als auch der Bewertung erfasst werden. Begründet wird das Prinzip der Vorsicht mit der Forderung nach Gläubigerschutz und kritischer Selbstinformation des Unternehmens. Um die Haftungssubstanz zu erhalten, muss sich der Kaufmann durch tendenzielle Unterbewertung der Aktiva, sowie tendenzielle Überbewertung der Passiva im Zweifel eher ärmer rechnen.

Aus dem Grundsatz der Vorsicht werden das Realisations- und das Imparitätsprinzip abgeleitet.

a) Das Realisationsprinzip

Das Realisationsprinzip besagt allgemein, dass Gewinne erst ausgewiesen werden dürfen, wenn sie verwirklicht worden sind.
Durch das Realisationsprinzip werden Vermögensgegenstände des Betriebes bis zum Realisationszeitpunkt zu den historischen Anschaffungs- bzw. Herstellungskosten - ggf. unter Berücksichtigung von Abschreibungen - bewertet.

b) Das Imparitätsprinzip

Dieser Grundsatz gliedert sich in das **Niederstwertprinzip** für die Aktivseite und das **Höchstwertprinzip** für die Passivseite. Niederst- und Höchstwertprinzip führen zum Ausweis unrealisierter Verluste.
Das Niederstwertprinzip verlangt eine Abwertung eines Vermögensgegenstandes auf den niedrigeren Wert, falls der Marktpreis desselben unter die fortgeschriebenen Anschaffungs- und Herstellungskosten am Bilanzstichtag gefallen sein sollte.

Für das **Umlaufvermögen** gilt das **strenge** Niederstwertprinzip, das besagt, dass auf jeden Fall auf den niedrigeren von zwei möglichen Wertansätzen wertberichtigt werden muss.

Das **gemilderte** Niederstwertprinzip gilt ausschließlich für das **Anlagevermögen** und verlangt eine Abwertung nur bei dauerhafter Wertminderung. Dadurch wirken sich kurzfristige Wertschwankungen bei der Bilanzierung des Anlagevermögens nicht aus.

Das Höchstwertprinzip verlangt analog auf der Passivseite den Ausweis des höheren von zwei möglichen Ansätzen. Zum Beispiel bei einem unter pari ausgezahlten Darlehen ist nicht der ausgezahlte Darlehensbetrag, sondern der Rückzahlungsbetrag auszuweisen.

6.1.2 Anschaffungskostenprinzip

Der Gesetzgeber schreibt grundsätzlich für die Bewertung der einzelnen Wirtschaftsgüter die Anschaffungskosten (oder Herstellungskosten) vor. Nach § 255 Abs. 1 HGB sind die Anschaffungskosten wie folgt definiert:

Anschaffungskosten

Anschaffungspreis	Preis für das Wirtschaftsgut
+ Anschaffungsnebenkosten	Montage, Transport, Versicherungen
./. Anschaffungspreisminderungen	Rabatte, Boni, Skonti
= **Anschaffungskosten**	

Bei der Ermittlung der Anschaffungsnebenkosten bleiben Lagerkosten, vom Betrieb selbst erbrachte Leistungen, sowie Finanzierungskosten außer Ansatz. Die Anschaffungskosten dürfen nicht überschritten werden (Anschaffungswert-, Nominalwertprinzip). Damit bleibt dem Apotheker z. B. eine Bewertung zu Wiederbeschaffungskosten (Inflationsausgleich) verwehrt.

6.2 Anlagevermögen

Zum Anlagevermögen gehören alle Gegenstände, die dazu bestimmt sind, dauernd dem Geschäftsbetrieb zu dienen. Ausschlaggebend ist die Zweckbestimmung des Gegenstandes.

Das Anlagevermögen gliedert sich in drei Hauptpositionen:

- Immaterielle Vermögensgegenstände (Software, derivativer Firmenwert)
- Sachanlagen (Grund, Gebäude, Betriebs- und Geschäftsausstattung)
- Finanzanlagen (Genossenschaftsanteile)

Für Vermögensgegenstände des Anlagevermögens bilden die Anschaffungskosten (oder Herstellungskosten) den Ausgangspunkt der Bewertung. Diese sind bei zeitlich begrenzter Nutzung (= abnutzbares Anlagevermögen) um **planmäßige Abschreibungen** zu vermindern. Darüber hinaus kann es durch die Anwendung des gemilderten Niederstwertprinzips zu **außerplanmäßigen Abschreibungen** kommen.

a) planmäßige Abschreibungen (§ 253 Abs. 3 HGB)

Die Gegenstände des abnutzbaren Anlagevermögens dienen dem Unternehmer über mehrere Perioden und unterliegen einer laufenden Abnutzung. Aus diesem Grunde kann der Unternehmer auch nicht im Jahr der Anschaffung oder Herstellung das abnutzbare Anlagevermögen vollständig als Aufwand absetzen, sondern muss den Aufwand planmäßig entsprechend der Nutzungsabgabe über die gesamte Nutzungsdauer verteilen. Grund und Boden zählen zwar ebenfalls zum Anlagevermögen, werden auch vom Unternehmer genutzt, aber z.B. im Gegensatz zu einem Ziehschrank nicht abgenutzt. Deshalb dürfen Grund und Boden auch nicht planmäßig abgeschrieben werden.

In der Regel kann der Apotheker nur **linear**, **degressiv** oder nach der **Leistung** (Nachweis!) abschreiben.

Der unveränderliche Abschreibungssatz wird bei der degressiven AfA (Absetzung für Abnutzung) auf den jeweiligen Restwert angewendet. Bei linearer AfA sind dagegen Prozentsatz u n d AfA-Betrag jedes Jahr gleich hoch. Der Apotheker kann die Abschreibungsmethode innerhalb des Abschreibungszeitraumes wechseln, allerdings nur von der degressiven zur linearen AfA.

Beispiel:

€ 7.000,00 Apothekencomputer, geschätzte Nutzungsdauer 7 Jahre:

Abschrei-bungs-zeitraum	**Lineare Abschreibung**		**Degressive Abschreibung** [1]	
	Abschreibungs-betrag pro Jahr	Rest-buchwert	Abschreibungs-betrag pro Jahr	Rest-buchwert
1. Jahr	1.000	6.000	1.400	5.600
2. Jahr	1.000	5.000	1.120 (933) [2]	4.480
3. Jahr	1.000	4.000	896 (896) [2]	3.584
4. Jahr	1.000	3.000	717 (896) [3]	2.867 (2.688) [4]
5. Jahr	1.000	2.000	573 (896)	2.294 (1.792)
6. Jahr	1.000	1.000	459 (896)	1.835 (896)
7. Jahr	1.000	0	1.835 (896) [5]	0 (0)

1) Abschreibungssatz vom jeweiligen Restbuchwert des Vorjahres max. 20 % oder das zweifache der linearen Abschreibung; im Beispiel ebenfalls 20 %.

2) Zum Vergleich die zulässige lineare AfA (Restbuchwert : Restnutzungsdauer)

3) Der optimale Zeitpunkt zum Wechsel von der degressiven zur linearen Abschreibung, da ab diesem Zeitpunkt (4. Jahr) die lineare AfA (896) höher ist als die degressive (717).

4) Bei Übergang im 4. Jahr auf die lineare Abschreibung (Restbuchwert nach 4 Jahren 3.584 : Restnutzungsdauer 4 Jahre).

5) Die hohe Schlussrate erfolgt nur, wenn der Vermögensgegenstand ausgebucht wird. Andernfalls wird der Restbuchwert in der Regel auf die noch geplante Nutzungsdauer neu verteilt und linear abgeschrieben.

Die degressive und leistungsabhängige AfA dürfen nur bei beweglichen Wirtschaftsgütern des Anlagevermögens angewendet werden. Die degressive Abschreibung darf grundsätzlich maximal 20 % und das zweifache der entsprechenden linearen Abschreibung betragen.

Grundsätzlich höchstmögliche degressive Abschreibungssätze:

Betriebsgewöhnliche Nutzungsdauer	**AfA- Satz**
2 – 10 Jahre	20,00 %
15 Jahre	13,33 %
20 Jahre	10,00 %

Ein gewisses Problem ist die Schätzung der Nutzungsdauer eines Gegenstandes des abnutzbaren Anlagevermögens. Das Steuerrecht gibt zwar detaillierte Anhaltspunkte für eine vom Finanzamt anerkannte Nutzungsdauer bestimmter Wirtschaftsgüter (AfA-Liste). Der Apotheker kann jedoch den Nachweis erbringen, dass eine von diesen Tabellen abweichende Nutzungsdauer angebracht ist.

Eine Abschreibung nach Maßgabe der Leistung ist nur möglich, wenn die Leistung des Wirtschaftsgutes in den einzelnen Nutzungsjahren erheblich schwankt und nachweisbar ist. Die Abschreibungen werden auf einem speziellen Aufwandskonto gebucht. Das Gegenkonto ist das aktive Bestandskonto des abzuschreibenen Wirtschaftsgutes.

Buchungsbeispiel:

Kauf eines Kleincomputers für € 7.000,00 gegen Banküberweisung. Die betriebsgewöhnliche Nutzungsdauer beträgt 7 Jahre (7.000 : 7 = 1.000,00 € lineare Abschreibung).

S	**BGA**		**H**
(1)	7.000	1.000	(2)
		6.000	(3) Saldo
	7.000	7.000	

S	**Bank**		**H**
AB	20.000	7.000	(1)
		13.000	(5) Saldo
	20.000	20.000	

S	Abschreibungen		H
(2)	1.000	1.000	(4) Saldo
	1.000	1.000	

S	G&V		H
(4) Saldo	1.000	...	

A	Bilanz		P
(3) BGA	6.000	...	
(5) Bank	13.000		

Buchungssätze:

(1)	per BGA an Bank	€	7.000,00
(2)	per Abschreibungen an BGA	€	1.000,00
(3)	per Bilanz an BGA	€	6.000,00
(4)	per G&V an Abschreibungen	€	1.000,00
(5)	per Bilanz an Bank	€	13.000,00

b) außerplanmäßige Abschreibungen

Neben einer planmäßigen Abschreibung dürfen sowohl Gegenstände des Anlagevermögens als auch des Umlaufvermögens außerplanmäßig ganz oder teilweise abgeschrieben werden, sofern die Umstände dies rechtfertigen.

Ruft z.B. ein Apotheker den Großhandel zur Bestellübermittlung täglich 18mal an und ist das Dafü-Geräte einer solchen unwirtschaftlichen Nutzungsdauer nicht lange gewachsen, wird eine außerplanmäßige Abschreibung unerlässlich. Die vom Hersteller vorgegebene Nutzungsdauer ist dann offensichtlich nicht erreichbar.

Firmenwert

Erwirbt oder pachtet ein Apotheker eine Apotheke, muss er in der Regel auch ein Entgelt für den Kundenstamm, den Ruf der Apotheke, für die Standortfaktoren sowie für die Organisationsstruktur bezahlen. Das Know-how des Apothekers stellt einen immateriellen Wert dar, der sich nicht eindeutig quantifizieren lässt, wie etwa das Warenlager oder Anlagevermögen. Der Geschäftswert der Apotheke entspricht folglich dem Kaufpreis abzüglich aller übernommenen quantifizierbaren Wirtschaftsgüter.

Man bezeichnet den durch Entgelt erworbenen Firmenwert im Rahmen des Kaufes oder der Pacht einer Apotheke als **derivativen** Firmenwert. Nur dieser derivative Firmenwert darf aktiviert, d.h. in der Bilanz des Apothekers als immaterielles Wirtschaftsgut im Anlagevermögen aufgeführt werden. Der bilanzierte derivative Geschäftswert kann nach der Verabschiedung des geänderten Bilanzrechts seit 1. Januar 1986 abgeschrieben werden. Als Abschreibungszeitraum sind steuerlich generell 15 Jahre vorgeschrieben.

Den **originären** Firmenwert, d.h. der Firmenwert, der sich im Laufe der Zeit in der eigenen Apotheke erst entwickelt, darf man keinesfalls bilanzieren und abschreiben, da er nicht entgeltlich erworben wurde.

6.3 Umlaufvermögens

Der Begriff des Umlaufvermögens ist im HGB nicht gesondert definiert. Damit sind im Umlaufvermögen die Vermögensgegenstände auszuweisen, die dem Geschäftsbetrieb nicht dauernd dienen sollen.

Das Umlaufvermögen gliedert sich in folgende Hauptpositionen:
- Vorräte
- Forderungen und sonstige Vermögensgegenstände (insbesondere Forderungen aus Lieferungen und Leistungen)
- Liquide Mittel (Bankguthaben, Kasse)

Auch im Umlaufvermögen sind die Anschaffungskosten (oder Herstellungskosten) der Ausgangspunkt der Bewertung. Für die Bewertung des Umlaufvermögens gilt das **strenge Niederstwertprinzip**. Das bedeutet, dass der Wertansatz am Bilanzstichtag erneut auf die Werthaltigkeit geprüft werden muss. Hat ein Hersteller beispielweise eine Preissenkung bei dem entsprechenden Artikel durchgeführt, muss der Lagerbestand auf den niedrigeren Marktpreis abgewertet werden.

Das Warenkonto

Immer wenn auf einem Bestandskonto Ein- und Verkäufe zu unterschiedlichen Preisen gebucht werden, muss sich zwangsläufig ein Erfolgsbestandteil ergeben. Es handelt sich um eine Mischung aus einem Bestands- und Erfolgskonto, deshalb bezeichnet man das Warenkonto auch als "gemischtes Konto". Weitere gemischte Konten können das Wertpapierkonto, Grundstückskonto oder jedes andere Konto sein, das unterschiedliche Einkaufs- und Verkaufspreise erfasst.

Ein gemischtes Konto wird sowohl über die Schlussbilanz, als auch über die G&V, abgeschlossen.

Der Warenbestand wird folglich über die Bilanz abgerechnet, der Erfolgsteil in die G&V übertragen.

Das Warenkonto kann sowohl als **einheitliches** Warenkonto als auch, aus Gründen der Übersichtlichkeit, als **getrenntes** Wareneinkaufs- und Warenverkaufskonto geführt werden.

Durch die Trennung ändert sich aber nicht die Eigenschaft eines gemischten Kontos.

a) Einheitliches Warenkonto

Der Unternehmer verbucht alle Warenbewegungen, gleichgültig ob zu Einkaufs- oder Verkaufspreisen, auf einem Konto. Der Warenanfangsbestand, Wareneinkäufe und der Warenendbestand werden mit dem Einkaufspreis (EP), die Warenverkäufe mit dem Verkaufspreis (VP) bewertet. Analog lassen sich die Rücksendungen an den Lieferanten sowie Preisnachlässe des Lieferanten der Beschaffungsseite (Bewertung zu EP) und die Rücksendungen von Kunden, Preisnachlässe an Kunden der Absatzseite (Bewertung zu VP) zuordnen. Der Warenendbestand wird zum Bilanzstichtag durch körperliche Bestandsaufnahme (Inventur) ermittelt.

S	Einheitliches Warenkonto		H
Warenanfangsbestand	(EP)	Warenverkauf	(VP)
Wareneinkauf	(EP)	Rücksendung an Lieferanten	(EP)
Rücksendung von Kunden	(VP)	Preisnachlass des Lieferanten	(EP)
Preisnachlass an Kunden	(VP)	Skontoertrag	
Warenbezugskosten		Warenendbestand	
Skontoaufwand			
Saldo Rohgewinn		**(Saldo Rohverlust)**	
Summe		**Summe**	

S	G&V	H
...		
Saldo Rohgewinn	**(Saldo Rohverlust)**	
...	...	
Summe	**Summe**	

b) Getrenntes Wareneinkaufs- und Warenverkaufskonto

Um das Warenkonto übersichtlicher zu gestalten, teilt man die Positionen, die zu Einkaufspreisen (EP) bewertet werden, dem Wareneinkaufskonto, und die Positionen, die zu Verkaufspreisen (VP) bewertet werden, dem gesonderten Warenverkaufskonto zu.

Die Konten werden ähnlich wie beim einheitlichen Warenkonto einerseits über die Schlussbilanz ("Warenendbestand" (WEB) im Wareneinkaufskonto zum Inventurwert), sowie die Salden "Warenumsatz" des Warenverkaufskontos und "Wareneinsatz" (WE) des Wareneinkaufskontos über das G&V-Konto abgeschlossen.

S	Wareneinkauf		H
Warenanfangsbestand	(EP)	Rücksendung an Lieferanten	(EP)
Wareneinkauf	(EP)	Preisnachlass des Lieferanten	(EP)
Warenbezugskosten		Skontoertrag	
		Warenendbestand	(EP)
		Saldo Wareneinssatz	
Summe		**Summe**	

S	Warenverkauf		H
Rücksendung von Kunden	(VP)	Warenverkauf	(VP)
Preisnachlass an Kunden	(VP)		
Skontoaufwand			
Saldo Warenumsatz			
Summe		**Summe**	

S	G&V	H
Wareneinsatz (EP)		**Warenumsatz** (VP)
...		...
Summe		**Summe**

A	Bilanz	P
...		
Warenendbestand		...
...		
Summe		**Summe**

Beispiel:

S	Wareneinkauf		H
Warenanfangsbestand	50.000	Rücksendung an Lieferanten	4.000
Wareneinkauf	30.000	Preisnachlass des Lieferanten	2.000
		Warenendbestand (lt. Inventur) (1)	54.000
		Saldo Wareneinssatz (2)	20.000
Summe	**80.000**	**Summe**	**80.000**

S	Warenverkauf		H
Rücksendung von Kunden	5.000	Warenverkauf	40.000
Preisnachlass an Kunden	1.000		
Saldo Warenumsatz (3)	34.000		
Summe	**40.000**	**Summe**	**40.000**

S	G&V		H
Wareneinsatz (2)	20.000	**Warenumsatz (3)**	34.000
...		...	
Summe		**Summe**	

A	Bilanz		P
...			
Warenendbestand (1)	**54.000**	...	
...			
Summe		**Summe**	

Abschlussbuchungen:

1. per Schlussbilanz an Wareneinkauf € 54.000,00
2. per G&V-Konto an Wareneinsatz € 20.000,00
3. per Warenverkauf an G&V-Konto € 34.000,00

Der Warenendbestand ergibt sich durch die Inventur. Der Wareneinsatz stellt dann den Saldo des Wareneinkaufskontos dar. Der Saldo des Warenverkaufskontos ist der Warenumsatz.

Beim getrennten Warenkonto kann der Apotheker folglich seinen Rohgewinn durch Saldengegenüberstellung des Wareneinkaufs- und Warenverkaufskontos ermitteln.

	Warenumsatz
./.	Wareneinsatz
=	Rohgewinn (=Rohertrag)

Der Rohgewinn ist die wichtigste Ertragsgröße für den Apotheker zur Abdeckung der betrieblichen Aufwendungen und der kalkulatorischen Kosten (insbesondere Unternehmerlohn, Eigenkapitalzinsen und Miete in eigenen Räumen).

6.4 Eigenkapital

Das Eigenkapital umfasst die dem Geschäftsbetrieb von ihren Eigentümer (Apothekern) ohne zeitliche Begrenzung zur Verfügung gestellten Mittel, die durch Zuführung von außen (Privateinlage) oder durch erwirtschaftete Gewinne zufließen. Das Eigenkapital vermindert sich durch die Entnahme.

a) Privatentnahmen

Beispiel: Apotheker hebt Geld vom Firmenkonto zur Bezahlung seiner Urlaubsreise ab.

Durch die Entnahme verringern sich das Bankguthaben und zugleich das Eigenkapital. Die G&V wird durch den Vorgang nicht betroffen, da es sich um keinen betrieblichen Anlass der Bankabbuchung handelt. Es entsteht folglich auch kein Aufwand. Der Gewinn wird korrigiert, wenn Privatentnahmen fälschlich als Aufwand gebucht wurden. Durch die Hinzurechnung der Entnahmen einer Periode wird die Erfolgsneutralität wieder hergestellt.

b) Privateinlage

Beispiel: Apotheker legt privaten Lottogewinn in die Kasse in bar ein.

Durch die Einlage vermehrt sich entsprechend das Eigenkapital. Sie beruht nicht auf einer betrieblichen Leistung, sondern stammt aus privatem (in der Regel bereits einkommens- oder erbschaftsversteuertem) Vermögen. Eine Gewinnkorrektur ist vorzunehmen, wenn Privateinlagen fälschlich als Ertrag gebucht wurden.

Das Privatkonto

Durch das Privatkonto werden die wertmäßigen Transaktionen des Apothekers zwischen dem betrieblichen und privaten Bereich offensichtlich. Man trennt das Privatkonto aus Übersichtlichkeitsgründen meist in die Konten "Privateinlagen" und "Privatentnahmen".

Beispiele für:

Einlagen	**Entnahmen**
a) finanzieller Art	

- Geldanlagen
  ○ Wertpapiere
	- Zahlung der Miete für
	  ○ die Privatwohnung,
	  ○ der Lebensversicherung,
	  ○ der Urlaubsreise

b) materieller Art	
- Apothekerwaage der Urgroßmutter - ein großer Sack selbstgesammelter Kräuter	- Pkw-Nutzung (anteilig) - Arzneimittel zum persönlichen Gebrauch

Buchungstechnischer Zusammenhang zwischen Privatkonto und Eigenkapitalkonto

a) Direkte Verbuchung über das Eigenkapitalkonto:

Privatentnahmen und -einlagen können unmittelbar über das Eigenkapitalkonto gebucht werden. Dann mehren Einlagen und mindern Entnahmen das Kapitalkonto.

S	Eigenkapital	H
	Eigenkapital	AB
Privatentnahmen	Privatentnahmen	
Summe	**Summe**	

b) Indirekte Verbuchung über das Eigenkapitalkonto:

Es werden die separaten Konten "Privatentnahmen" und "Privateinlagen" eingerichtet, die dann, wie auch der Saldo des G&V-Kontos, über das Kapitalkonto abgeschlossen werden.

Beispiel:

(1) Jahresabonnement "Tennisclub" vom Geschäftskonto überwiesen	€ 600,00
(2) Geld für Urlaubsreise in bar entnommen	€ 5.000,00
(3) Einlage der alten Apothekenwaage	€ 9.000,00
(4) Lottogewinn auf Geschäftskonto eingezahlt	€ 500,00

S	Eigenkapital	H
	AB	115.000

Buchungssätze:

(1)	per Privatentnahme an Bank	€ 600,00
(2)	per Privatentnahme an Kasse	€ 5.000,00
(3)	per BGA an Privateinlage	€ 9.000,00
(4)	per Bank an Privateinlage	€ 500,00

S	Privatentnahme		H
(1)	600		
(2)	5.000	Saldo	5.600
	5.600		**5.600**

S	Privateinlage		H
		(3)	9.000
Saldo	9.500	(4)	500
	9.500		**9.500**

S	Kasse		H
AB	7.500	(2)	5.000
		Saldo	2.500
	7.500		**7.500**

S	Bank		H
AB	6.000	(1)	600
(4)	500	Saldo	5.900
	6.500		**6.500**

S	BGA		H
(3)	9.000	Saldo	9.000
	9.000		**9.000**

Abschlussbuchungen:

per Eigenkapital an Privatentnahme	€ 5.600,00
per Privateinlage an Eigenkapital	€ 9.500,00
per Eigenkapital an Bilanzkonto	€ 118.900,00

S	Eigenkapital		H
	5.600	AB	115.000
Saldo	118.900		9.500
	124.500		**124.500**

A	Bilanz		P
	...	Eigenkapital	118.900
			...

6.5 Rückstellungen

a) Begriff und Abgrenzung der Rückstellungen

Während Verbindlichkeiten sowohl dem Grunde nach als auch der Höhe und dem Zeitpunkt nach eindeutig feststehen (z.B. erhaltenes Darlehen für Einrichtung € 100.000,00, Rückzahlung am 31.12.2010), liegt bei einer Rückstellung nur der Grund für eine wahrscheinliche zukünftige Inanspruchnahme vor. Eine Rückstellung darf jedoch nur gebildet werden, wenn der Unternehmer **ernsthaft** mit einer künftigen Belastung rechnen muss, wogegen er über Höhe und/oder Eintrittszeitpunkt der Verpflichtung noch keine genaue Kenntnis besitzt.

Ebenso wie Rechnungsabgrenzungsposten werden die Rückstellungen bereits dann gebildet, wenn sie wirtschaftlich (ursächlich) entstanden sind und nicht erst im Zahlungszeitpunkt bilanziell erfasst. Rechnungsabgrenzungsposten grenzen allerdings im Gegensatz zu Rückstellungen zeitlich und betragsmäßig eindeutig feststehende Zahlungsströme ab.

b) Arten von Rückstellungen (siehe auch § 249 HGB)

- Rückstellungen für ungewisse Verbindlichkeiten (§ 249 Abs. 1 HGB)
- Rückstellungen für Gewerbesteuer
- Rückstellungen für Prozesskosten
- Garantierückstellungen
- Pensionsrückstellungen
- Rückstellungen für drohende Verluste aus schwebenden Geschäften (§ 249 Abs. 1 HGB; steuerlich nicht anerkannt)
- Rückstellungen für unterlassene Aufwendungen für Instandhaltung (sofern im folgenden Geschäftsjahr innerhalb von drei Monaten nachgeholt) (§ 249 Abs. 1 S. 2 Nr. 1 HGB)
- Rückstellungen für Abraumbeseitigung (im folgenden Geschäftsjahr nachzuholen)

Die Gewerbesteuer-Abschlusszahlung lässt sich aufgrund des Gewinnes des Kaufmannes am Bilanzstichtag ermitteln. Da jedoch nicht sicher ist, ob das Finanzamt zu dem selben Gewinnergebnis kommt, wird die gesamte Gewerbesteuer (vermindert um die geleisteten Vorauszahlungen), wie sie sich aus der Gewinnermittlung des Kaufmannes ergibt, zunächst als Rückstellung in der Bilanz ausgewiesen.

c) Bilanzielle Erfassung

Die Höhe des zurückzustellenden Betrages kann nur geschätzt werden. Es wird sich erst in der Zukunft herausstellen, ob die Schätzung zu hoch oder zu niedrig war.
Wurde zuviel zurückgestellt, muss die Differenz zwischen Rückstellungsbetrag und tatsächlicher Inanspruchnahme im Wirtschaftsjahr der Bezahlung als Ertrag gebucht werden. Die Buchung lautet dann:

Rückstellungen (Bestandskonto im Soll) an sonstige betriebliche Erträge (Erfolgskonto im Haben)

Beispiel:
Gegen den Apotheker Alfons Käser wird im Zusammenhang mit einer Warenlieferung ein Prozess eingeleitet. Der Ausgang des Prozesses ist am Bilanzstichtag noch ungewiss. Rechungen über Gerichtsgebühren und Anwaltskosten liegen noch nicht vor. Mit der Gerichtsentscheidung ist ebenfalls erst im nächsten Jahr zu rechnen. Mit der Belastung, die dem Grunde und der Höhe nach noch ungewiss ist, ist ernstlich zu rechnen.

Herr Käser stellt in 2009 nach eingehender Beratung mit dem Anwalt € 2.000,00 zurück. In 2010 verliert er den Prozess und muss tatsächlich € 1.500,00 zahlen.

Buchung 2009

S	Prozessaufwand		H
(1)	2.000	Saldo (2)	2.000
	2.000		**2.000**

S	Rückstellungen		H
(3) Saldo	2.000	(1)	2.000
	2.000		**2.000**

S	G&V		H
(2)	2.000	...	
	...		

A	Schlussbilanz		P
	...	...	
		(3) Rückstellungen	2.000

Buchung 2010

S	Bank	H
...	(4)	1.500

S	Rückstellungen		H
(4)	2.000	AB	2.000
	2.000		**2.000**

S	Sonstige betr. Erträge	H
...	(4)	500

Buchungssätze:

2009:

(1) per Prozessaufwand an Rückstellungen € 2.000,00

(2) per G&V an Prozessaufwand € 2.000,00

(3) per Rückstellungen an Bilanz € 2.000,00

2010:

(4) per Rückstellung € 2.000,00 an Bank € 1.500,00
an sonstige betriebl. Erträge € 500,00

Auf die Überleitung von der Schlussbilanz über die Eröffnungsbilanz zu den einzelnen Positionen wurde aus Vereinfachungsgründen verzichtet. Ist mehr zu zahlen als ursprünglich zurückgestellt wurde, ergibt sich im Wirtschaftsjahr der Zahlung ein zusätzlicher Aufwand.

6.6 Rechnungsabgrenzungsposten

Der Jahresabschluss stellt auf Aufwendungen und Erträge, nicht aber auf Ausgaben und Einnahmen ab. Der Gewinn muss nach Handels- und Steuerrecht periodengerecht ermittelt werden, d.h., nur Aufwendungen und Erträge des entsprechenden Jahres sind bei der Gewinnermittlung zu berücksichtigen. Folglich bucht man erfolgsneutral in Rechnungsabgrenzungsposten (RAP) diejenigen Ausgaben und Einnahmen, die in einer späteren Periode zu Aufwendungen bzw. Erträgen führen.

Unterschied Ausgabe - Aufwand:

Betriebsausgaben bezeichnen lediglich den Zeitpunkt der Zahlung, unabhängig, ob zur betrachteten Wirtschaftsperiode gehörig oder nicht.

Aufwendungen und Erträge sind stets dem Wirtschaftsjahr zuzurechnen, dem sie verursachungsgerecht zugehören. Bei fehlender Übereinstimmung ist eine Abgrenzung erforderlich. Dies geschieht im Falle Ausgabe vor Aufwand bzw. Einnahme vor Ertrag durch Rechnungsabgrenzungsposten.

Im Falle Ausgabe vor Aufwand (z.B. vorausbezahlte Miete) wird ein aktiver RAP gebildet, um die laufende Periode nicht mit dem (Miet-)Aufwand der nächsten Periode zu belasten und den Abgang an liquiden Mitteln in Bezug auf den Gewinn zu neutralisieren.

Im Falle Einnahme vor Ertrag ist ein passiver RAP zu bilden (z.B. vorab erhaltene Miete). Der Zufluss liquider Mittel wird im Ergebnis neutralisiert, indem ein passiver RAP in betragsmäßig gleicher Höhe gebildet wird. Als Ertrag wird die Anzahlung erst in dem Jahr erfasst, in dem die anbezahlte Ware geliefert, d.h., der Ertrag realisiert ist.

Buchungsbeispiele:

a) Ausgabe jetzt → Aufwand später

Apotheker bezahlt die Miete in Höhe von jeweils € 2.500,00 für Januar und Februar 2010 im Dezember 2009 im voraus per Bank. Er überweist € 7.500,00 für Dezember, Januar und Februar.

Buchung 2009

S Mietaufwand		H	
(1)	7.500	(2)	5.000

S Bank		H	
	...	(1)	7.500

S Aktiver RAP		H	
(2)	5.000	(3) Saldo	5.000
	5.000		**5.000**

A Schlussbilanz		P
	...	...
(3) RAP	5.000	

Buchung 2010

S	Aktiver RAP		H
AB	5.000	(4)	5.000
	5.000		**5.000**

S	Mietaufwand		H
(4)	5.000	...	

Buchungssätze:

2009:

(1) per Mietaufwand an Bank € 7.500,00

(2) per aktiver RAP an Mietaufwand € 5.000,00

(3) per Schlussbilanz an aktiven RAP € 5.000,00

2010:

(4) per Mietaufwand an aktiven RAP € 5.000,00

Die Entwicklung von der Eröffnungsbilanz zu den einzelnen Positionen wurde aus Vereinfachungsgründen weggelassen.

b) Einnahme jetzt → Erträge später

Apotheker erhält die Miete für die Kellerräume in Höhe von jeweils € 1.500,00 für Januar und Februar 2010 bereits im Dezember 2009 per Bank überwiesen. Hier überweist der Mieter € 4.500,00 im Dezember für die drei Monate Dezember, Januar und Februar.

Buchung 2009

S	Mieterträge		H
(2)	3.000	(1)	4.500

S	Bank		H
(1)	4.500		...

S	Passiver RAP		H
(3) Saldo	3.000	(2)	3.000
	3.000		**3.000**

A	Schlussbilanz		P
	...	...	
		(3) RAP	3.000

Buchung 2010

S	Passiver RAP		H
(4)	3.000	AB	3.000
	3.000		**3.000**

S	Mieterträge		H
	...	(4)	3.000

Buchungssätze:

2009:

(1) per Bank an Mieterträge 4.500,00

(2) per Mieterträge an passiven RAP 3.000,00

(3) per passiver RAP an Schlussbilanz 3.000,00

2010:

(4) per passiver RAP an Mieterträge 3.000,00

Die Entwicklung von der Eröffnungsbilanz zu den einzelnen Positionen wurde aus Vereinfachungsgründen weggelassen.

Unter **transitorischen** (lat. transire = hinübergehen) Rechnungsabgrenzungsposten werden diejenigen Geschäftsvorfälle gebucht, bei denen eine Ausgabe oder Einnahme erst in einem späteren Wirtschaftsjahr einen Aufwand oder Ertrag nach sich zieht. Nicht zu den Rechnungsabgrenzungsposten zählen die antizipativen Vorgänge. Sie werden aber aus systematischen Gründen in diesem Abschnitt mitbehandelt.

Bei **antizipativen** (lat. anticipere = vorwegnehmen) Vorgängen liegt der Aufwand oder Ertrag periodenmässig vor der Ausgabe oder Einnahme. Weil den Gesetzgeber nur die periodengerechten Aufwendungen und Erträge interessieren, dürfen auch nur die transitorischen Vorgänge als Rechnungsabgrenzungsposten gebucht werden; antizipative Fälle sind unter "sonstigen Forderungen" (wenn Ertrag vor Einnahme) bzw. "sonstigen Verbindlichkeiten" (wenn Aufwand vor Ausgabe) zu subsumieren.

Beispiele für Ertrag vor Einnahme bzw. Aufwand vor Ausgabe: Lieferung auf Ziel bzw. Inanspruchnahme von Dienstleistungen, die erst nach dem Stichtag bezahlt werden.

	Zahlung	Laufend. Jahr	nächstes Jahr	Vorgang	Aktiv-/Passiv-konto
1.	im Voraus be-zahlt	Ausgabe	Aufwand	transitorisch	aktive RAP
2.	im Voraus er-halten	Einnahme	Ertrag	transitorisch	passive RAP
3.	noch zu bezah-len	Aufwand	Ausgabe	antizipativ	passiv: sonst. Ver-bindlichkeiten
4.	noch zu erhal-ten	Ertrag	Einnahme	antizipativ	aktiv: sonst. Forde-rungen

6.7 Stille Reserven

Liegt der Zeitwert eines Vermögensgegenstandes über dem tatsächlichen bilanziellen Wertansatz (Buchwert), besitzt das Unternehmen stille Reserven, die ein Außenstehender aus der Bilanz nicht ersehen kann.

Verkehrswert
./. Buchwert
----
stille Reserve

(Buchwert = Anschaffungs- Herstellungskosten ./. Abschreibungen)

Stille Reserven entstehen entweder als

- gesetzliche stille Reserven
  (z.B. Anschaffungswertprinzip verhindert höheren Wertansatz bei Grundstücken)

- freiwillige stille Reserven
  (z.B. durch Ausübung von gesetzlich geregelten Bewertungswahlrechten)

- Willkürreserven
  durch ein bewusst zu hohes Ansetzen von Passivpositionen (siehe insbesondere Rückstellungen) oder durch einen bewusst zu niedrigen Ansatz von Aktivpositionen (z.B. Forderungen niedriger bewertet als aufgrund des

Vorsichtsprinzipes tatsächlich notwendig, oder auch bewusste Verkürzung der Nutzungsdauer eines Wirtschaftsgutes ohne eigentlichen Grund).

Möglichkeiten der Bildung stiller Reserven

grundsätzlich:

Wo	Wie
Aktiva	Unterbewertung der Vermögensgegenstände
Passiva	Überbewertung der Schulden

im Einzelnen:

Abschreibungen

- erhöhte planmäßige Abschreibung im AV (z.B. anstelle linearer Abschreibung degressive Methode)
- Verkürzung der Nutzungsdauer
- überhöhte außerordentliche Abschreibungen im AV und UV

Wo	Wie
Grundstücke	zwangsweise stille Reservenbildung durch Anschaffungswertprinzip
Firmenwert	entgeltlich erworbener Firmenwert zu niedrig angesetzt
Rückstellungen	höher angesetzt als notwendig (objektive Schätzung schwierig)

Der Ansatz passivierungsfähiger, aber nicht passivierungspflichtiger Positionen, wie z.B. Rückstellungen für im abgelaufenen Wirtschaftsjahr unterlassene Instandhaltung, führt ebenfalls zu stillen Reserven.

Veräußert oder entnimmt der Apotheker ein Wirtschaftsgut aus dem Betriebsvermögen, werden stille Reserven in Höhe der Differenz zwischen dem erzielten Entgelt und Buchwert des Wirtschaftsgutes aufgedeckt. Sie unterliegen dann in voller Höhe der Einkommensteuer.

Es tritt somit nur ein **Steuerstundungseffekt** bei stillen Reserven in Form eines zinslosen Kredites des Finanzamtes auf, und zwar in Höhe der zunächst ersparten Steuern bezogen auf die stillen Reserven. Die Dauer der Stundung hängt von der Zeitspanne zwischen Bildung und Auflösung der stillen Reserven ab.

Stille Reserven können insbesondere dann einen beachtlichen Finanzierungseffekt herbeiführen, wenn sie langfristig dem Apotheker zu Finanzierungszwecken dienen und nicht vorzeitig gewinnerhöhend aufgelöst werden müssen (z.B. Pensionsrückstellungen für Versorgungszusagen an Mitarbeiter).

Beachten Sie:

Ein **Finanzierungseffekt** tritt nur dann ein, wenn die stillen Reserven tatsächlich über den Markt verdient wurden und diese Einkünfte tatsächlich erst später der Besteuerung unterliegen.

7. Umsatzsteuer

Die Umsatzsteuer belastet als indirekte Steuer nicht die Apotheke, sondern wird vom Endverbraucher getragen. Dennoch geht sie in die Bilanz des Apothekers ein, da zum Jahresende in der Regel das Umsatzsteuerkonto nicht ausgeglichen ist. Man unterscheidet zwischen dem Aktivkonto "Vorsteuer" und dem passiven Konto „Mehrwersteuer".

Das Vorsteuerkonto wird, da es sich um eine Forderung gegen das Finanzamt handelt, immer im Soll belastet, wenn der Apotheker in seiner Eigenschaft als Unternehmer (= Berechtigung zum Vorsteuerabzug) Waren- oder Betriebsmittel kauft. Die beim Verkauf von Vermögensgegenständen vom Kunden bezahlte Mehrwertsteuer wird im Haben des MwSt-Kontos gebucht, da es sich um eine Verbindlichkeit gegenüber dem Finanzamt handelt (Verpflichtung zur Abführung der berechneten Mehrwertsteuer).

Die Umsatzsteuer erfasst nur den Mehrwert, der sich aus dem preislichen Unterschied von Ein- und Verkauf ergibt. Deshalb spricht man häufig auch nur von der Mehrwertsteuer.

Beispiel:

Ein Apotheker kauft Waren vom Großhandel für € 1.000,00 + 19 % MwSt und verkauft sie an Kunden für € 1.300,00 + 19 % MwSt. Die Zahlungen werden über das Bankkonto abgewickelt.

S	Bank		H
(2)	1.547	(1)	1.190

S	Warenkonto		H
(1)	1.000	(2)	1.300

S	Vorsteuer		H
(1)	190	(T1) Saldo	190
	190		**190**

S	Mehrwertsteuer		H
(T1) VSt	190	(2) MwSt	247
(T2) Saldo	57		
	247		**247**

A	Bilanz		P
		(T2) Sonst. Verb.	57
		...	

Buchungssätze:

1.	per Warenkonto	€ 1.000,00	an Bank	€ 1.190,00
	per Vorsteuer	€ 190,00		
2.	per Bank	€ 1.547,00	an Warenkonto	€ 1.300,00
			MwSt	€ 247,00

Abschlussbuchungen:

T1)	per MwSt	€ 190,00	an Vorsteuer	€ 190,00
T2)	per MwSt	€ 57,00	an sonstige Verbindlichkeiten	€ 57,00

Das Vorsteuerkonto wird über das Mehrwertsteuerkonto (sofern die MwSt.-Schuld größer ist als die Vorsteuer-Forderung) abgeschlossen. Das Mehrwertsteuerkonto wird über die Schlussbilanz abgeschlossen. Aus dem Beispiel ergibt sich, dass zum Jahresende noch eine Umsatzsteuerschuld von € 57,00 gegenüber dem Finanzamt besteht.

Folglich ist dieser Betrag in der Bilanz als Verbindlichkeit unter den Passiva auszuweisen. Üblicherweise wird die Umsatzsteuerschuld unter den "sonstigen Verbindlichkeiten" subsumiert. Sollte das Mehrwertsteuerkonto einen Saldo im Haben aufweisen, d.h. der zum Vorsteuerabzug berechtigte Betrag die Mehrwertsteuerschuld zum Bilanzstichtag übersteigen, wird diese Forderung meist unter den Aktiva unter der Position "sonstige Forderungen" ausgewiesen.

8. Organisation der Buchführung

Die buchhalterischen Aufzeichnungen müssen klar und jederzeit nachprüfbar sein. Deshalb fordern die Grundsätze ordnungsmäßiger Buchführung für die Buchung einzelner Geschäftsvorfälle eine bestimmte Ordnung:

- zeitliche (chronologische) Ordnung,
- sachliche (systematische) Ordnung,
- ergänzende Ordnung durch Nebenaufzeichnungen.

Es ist die Aufgabe der „Bücher“ der Buchführung, diese Ordnung vorzunehmen.

8.1 Grundbuch

Im Grundbuch werden alle Geschäftsvorfälle in zeitlicher (chronologischer) Reihenfolge nach vorkontierten Belegen festgehalten. Das Grundbuch oder Journal bildet somit die Grundlage der Buchführung. Für jeden Geschäftsvorfall sollte aus dem Grundbuch zu erkennen sein: Datum, Belegvermerk, Buchungstext, Buchungssatz, Betrag.

Die chronologischen Aufzeichnungen im Journal ermöglichen es, jeden Geschäftsvorfall während der Aufbewahrungsfristen schnell bis zum Beleg zurückzuverfolgen und damit nachzuweisen.

8.2 Hauptbuch

Aus dem Grundbuch lässt sich nicht jederzeit der Stand der einzelnen Vermögenswerte und Schulden erkennen. Deshalb müssen die Geschäftsvorfälle noch in sachlicher Ordnung auf die entsprechenden „Sachkonten“ gebucht werden. Zum Beispiel müssen alle Gehaltszahlungen auf dem Konto „Gehälter“, alle Bargeschäfte auf dem Konto „Kasse“ erfasst werden. Die Sachkonten stellen wegen ihrer Bedeutung für die Buchführung das Hauptbuch dar.

Die Sachkonten sind die im Kontenplan des Betriebes verzeichneten Bestands- und Erfolgskonten. Ihr Abschluss führt zur Bilanz sowie zur Gewinn- und Verlustrechnung.

Zusammenhang zwischen Grund- und Hauptbuch

Grundlage der Buchungen im Grundbuch sind die vorkontierten Belege. Das Hauptbuch übernimmt auf den Sachkonten die gleichen Buchungen, nur in einer anderen Ordnung.

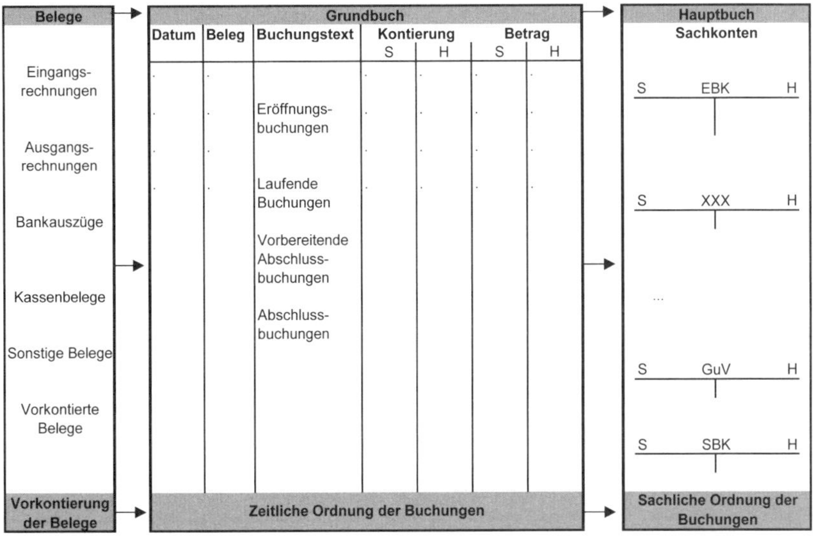

8.3 Nebenbücher

Bestimmte Hauptbuchkonten (z.B. Forderungen L/L, Verbindlichkeiten L/L, Waren, Löhne und Gehälter, Anlagenbuchhaltung) bedürfen noch einer näheren Erläuterung, um wichtige Einzelheiten zu erfahren. Dies geschieht in Nebenbüchern (Nebenbuchhaltung).

Zu den Nebenbüchern zählen:

Kontokorrentbuchhaltung, die den Geschäftsverkehr mit den einzelnen Kunden und Lieferanten erfasst: Buch der Geschäftsfreunde

- Lagerbuchhaltung, die Aufzeichnungen über die Bestände, Zugänge und Abgänge enthält
- Anlagenbuchhaltung, die Veränderungen der Anlagengegenstände durch Zugänge, Abgänge und Abschreibungen nachweist
- Lohn- und Gehaltsbuchhaltung, die die Lohn- und Gehaltsabrechnung vornimmt

Geschäftsfreundebuch:

Es stellt das wichtigste Nebenbuch in Ergänzung zum funktionell aufgegliederten Hauptbuch dar. Es beinhaltet die Übersicht über Forderungen und Verbindlichkeiten gegenüber einzelnen Kunden und Lieferanten. Das Geschäftsfreundebuch (auch Kontokorrentbuch genannt) ordnet alle Forderungen und Schulden sogenannten Personenkonten zu. Diese Personenkonten werden neben den Sachkonten geführt. Die Sachkonten "Forderungen" oder "Verbindlichkeiten" schlüsseln nämlich nicht nach einzelnen Kreditnehmern und -gebern auf, sondern enthalten nur den Gesamtbetrag aller Forderungen und Verbindlichkeiten des Unternehmens. Die Summen der Soll- und Habensalden der Personenkonten müssen nach Abstimmung identisch mit den Salden der oben aufgeführten Sachkonten "Forderungen" und "Verbindlichkeiten" sein.

9. Einfaches buchungstechnisches Beispiel

A	Anfangsbilanz		P
I. Anlagevermögen			
Grundstücke	400.000	Eigenkapital	120.000
Gebäude	200.000		
BGA	110.000	Verbindlichkeiten	
KfZ	24.000	Langfristige Verb.	510.000
		Kurzfristige Verb.	239.000
II. Umlaufvermögen			
Waren	90.000		
Forderungen	15.000		
Bank	20.000		
Kasse	10.000		
	869.000		**869.000**

Es geht bei diesem Beispiel nur darum, anhand einzelner Geschäftsvorfälle Konteneröffnungen, Abschlussbuchungen sowie generelle Buchungs- und Bilanzierungsgrundsätze zu üben. Von jeglicher Diskussion der Eröffnungs- und Schlussbilanz wird abgesehen. Die im Beispiel verwendeten Zahlen lassen keinerlei bilanzanalytischen Schlüsse zu. Die Mehrwertsteuer bleibt hier aus Vereinfachungsgründen unberücksichtigt.

Geschäftsvorfälle:

1.	Kauf einer Apothekenwaage auf Ziel (gegen kurzfristigen Lieferantenkredit)	€ 30.000,00
2.	Verkauf von Waren gegen Barmittel	€ 60.000,00
3.	Zahlung von Darlehenszinsen durch Bankscheck	€ 10.000,00
4.	Kunde zahlt seine Verbindlichkeiten per Bank	€ 5.000,00
5.	Banküberweisung der Miete für drei Monate	€ 6.000,00
6.	Gehaltszahlung an PTA in bar	€ 1.500,00
7.	Barzahlung Benzinkosten	€ 500,00
8.	Provisionseinnahme in bar (Schaufensterfläche der Industrie gegen Entgelt zur Verfügung gestellt)	€ 2.000,00

Der G&V-Rechnung wird nicht zuletzt deshalb ein besonderes Augenmerk geschenkt, weil sie dem Apotheker genaue Auskunft darüber gibt, wie sein Gewinn zustandekommt. Die Bilanz kann für die Gewinnentstehung keine Erklärung liefern.

Verdeutlichen Sie sich vor Erstellung der Buchungssätze noch einmal:

1. Welche Konten werden berührt?

2. Was geht wertmäßig ein, was fließt ab?

3. Geschäftsvorfälle sind immer aus der Sicht der buchführenden Apotheke zu sehen (z.B. Kauf auf Ziel → der Apotheker kauft Ware auf Kredit).

4. Auf der Sollseite (S) der Bestandskonten wird der wertmäßige Zugang, auf der Habenseite (H) der Abgang gebucht.

5. Die Geschäftsvorfälle müssen in bilanzübliche Kontenbezeichnungen übertragen werden (z.B. Apothekenwaage = Einrichtungsgegenstand)

Buchungssätze:

(1)	€ 30.000,00
(2)	€ 60.000,00
(3)	€ 10.000,00
(4)	€ 5.000,00
(5)	€ 6.000,00
(6)	€ 1.500,00
(7)	€ 500,00
(8)	€ 2.000,00

S	BGA*	H

*ohne Abschreibung

S	Kurzfr. Verb.	H

S	Bank	H

A	Kasse	P

S	Forderungen	H

S	Warenkonto	H
		lt. Inventur 50.000

Aufwands- und Ertragskonten haben keinen Anfangsbestand!

S	Mietaufwand	H

S	Gehälter	H

S	Fuhrparkaufwand	H

S	Zinsaufwand	H

S	Provision (Ertrag)	H

S	G&V-Konto	H

S	Kapitalkonto H

A	Schlussbilanz P
I. Anlagevermögen	
Grundstücke	Eigenkapital
Gebäude	
BGA	Verbindlichkeiten
KfZ	Langfristige Verb.
	Kurzfristige Verb.
II. Umlaufvermögen	
Waren	
Forderungen	
Bank	
Kasse	

Fragen zur Kontrolle

1. Nennen Sie fünf formelle Grundsätze ordnungsmäßiger Buchführung.

2. Wie buchen Sie, wenn Sie Geld für die Urlaubsreise aus der Apothekenkasse entnommen haben?

3. Stellen Sie die getrennten Warenkonten dar.

4. Wie wird der Rohgewinn definiert?

5. Nennen Sie den Unterschied zwischen derivativem und originärem Firmenwert.

6. Nach welchen Gesichtspunkten gliedert sich die Aktiv- und Passiv-Seite der Bilanz?

7. Buchen Sie unter Aufführung aller betroffenen Konten:
   Abschreibung einer Waage im 3. Jahr; Waage kostete € 2.000,00, wobei eine Nutzungsdauer von vier Jahren zugrundegelegt wurde.

8. Machen Sie ein buchungstechnisches Beispiel für einen aktiven Rechnungsabgrenzungsposten.

9. Welche Voraussetzungen sind an die Bildung einer Rückstellung geknüpft?

10. Nennen Sie die Möglichkeiten, stille Reserven zu bilden.

Anregung

Versuchen Sie, sich in dieser Form zu jedem Kapitel Fragen zu stellen. So werden Sie den Stoff am einfachsten und nachhaltigsten beherrschen lernen.

Grundschema der Buchführung

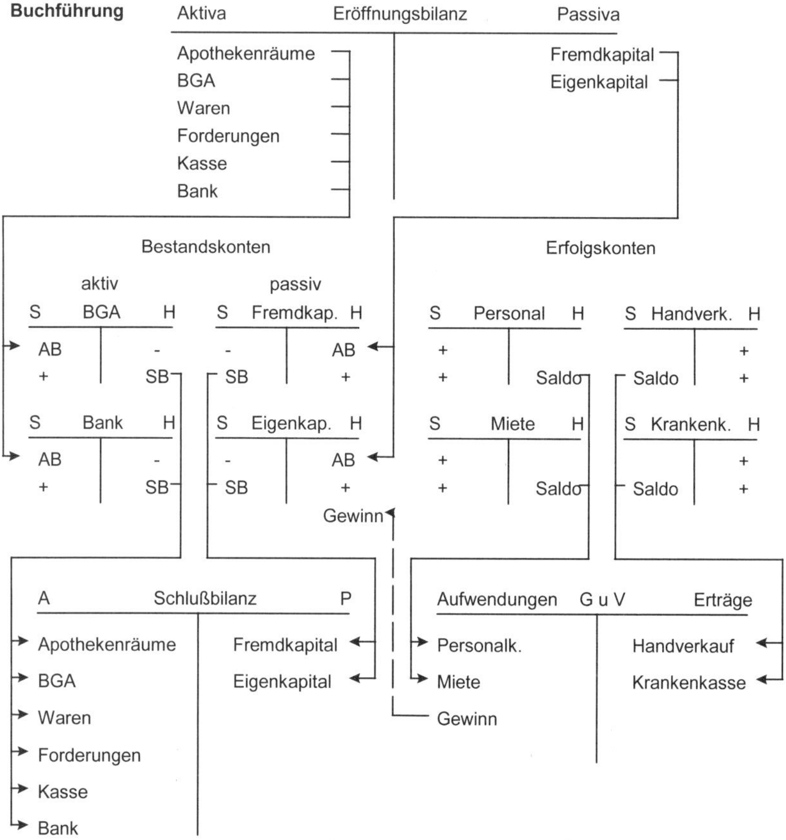

AB = Anfangsbestand
SB = Schlußbestand

Quelle: Twiehaus/Beckendorff, Der Apotheker als Unternehmer, Govi-Verlag,

Lösung Buchungsbeispiel

Buchungssätze:

(1) per BGA an kurzfristige Verbindlichkeiten € 30.000,00

(2) per Kasse an Waren € 60.000,00

(3) per Zinsaufwand an Bankkonto € 10.000,00

(4) per Bank an Forderungen € 5.000,00

(5) per Mietaufwand an Bankkonto € 6.000,00

(6) per Gehälter an Kasse € 1.500,00

(7) per Fuhrparkaufwand an Kasse € 500,00

(8) per Kasse an Provisionseinnahme € 2.000,00

A		Anfangsbilanz	P
I. Anlagevermögen			
Grundstücke	400.000	Eigenkapital	120.000
Gebäude	200.000		
BGA	110.000	Verbindlichkeiten	
KfZ	24.000	Langfristige Verb.	510.000
		Kurzfristige Verb.	239.000
II. Umlaufvermögen			
Waren	90.000		
Forderungen	15.000		
Bank	20.000		
Kasse	10.000		
	869.000		**869.000**

S	BGA*		H
AB	110.000		
(1)	30.000	Saldo	140.000
	140.000		**140.000**

*ohne Abschreibung

S	Kurzfr. Verb.		H
		AB	239.000
Saldo	269.000	(1)	30.000
	269.000		**269.000**

S	Bank		H
AB	20.000	(3)	10.000
(4)	5.000	(5)	6.000
		Saldo	9.000
	25.000		**25.000**

A	Kasse		P
AB	10.000	(6)	1.500
(2)	60.000	(7)	500
(8)	2.000	Saldo	70.000
	72.000		**72.000**

S	Forderungen		H
AB	15.000	(4)	5.000
		Saldo	10.000
	15.000		**15.000**

S	Warenkonto		H
AB	90.000	(2)	60.000
Saldo*	20.000	lt. Inventur	50.000
	100.000		**110.000**

*entspricht Rohgewinn

S	Mietaufwand		H
(5)	6.000	Saldo	6.000
	6.000		**6.000**

S	Gehälter		H
(6)	1.500	Saldo	1.500
	1.500		**1.500**

S	Fuhrparkaufwand		H
(7)	500	Saldo	500
	500		**500**

S	Zinsaufwand		H
(3)	10.000	Saldo	10.000
	10.000		**10.000**

S	Provision (Ertrag)		H
Saldo	2.000	(8)	2.000
	2.000		**2.000**

S	G&V-Konto		H
Miete	6.000	Umsatz	60.000
Gehälter	1.500	Provision	2.000
Fuhrpark	500		
Zinsen	10.000		
Wareneinsatz	40.000		
Jahresüberschuss (JÜ)	4.000		
	62.000		**62.000**

oder alternativ:

S	G&V-Konto		H
Miete	6.000	Rohgewinn	20.000
Gehälter	1.500	Provision	2.000
Fuhrpark	500		
Zinsen	10.000		
Jahresüberschuss (JÜ)	4.000		
	22.000		**22.000**

S	Kapitalkonto		H
		AB	120.000
Saldo	124.000	JÜ	4.000
	124.000		**124.000**

A	Schlussbilanz		P
I. Anlagevermögen			
Grundstücke	400.000	Eigenkapital	124.000
Gebäude	200.000		
BGA	140.000	Verbindlichkeiten	
KfZ	24.000	Langfristige Verb.	510.000
		Kurzfristige Verb.	269.000
II. Umlaufvermögen			
Waren	50.000		
Forderungen	10.000		
Bank	9.000		
Kasse	70.000		
	903.000		**903.000**

LEISTUNGSBEREICHE UND BETRIEBLICHES INSTRUMENTARIUM DER APOTHEKE

Teil III

Die Apotheke hat gem. § 1 (1) AMG die ordnungsgemäße Arzneimittelversorgung der Bevölkerung sicherzustellen. Sie ist aufgrund öffentlichen Interesses **letzte Kontrollinstanz in der Arzneimitteldistribution**. In aller Regel erfolgt die Distribution zweistufig, d. h. der Pharma-Großhandel überbrückt mengenmäßige, zeitliche und räumliche Divergenzen zwischen Produktion und Absatz und schafft mit dieser Ausgleichsfunktion die Basis für die zu beliefernden Apotheken vor Ort (vgl. Abbildung 1).

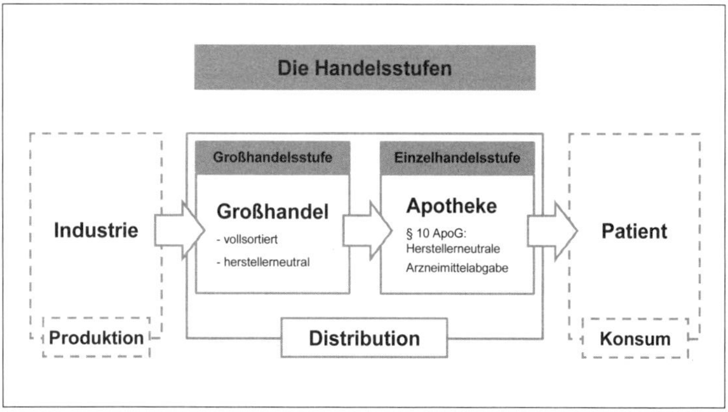

Abb. 1: Die institutionelle Betrachtung des Handels im Arzneimittelmarkt

Rund 83% des Arzneimittelumsatzes werden über den Großhandel abgewickelt. Die restlichen 17% erfolgen unter Umgehung des Großhandels, also direkt vom Hersteller an die Apotheke.

Sowohl für den Großhandel als auch für die Apotheke (Einzelhandel) sind die funktionalen Leistungsbereiche (Einkauf, Lagerung und Absatz) identisch (vgl. Abbildung 2).

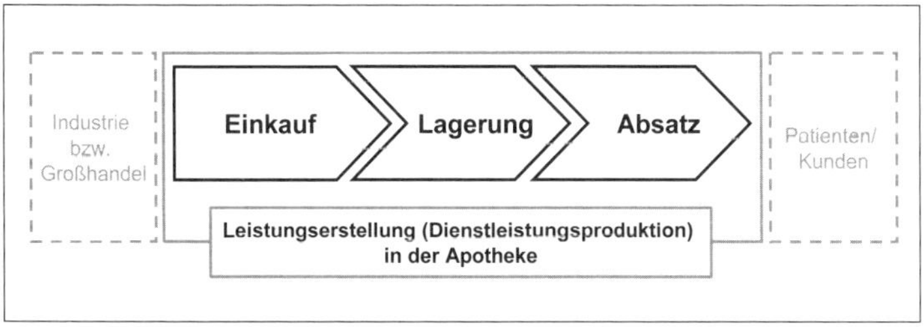

Abb. 2: Die funktionale Betrachtung der Handelsstufen im Arzneimittelmarkt

Mit Ausnahme von Rezepturerstellung hat die eigentliche Produktion von Arzneimitteln in den vergangenen Jahrzehnten mit dem Aufkommen der industriell gefertigten Fertigarzneimittel erheblich an Bedeutung verloren. Der Leistungsbereich Arzneimittelproduktion spielt heute in der Apotheke nur noch eine untergeordnete Rolle, so dass er unter betriebswirtschaftlichen Gesichtspunkten in der Regel vernachlässigbar ist.

Das betriebliche Instrumentarium umfasst die Alternativen, die dem Unternehmer zur Verfügung stehen, bestimmte Strategien innerhalb eines Leistungsbereiches zu verwirklichen. Die gesetzlichen Regelungen im Bereich der verschreibungspflichtigen Arzneimittel schränken die Möglichkeiten der Apotheke teilweise ein. Dennoch eröffnen die zunehmende Selbstmedikation sowie die **unterschiedlichen Strategieansätze zur individuellen Profilierung** der Apotheke beträchtliche Freiräume und Chancen.

1. Einkauf

Die Einkaufsfunktion ist die erste Stufe im Leistungserbringungsprozess in der Apotheke (vgl. Abbildung 2). Sie ist von elementarer Bedeutung, um alle nachgelagerten Funktionen erfüllen zu können. Die funktionale Zielsetzung des Einkaufs ist es, die **notwendigen Güter zur rechten Zeit in der gewünschten Qualität und in der richtigen Menge** bereitstellen zu können.

Als aussagekräftige Kennziffer für die Qualität des Einkaufs eignet sich die Wareneinsatzkennziffer:

$$Wareneinsatzkennziffer\,(in\,\%) = \frac{Wareneinsatz}{Umsatz} \times 100$$

Diese Kennziffer stellt einen sehr einfachen, aber dennoch verlässlichen Anhaltspunkt für die Steuerung des Einkaufs der Apotheke dar. **Beim Wareneinsatzwert werden sämtliche Einkaufsvorteile abgezogen und die Beschaffungsnebenkosten zugerechnet**.

Die Mehrwertsteuer, für den Unternehmer ein durchlaufender Posten, ist dagegen in dieser Formel nicht enthalten. Der durchschnittliche Wareneinsatz beläuft sich in der Regel auf 70% bis 75% vom Umsatz. Ein höherer Prozentsatz erklärt jedoch nicht unbedingt immer eine betriebswirtschaftlich verfehlte Beschaffungspolitik, sondern kann auch durch eine von der Norm abweichende Absatzstruktur der Apotheke begründet sein. Beliefert nämlich eine Apotheke in größerem Umfang Krankenhäuser, verschlechtert sich die Wareneinsatzkennziffer wegen der niedrigeren Aufschlagssätze beim Umsatz. In der Regel erhöht sich aber dennoch der Gewinn, da wegen der größeren Mengen die anteiligen Kosten der Krankenhausbelieferung niedriger sind als diejenigen, die dem Geschäft mit dem Endverbraucher zugerechnet werden.

Die Wareneinsatzkennziffer nimmt auch einen ungünstig hohen Wert an, wenn der Umsatz mit Patienten der gesetzlichen Krankenversicherung überdurchschnittlich hoch ist. Im Gegensatz zum sonstigen Abverkauf mindert der Zwangsrabatt von 2,30 € auf die zu Lasten der GKV abgegebenen Packungen ebenfalls den Umsatzwert. Auch die folgenden Faktoren können die Kennziffer verschlechtern:

- Diebstahl von Waren
- verbilligte Warenverkäufe an das Personal
- aggressive Preisstrategie im OTC-Bereich
- hohe Privatentnahmen durch den Apothekenleiter
- schlechte Einkaufskonditionen

Mit dem Begriff Einkaufskonditionen ist eine Reihe von Instrumenten umfasst, die in der Geschäftsbeziehung zwischen Lieferant und Apotheker darauf ausgerichtet sind, den Wareneinsatz des Apothekers zu reduzieren. Das sind vor allem:

- **Skonto:** Bei pünktlicher Zahlung zu einem vertraglich vereinbarten Termin wird der Rechnungsbetrag um einen bestimmten Prozentsatz reduziert. Im Großhandel sind dabei ca. 0,6–1,0% üblich.
- **Rabatt:** Der Apotheker erhält einen prozentualen Abschlag auf den Einkaufspreis (**Barrabatt**). Die Gewährung wie auch Annahme von **Naturalrabatten** im apothekenpflichtigen Sortiment ist seit 1. Mai 2006 verboten.
- **Bonus:** Vertraglich können weitere Bedingungen vereinbart werden, die in der Regel zu einer Rückerstattung bzw. einer nachträglichen Reduzierung des Rechnungsbetrags führen.

Das **Arzneimittelversorgungs-Wirtschaftlichkeitsgesetz (AVWG)** hat allerdings zum 1. Mai 2006 die Grenzen für realisierbare Einkaufsvorteile für das rezeptpflichtige Sortiment neu gezogen. Neben dem bereits erwähnten Verbot der Naturalrabatte wurde der Spielraum der Hersteller und des Großhandels eingeschränkt. Etwaige Rabatte und Boni auf rezeptpflichtige Produkte dürfen insgesamt die durch die AmPreisV jeweils vorgegebene Großhandelsspanne nicht übersteigen.

Günstige Einkaufskonditionen wirken sich in der Regel positiv auf die Ertragssituation der Apotheke aus. Allerdings kann die reine Fokussierung auf die Höhe der Boni und Rabatte dennoch zur unternehmerischen Fehlentscheidung im Rahmen des Einkaufs führen. So kann z. B. der Direkteinkauf bei den Herstellern auf den ersten Blick günstiger als der Bezug über den Großhandel erscheinen. Zu berücksichtigen sind jedoch die zusätzlichen Personalkosten durch den erhöhten Handlingsaufwand sowie das höhere Lagerrisiko verbunden mit den Mehrkosten einer höheren Kapitalbindung. Denn die besseren Konditionen der Hersteller sind oft an bestimmte Mindestabnahmemengen gebunden.

2. Lagerhaltung

Ein besonderes Problem für die Lagerhaltung in der Apotheke liegt darin, dass insgesamt zwar über 120.000 Arzneimittel registriert sind, jedoch sich 91% des Apothekenumsatzes auf nur 2.000 Medikamente konzentrieren. Lediglich 200 Arzneien machen sogar bereits über 40% des Umsatzes aus. Abbildung 3 zeigt eine typische ABC-Analyse des Sortiments einer Apotheke. Die schnelldrehenden A-Artikel erreichen mit einem Anteil von rund 14% der bevorrateten Menge 70% des Umsatzes. Der Best-Practice-Wert (BP) für die Menge läge allerdings bei 25%. Die betrachtete Apotheke hat also zu wenig A-Artikel und viel zu viele C-Artikel auf Lager, so dass einerseits das Umsatzpotential der A-Artikel noch nicht ausgeschöpft und andererseits bei den langsamdrehenden C-Artikeln zu viel Kapital gebunden ist.

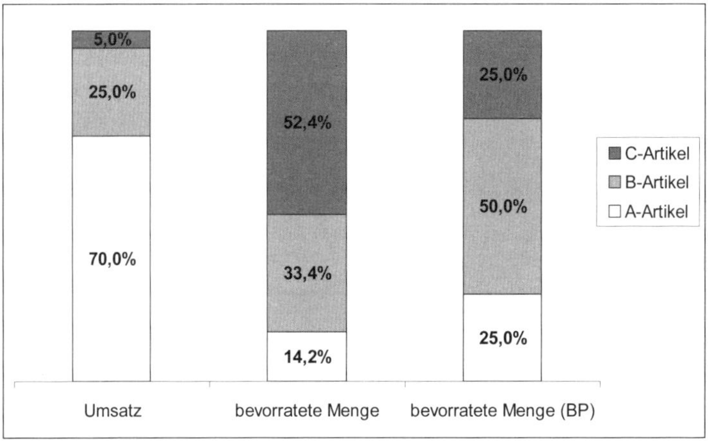

Abb. 3: ABC-Analyse

Grundsätzlich sind bei der Optimierung der Lagerhaltung einer Apotheke rechtliche Rahmenbedingungen sowie betriebswirtschaftliche und strukturelle Aspekte zu beachten.

Rechtliche Bestimmungen

Nach § 15 ApBetrO muss die Apotheke einen Mindestvorrat an Arzneimitteln vorhalten, der im Durchschnitt dem Bedarf von einer Woche entspricht.

Außerdem müssen bestimmte Arzneimittel in definierten Darreichungsformen und -mengen vorrätig sein.

Betriebswirtschaftliche bzw. absatzpolitische Aspekte

Eine zunehmende Apothekendichte und eine hohe Lieferbereitschaft zwingen zu größerem Warenlager, um Kunden nicht an die Konkurrenz zu verlieren. Auch kann es unter Umständen Sinn machen, vor anstehenden Preiserhöhungen größere Mengen zu beschaffen.

Strukturelle Bedingungen

- Anzahl und Art der Arztpraxen im Einzugsgebiet
- Verschreibungsweise der Ärzte (Problem: Änderung im Verschreibungsverhalten)
- Kundenpotential (Im Durchschnitt versorgt in Deutschland eine Apotheke 3.800 (2008) Einwohner. In den Innenstädten reduziert sich aber dieser Kundenstamm. So beträgt dieser Wert in der Innenstadt von Bamberg beispielsweise nur noch etwa 1.500 Einwohner.)
- Lieferantenbezugsmöglichkeiten (Apotheke, die direkt neben pharmazeutischem Großhandelsunternehmen liegt, benötigt eine geringere Lagerhaltung)
- Relation Stamm- zu Laufkundschaft
- Konkurrenzsituation (insbesondere gegenüber Drogeriemärkten und auch anderen Apotheken im Einzugsgebiet)

Wenngleich der Großhandel die Funktion der Warenlagerung und -bereitstellung dem Apotheker in erheblichem Ausmaß abnimmt, muss der Apotheker sich dennoch mit der Frage nach der optimalen Lagerhaltung auseinandersetzen.
Dabei lassen sich die einzelnen Ziele nur schwer miteinander vereinen (vgl. Abbildung 4).

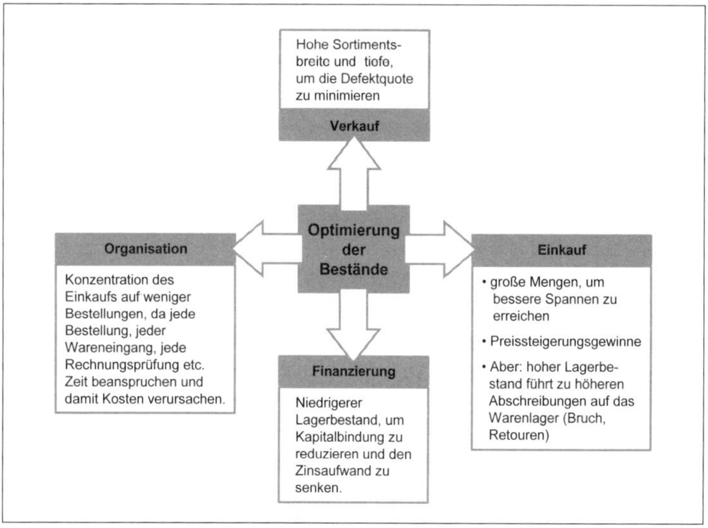

Abb. 4: Ziele der Lagerbestandssteuerung

So führt ein größeres Warenlager zu höheren Kapitalkosten und steigert das Lagerrisiko, senkt jedoch die Defektquote. Das Problem, einen optimalen Warenbestand zu berechnen, liegt darin, die erforderlichen Informationen zu beschaffen. Insbesondere müsste abgeschätzt werden, welche Ertragsveränderungen aus variierenden Defektquoten resultieren. Solange der zusätzliche Ertrag, der auf Grund einer geringeren Defektquote entsteht, größer ist als die zusätzlichen Kapitalkosten, ist es unter ökonomischen Gesichtspunkten sinnvoll, den Warenbestand zu erhöhen. Die dabei eintretende Veränderung der Einkaufskonditionen ist bei diesem Maximierungskalkül entsprechend zu berücksichtigen. Es entsteht folglich ein Zielkonflikt, den es durch Optimierungsmaßnamen zu reduzieren gilt:

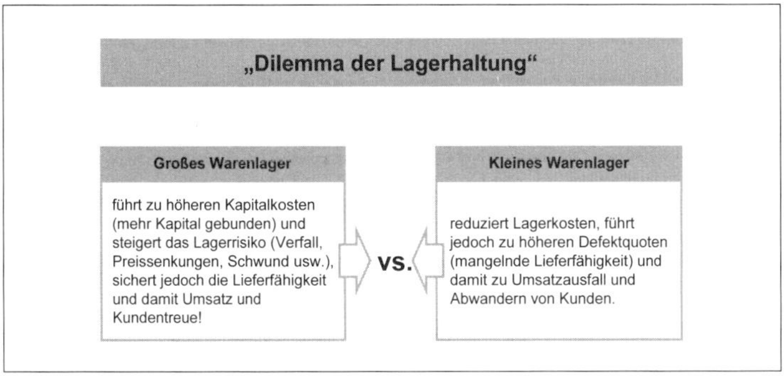

Abb. 5: Das Dilemma der Lagerhaltung

Um prüfen zu können, ob das eigene Warenlager erfolgreich optimiert worden ist, wird ein Referenzsystem benötigt. Hierzu ist es erforderlich, sich nicht an Durchschnittswerten, sondern an Bestwerten (Best-Practice) zu orientieren. Die in Abbildung 6 dargestellten Werte basieren auf einer Untersuchung der Sanacorp, die im Rahmen des Leanstore-Beratungsprogramms (ein betriebswirtschaftliches Beratungsprogramm für Apotheken) durchgeführt wurde. Die folgende Tabelle liefert die Benchmarks der Warenwirtschaft am Beispiel einer Apotheke mit 2 Mio. € Umsatz.

	€	in % vom Umsatz
Umsatz vor MwSt. zu AVK	2.000.000	100,0%
Wareneinsatz zu AEK	1.300.000	65,0%
Abschreibungen auf das Warenlager	4.000	0,2%
Inventurdifferenz	10.000	0,5%
Ø -Lagerbestand zu AEK	180.000	9,0%
Inventurbestand zu AEK	180.000	9,0%
Inventurkosten	2.000	0,1%
Lagerumschlag		10x

Legende
AVK: Apothekenverkaufspreis
AEK: Apothekeneinkaufspreis

Abb. 6: Best-Practice-Werte für die Lagersteuerung in der Apotheke

Die in Abbildung 6 aufgeführte Größe „Lagerumschlag" ergibt sich grundsätzlich aus dem Quotienten zwischen dem Umsatz und dem durchschnittlichen Lagerbestand:

$$Lagerumschlag = \frac{Umsatz}{durchschnittlicher\ Lagerbestand}$$

Bevor die konkrete Berechnung erfolgen kann, müssen allerdings noch zwei Fragen geklärt werden:

1. **Wie werden der Umsatz und der Lagerbestand bewertet?**
   Grundsätzlich können beide, der Umsatz und der Bestand, sowohl zu AVK als auch zu AEK bewertet werden. Somit ergeben sich mathematisch vier unterschiedliche Definitionen. Sinnvoll sind allerdings nur die Optionen, bei denen entweder beide Kenngrößen zu jeweils gleichen Preisen oder der Umsatz zu AVK und der Lagerbestand zu AEK bewertet werden.

2. **Wie wird der durchschnittliche Lagerbestand berechnet?**
   Naturgemäß variiert die Höhe des Lagerbestandes im Zeitablauf. Daher muss der entsprechende Wert an irgendeinem Stichtag nicht unbedingt repräsentativ für die betrachtete Zeitperiode (z. B. ein Jahr) sein. Man arbeitet also mit Durchschnittswerten.
   Eine einfache Formel zur Ermittlung des durchschnittlichen Lagerbestandes basiert auf der in Abbildung 7 dargestellten Überlegung. Schwankt das Warenlager unterjährig nicht sehr stark oder entwickelt es sich linear in eine Richtung, so führt diese Definition zu brauchbaren Ergebnissen.

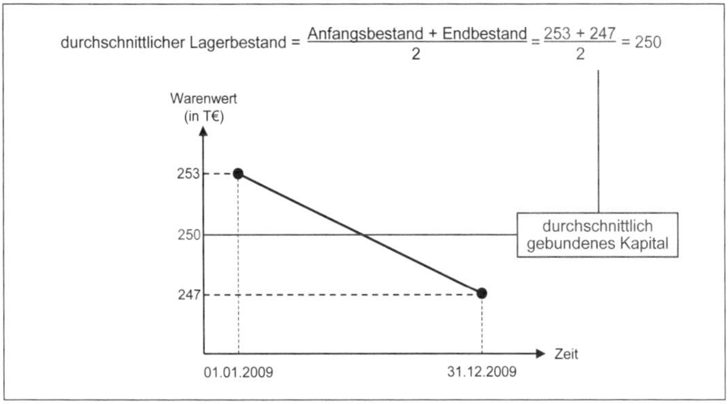

Abb. 7: Die Berechnung des durchschnittlichen Lagerbestands (ein Zahlenbeispiel)

Bei stärkeren Schwankungen oder unterjährigen Spitzen oder Dellen ist es sinnvoll, den Durchschnitt auf der Basis von Monats- oder sogar von Tageswerten zu ermitteln. Die Formeln hierfür lauten:

$$durchschn.\ Lagerbestand\ (Monatsbasis) = \frac{\sum_{i=1}^{12} Lagerbestand_i}{12}$$

$$durchschn.\ Lagerbestand\ (Tageswerte) = \frac{\sum_{i=1}^{n} Lagerbestand_i}{n}$$

mit i = Index für den Monat oder Tag und n = Anzahl der Arbeitstage.

Allgemein formuliert errechnet sich der durchschnittliche Lagerbestand aus der Summe der Bestandsstichtagswerte dividiert durch die Zahl der verwendeten Stichtage.

Ermittelt man den Lagerumschlag aus den Werten der oben aufgeführten Tabelle, so ergibt sich folgendes:

$$Lagerumschlag = \frac{Umsatz\ zu\ AVK}{Bestand\ zu\ AEK} = \frac{2.000.000}{180.000} = 11{,}1$$

Dieser Wert sagt aus, dass 1 € Lagerbestand im Jahr zu 11,1 € Umsatz führt; oder anders ausgedrückt: Um einen Umsatz von 11,1 € zu realisieren, muss ein Lagerbestand in Höhe von 1 € vorgehalten werden.

Wird sowohl der Umsatz als auch der Bestand zu AEK bewertet, ergibt sich folgendes:

$$Lagerumschlag(Menge) = \frac{Umsatz\ zu\ AEK}{Bestand\ zu\ AEK} = \frac{1.300.000}{180.000} = 7{,}2$$

Diese Kenngröße gibt an, wie oft sich das Warenlager im Jahr physisch umschlägt. Das heißt, eine Packung wird im Schnitt 7,2 mal im Jahr verkauft.

3. Absatz

Den wichtigsten Leistungsbereich für ein Unternehmen stellt der Absatz dar. Es handelt sich dabei um diejenige Phase im Betriebsprozess, in der die Betriebsleistungen gegen Entgelt an die Kunden abgegeben werden.

Es gibt eine Reihe von Aktionsparametern, die im Rahmen des Absatzes Einfluss auf den wirtschaftlichen Erfolg der Apotheke nehmen. Dieses absatzpolitische Instrumentarium umfasst:

- **Sortimentspolitik**
- **Preis- und Konditionspolitik**
- **Kommunikationspolitik**
- **Servicepolitik**

Unter dem **Begriff Absatz im engeren Sinne** versteht man den mengenmäßigen Verkauf (Zahl der verkauften Artikel). Im Gegensatz dazu wird mit dem **Begriff Umsatz** das wertmäßige Ergebnis des Absatzvorganges (verkaufte Menge x Preis) bezeichnet.

3.1 Sortimentspolitik

In einer Apotheke dürfen neben Arzneimitteln (Monopol der Apotheke gemäß § 43 (1) AMG) nur die sogenannten apothekenüblichen Waren (gemäß § 25 ApBetrO) angeboten werden. Das Sortiment der Apotheke ist damit eng definiert.

In der Regel lagert eine Apotheke zwischen 8.000 und 12.000 verschiedene Arzneimittel. In der Roten Liste sind 8.800 Arzneimittel aufgeführt, die einen Marktanteil von ca. 95 % des gesamten Arzneimittelumsatzes ausmachen.

Abbildung 8 zeigt die übliche Sortimentsstruktur einer deutschen Apotheke gemessen an Umsatzanteilen.

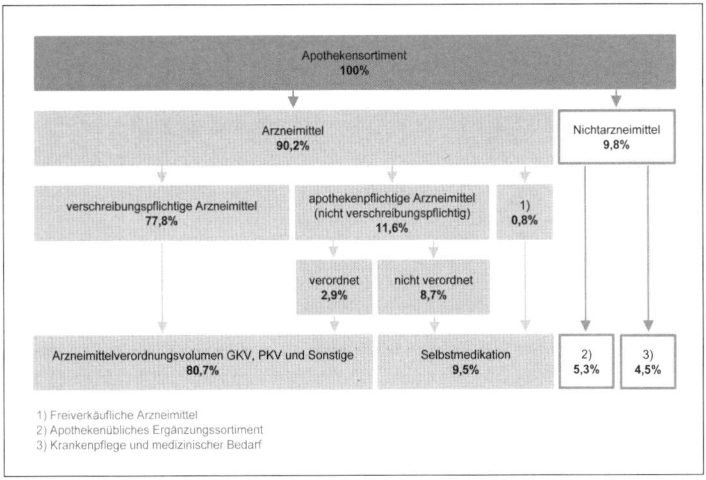

Abb. 8: Das Sortiment einer Apotheke 2008 (Daten: ABDA)

Zur besseren Beschreibung der Sortimentsstruktur müssen zwei Aspekte, nämlich die Breite und die Tiefe des Sortiments genauer betrachtet werden.

Im Apothekenbereich ist dabei folgende Betrachtungsweise üblich.

Die **Sortimentsbreite** bezeichnet die Vielfalt der angebotenen Artikel. Dabei ist entscheidend, wie viele **unterschiedliche Artikel** der Apotheker lagert. Als unterschiedliche Artikel zählen im Arzneimittelmarkt aufgrund der Systematik des PZN-Nummernkreises auch verschiedene Packungsgrößen (d. h. N1, N2, N3).

Im Rahmen einer sehr engen Definition des Begriffs **Sortimentstiefe** wird im allgemeinen die Variation eines Artikels verstanden (z. B. Regenschirm eines bestimmten Typs in unterschiedlichen Farbvarianten). Die Definition scheidet für den Arzneimittelmarkt allerdings aus.

Der Zusammenhang zwischen Sortimentsbreite und -tiefe in der Apotheke soll anhand des folgenden Beispiels erläutert werden (vgl. Abbildung 9).

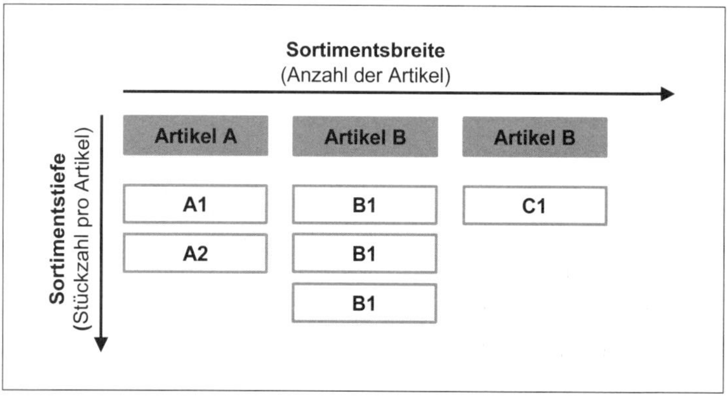

Abb. 9: Sortimentsstrukturierung

Das hier dargestellte Beispielsortiment umfasst drei Artikel (A, B, C) mit insgesamt sechs Einheiten.

Die Dimensionen des Sortiments lassen sich folgendermaßen berechnen:

(1) Sortimentsbreite = Anzahl der Artikel (= 3)

(2) Sortimentstiefe

(a) Gesamttiefe = Anzahl der Einheiten aller Artikel (= 6)

(b) durchschnittliche Tiefe = Einheiten pro Artikel (6 : 3 = 2)

(Quelle: in Anlehnung an M. Kassen, DAZ Nr. 11 vom 14. März 1985, Seite 546)

Aufgrund der PZN-Systematik entspricht also die Sortimentstiefe der Zahl der gelagerten identischen Artikel eines Produktes. Sortimentstiefe und -breite bestimmen somit **Lieferfähigkeit und Servicegrad** der Apotheke. Je höher Sortimentstiefe und -breite sind, desto geringer ist die Defektquote.

Nur zur Vollständigkeit sei an dieser Stelle erwähnt, dass im Einzelhandel die beiden Begriffe Sortimentsbreite und -tiefe eine etwas andere Bedeutung haben können. Unter der Sortimentsbreite versteht man die Vielfalt unterschiedlicher Warenbereiche bzw. -gruppen, während mit der Sortimentstiefe die Anzahl unterschiedlicher Artikel innerhalb einer Warengruppe bezeichnet wird. Diese Betrachtung kann für eine Apotheke möglicherweise in dem Bereich Sinn machen, wo sie dem Einzelhandel am nächsten kommt – nämlich bei der Freiwahl und dem Ergänzungssortiment.

Allerdings ist der Umsatz in der Apotheke trotz aller Gesundheitsreformen nach wie vor wesentlich durch den von der GKV erstatteten Anteil bestimmt. Dieser Anteil hat in den letzten Jahren sogar weiter zugenommen. Ausschlaggebend für diese Entwicklung sind vor allem zwei Gründe:

Zum einen ist die gegenwärtige Entwicklung in der Sortimentsstruktur des Arzneimittelmarktes durch eine **starke Polarisierung** gekennzeichnet. Das heißt, es wachsen insbesondere die sehr hochpreisigen und die sehr niedrigpreisigen Segmente auf Kosten des mittelpreisigen Segments. Ursächlich für das Marktwachstum sind somit vor allem die Produktneueinführungen, also die innovativen Arzneimittel. Diese sogenannte Strukturkomponente des Umsatzwachstums liegt seit Jahren bei etwa 6% p. a. Die zunehmende Verordnung teurer und innovativer Arzneimittel trägt somit das allgemeine Marktwachstum. Denn während der Marktumsatz ansteigt, geht die Anzahl der verkauften

Packungen zurück. Die Veränderung der Anzahl der Packungen ist ein guter Indikator dafür, wie sich die Frequenz in der Apotheke entwickelt hat. Aber nicht nur das – da seit 2004 die wesentliche Vergütung des Apothekers von der Zahl der abgegebenen Packungen abhängig ist, gibt sie unmittelbar den Hinweis auf die wirtschaftliche Situation der Apotheke. Es lässt sich feststellen, dass die Frequenz stagnierte. Bislang hat ein restriktives Verordnungsverhalten der Ärzte über eine sinkende Anzahl an Rezepten nicht zu einer Kompensation durch zunehmende Selbstmedikation geführt. Vielmehr hat eine Kumulierung negativer Effekte stattgefunden, die sich auf das gesamte Sortiment der Apotheke auswirken.

Zum zweiten schränkt die zunehmende Belastung der Patienten durch **erhöhte Zuzahlungen** den finanziellen Rahmen der Kunden derart ein, dass die Nachfrage nach Produkten der Selbstmedikation negativ tangiert wird. Wie die Zuzahlungen wirken auch die innovativen Produkte, wie Viagra, Xenical und Propecia, die zwar vom Arzt verordnet werden müssen, aber vom Patienten zu zahlen sind. Das Marktvolumen der Selbstmedikation betrug 2008 rund 3,6 Mrd. €.

Abbildung 10 zeigt die Entwicklung der Pro-Kopf-Arzneimitelausgaben sowie den Anteil der Selbstmedikation am Gesamtvolumen.

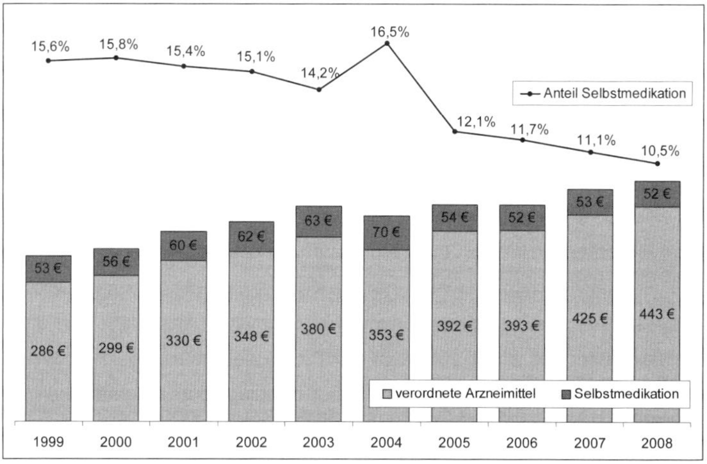

Abb. 10: Pro-Kopf-Ausgaben für Arzneimittel & Anteil Selbstmedikation (Daten: ABDA)

Mit dem GMG wurden zum 1. Januar 2004 alle nicht verschreibungspflichtigen Präparate aus der Preisbindung durch die AmPreisV entlassen. Diese sogenannten OTC-Präparate (over-the-counter-Arzneimittel) können nur noch in definierten Ausnahmefällen zu Lasten der GKV verordnet werden. Anteil dieser Medikamente am Gesamtumsatz der Apotheken liegt inzwischen bei unter drei Prozent (vgl. Abbildung 8).

Für eine konkrete Apotheke sollte sich das Sortiment so zusammen setzen, dass der **relevante Markt bzw. die relevanten Zielgruppen** möglichst gut bedient werden können. Auch die Frage der Warenpräsentation spielt in diesem Zusammenhang eine wichtige Rolle.

Soll der Apotheker der traditionellen Auffassung nachgehen und den Anteil des Ergänzungssortiments gegenüber den Arzneimitteln gering halten oder gilt es, in der Apotheke verstärkt auch apothekenübliche Waren im Sinne des § 25 ApBetrO anzubieten? Auf einem bipolaren Kontinuum lassen sich die verschiedenen Denkmodelle aufzeigen:

A	Extremdenkmodell „Drugstore“
B	Großes freuverkäufliches Sortiment – ein entschärftes Drugstoremodell
C	Mittleres freuverkäufliches Sortiment als klare Ergänzung zum klassischen Pharma-Sortiment
D	„Goldene Mitte“ – vermeidet jede „Extreme“
E	Klassischer Apothekencharakter mit Rand- und Ergänzungssortiment
F	Apotheke ohne große Sortimentsergänzungen eingeschränkter Handverkauf, keine sichtbare Forcierung freiverkäuflicher Präparate
G	Extremdenkmodell „Ethisches Zentrum“

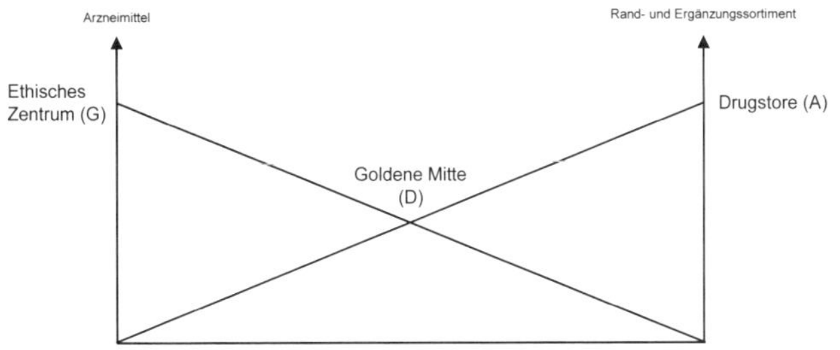

Quelle: nach Coordt von Mannstein, DAZ, Nr. 12/81

Abb. 11: Spanbreite der Profilierungsmöglichkeiten

Das Optimum wird sicherlich nicht an den Extrempunkten wie „Ethisches Zentrum“ oder „Drugstore“ zu finden sein. Nicht zuletzt aber spricht die große Zahl an Angeboten von Marketingseminaren und -konzepten, die täglich den Apothekenbürotisch überfluten, eine deutliche Sprache für die gewandelte Apothekenlandschaft.

Ein dem Umfeld der Apotheke angepasstes, nicht verschreibungspflichtiges Sicht- und Freiwahlsortiment hilft erwiesenermaßen, das Image der Apotheke zu schärfen und den Umsatz zu steigern. Wichtig ist aber, dass sich der Apotheker an **modernen Merchandising-Methoden** in der Raumgestaltung und in der Präsentation des Sortimentes orientiert sowie konsequent saisonale, preisgünstige Indikatorartikel führt, um den Verbraucher im Hinblick auf Konkurrenzanbieter positiv zu beeinflussen. Am besten ist der Apotheker aber beraten, wenn er versucht, in der Sicht- und Freiwahl **schwerpunktmäßig apothekenexklusive Waren** zu platzieren, denn dann entfällt zumindest der Wettbewerb mit anderen Vertriebskanälen, insbesondere dem Lebensmitteleinzelhandel und den Drogeriemärkten.
Marktforschungsuntersuchungen haben ergeben, dass im Rahmen der Freiwahl 55% aller getätigten Einkäufe impulsiv erfolgen. D. h., dem Kaufakt liegt kein geplantes Verhalten zugrunde. Wer also ausreichende Räumlichkeiten der Offizin für eine adäquate Freiwahl nicht nutzt, vergibt möglicherweise gute Chancen, Zusatzumsätze zu generieren. Zuvor ist allerdings eine genaue betriebswirtschaftliche Kalkulation durchzuführen, denn häufig entstehen beträchtliche Kosten für eine kundengerechte Umgestaltung des Verkaufsraumes.

Der Erfolg der Frei- aber auch der Sichtwahl hängt ganz entscheidend vom „Know-how“ des Apothekers ab; **professionelles Marketing ist unerlässlich** (Marktforschung, Konzept für Profilierungsstrategie, Mitarbeitereinbindung). Ohne die entsprechende Einstellung des Apothekers und Konsequenz in der Umsetzung der Konzeption lohnen sich keinerlei neue Aktivitäten. Die Warenpräsentation ist von größter Wichtigkeit, insbesondere dann, wenn das Produkt nicht durch Publikumswerbung bspw. im TV vorverkauft ist.

Das folgende Schaubild (Abb. 12) zeigt beispielhaft, wie sich die Abverkäufe eines Produktes durch das Umräumen im Testregal verändern können.

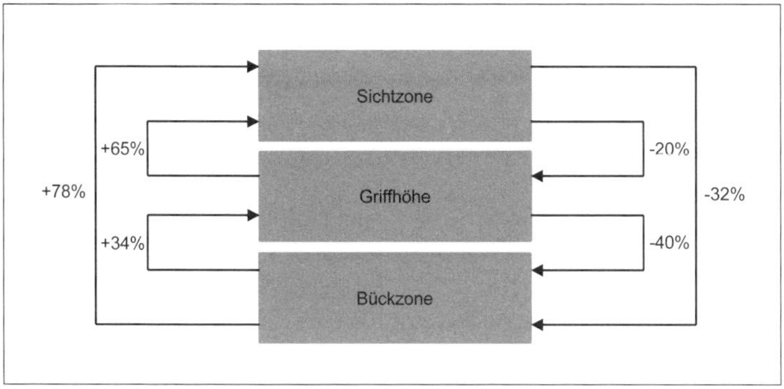

Abb. 12: Umsatzveränderung durch Umplatzierung im Regal

Abbildung 13 verdeutlicht die Abhängigkeit des Umsatzes von der Platzierung der Ware. Diesen Ergebnissen folgt auch der Zusammenhang zwischen Platzierungshöhe und Umsatzbedeutung.

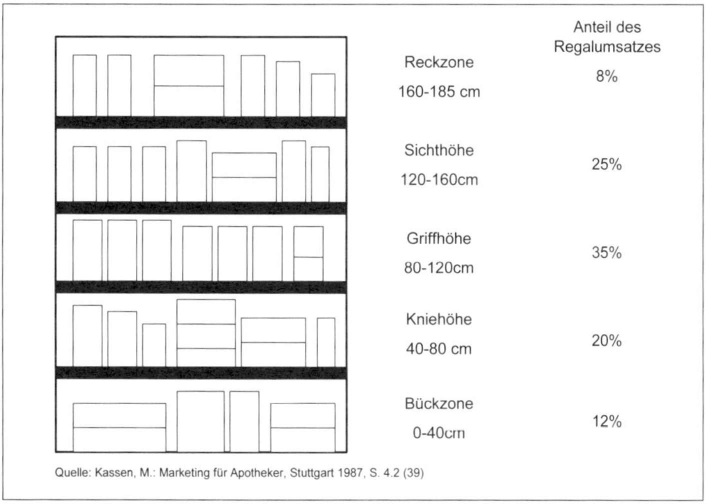

Abb. 13: Umsatzbedeutung von Regalhöhen

Werden diese Erfahrungswerte berücksichtigt, so ist es unter ökonomischen Gesichtspunkten sinnvoll, die Höhenzonen eines Regals mit folgenden Produktklassen zu bestücken.

Raritäten: beratungsbedürftige, höherwertige Artikel	Reckzone 160-185 cm
Stars: mittlere Renner, interessante Neuigkeiten	Sichthöhe 120-160cm
Superstars: schnelle Renner, Indikatorartikel, Aktionswaren	Griffhöhe 80-120cm
Mussartikel: Artikel, die man einfach haben muss, da sie regelmäßig verlangt werden	Kniehöhe 40-80 cm
Suchartikel: Produkte, die der Kunde bereitwillig sucht, die „sowieso“ verkauft werden	Bückzone 0-40cm

Quelle: Kassen, M.: Marketing für Apotheker, Stuttgart 1987, S. 4.2 (39)

Abb. 14: Regalbestückung nach Umsatzchancen

Für die möglichst optimale Regalbestückung gibt es am Markt viele Angebote von Dienstleistern oder auch Großhändlern. Wichtigstes Kriterium bei der Auswahl des passenden Angebots ist die Methode, nach der die Artikel platziert werden. Es müssen nämlich nicht nur irgendwelche Artikel richtig platziert werden, sondern die **richtigen Artikel müssen ihren richtigen Platz** erhalten. Dazu ist die Marktbedeutung der platzierten Artikel entscheidend. Erfolgsversprechende Platzierungshilfen stellen daher den jeweiligen Marktanteil der zu platzierenden Artikel in den Mittelpunkt ihrer Überlegungen, und nicht etwa „noch vorhandene Bestände, die unbedingt noch abverkauft werden müssen“.

3.2 Preis- und Konditionspolitik

Früher sind mehr als 90% des Apothekenumsatzes auf solche Arzneimittel entfallen, die der Arzneimittelpreisverordnung unterliegen. Inzwischen liegt diese Zahl bei unter 80%. Denn seit dem 1. Januar 2004 wird die AmPreisV nur noch auf rezeptpflichtige Artikel angewendet. Die bis dahin ebenfalls preisgebundenen OTC-Artikel unterliegen nicht mehr der Preisbindung. Insgesamt kann somit gemessen am Umsatzvolumen für 20% des Sortiments aktive Preispolitik betrieben werden.

Die Abgabepreise für rezeptpflichtige Arzneimittel sind an die gesetzlich festgelegte Apothekervergütung gebunden. Diese ist seit dem Inkrafttreten des GMG am 1. Januar 2004 vom Preis des Arzneimittels gelöst und an die Zahl der abgegebenen Packungen gekoppelt. Die Apotheken erhalten eine Vergütung von 8,10 € zzgl. 3% auf den Apothekeneinkaufspreis (AEK) je Packung (sog. „Kombimodell"). Nach Abzug des Kassenrabatts von 2,30 € verbleiben netto somit 5,80 € zuzüglich 3% auf den AEK. Die preisabhängige Komponente soll – neben dem fixen Beratungshonorar – die Lagerkosten der Apotheke abdecken. Im gleichen Zug wurde die Spanne des Großhandel unter Beibehaltung der schon früher üblichen Höchstpreissystematik für rezeptpflichtige Arzneimittel in etwa halbiert.

Somit ist die Kalkulation der Preise für das nichttaxpflichtige Sortiment (Frei- und Sichtwahl) einer der wesentlichen Punkte, die über die Positionierung der Apotheke am Markt entscheiden. Hier ist auch ein enger Link zur Sortimentspolitik gegeben. Denn preispolitische Positionierung heißt nicht nur, Artikel hoch- oder niedrigpreisig anzubieten. Vielmehr bedeutet sie eine Entscheidung darüber, ob man sich ausschließlich auf das apothekenexklusive und damit eher hochpreisige Sortiment konzentriert oder eben auch ganz bewusst Produkte anbietet, die eher in Drogerien und Supermärkten verkauft werden. Diese sortimentspolitische Entscheidung ist wesentlich von der Positionierungsstrategie und dem Wettbewerbsumfeld der Apotheke abhängig.

3.2.1 Schwellenpreise

Die Frage der konkreten Preisfestsetzung für die einzelnen Produkte ist von der der preispolitischen Positionierung zu trennen. So spielt es für die Preisposition der Apotheke nur eine geringe Rolle, ob ein Preis für einen Artikel bei 10,02 € oder bei 9,98 € festgelegt wird. Für die Preiswahrnehmung des Nachfragers und somit für den Absatz des Artikels kann dieser Unterschied jedoch von erheblicher Bedeutung sein. Die empirischen Regeln für die Festlegung der sog. Schwellenpreise sollten beachtet werden:

Preis	Unterschreitung der Schwelle	Beispiel
bis 10 €	1 Cent	7,99 €
zwischen 10 und 100 €	10 Cent	79,90 €
über 100 €	1 €	139,00 €

Abb. 15: Schwellenpreise

Die knapp unter einem runden Betrag liegenden Schwellenpreise werden vom Verbraucher erfahrungsgemäß als „knapp kalkulierte Preise“ wahrgenommen.

Normalerweise müsste eine kontinuierliche Mengenentwicklung in Abhängigkeit vom Preis feststellbar sein, dargestellt in der sogenannten Preis-Absatz-Funktion. Der Effekt des runden Preises als Reizschwelle verändert jedoch diese lineare Entwicklung (vgl. Abbildung 16):

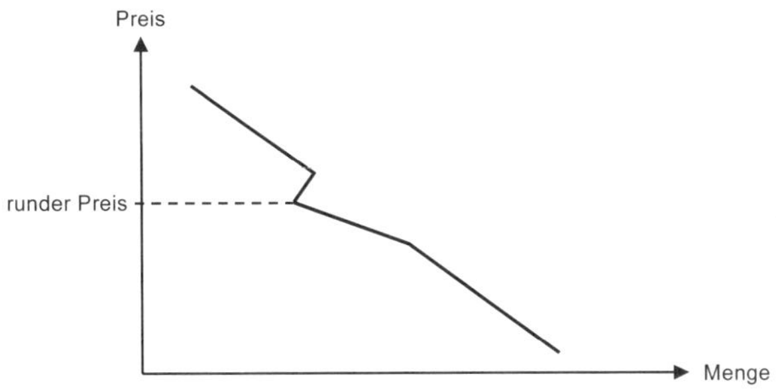

Abb. 16: Auswirkung des Schwellenpreises
(Quelle: Schmalen, H., Preispolitik, 2. Auflage, Jena 1995)

Daneben hat sich eine zweite psychologische Preisfestsetzungsstrategie etabliert: Die Festsetzung von „fairen Preisen". So finden sich vielfach auch Preise wie 5,50 € oder 15,50 €. Hierbei wird auf die kundenseitige Wahrnehmung als „gerecht geteilte Preise" gesetzt.

3.2.2 Preis-Qualitäts-Zusammenhang

Welche preispolitischen Entscheidungen auch immer im Einzelfall getroffen werden, sollte man den **Preis-Qualitäts-Zusammenhang** ebenfalls nicht außer Acht lassen. Gerade bei problembehafteten und risikoreichen Kaufentscheidungen greifen Konsumenten vielfach zu einer teuren Alternative, da sie nach dem Motto „Was teuer ist, ist auch gut" dem höherpreisigen Artikel eine höhere Qualität zuschreiben. Nicht zuletzt aus diesem Grund ist es kritisch zu sehen, wenn in Apotheken, die ja für die hohe Qualität der Arzneimittelversorgung stehen, eine durchgängige Discountstrategie im frei kalkulierbaren Sortiment umgesetzt wird.

Um allerdings die Kundenfrequenz zu steigern bzw. zu halten, sind durchaus preispolitische Maßnahmen sinnvoll, wie beispielsweise die im nächsten Abschnitt diskutierten Aktionspreise.

3.2.3 Aktionspreise

Aktionspreise sind **zeitlich begrenzte** günstigere Preise für frei kalkulierbare Artikel. Ob es sich für Apotheken lohnt, Aktionspreise anzubieten, ist eine Frage, die sich pauschal nicht beantworten lässt. Vielmehr muss die Positionierung sowie die Wettbewerbssituation der Apotheke berücksichtigt werden. Oft werden die Aktionspreise in Apotheken von den potenziellen Kunden als solche gar nicht erkannt, weil die Preiskenntnis im Arzneimittelbereich eher gering ist. Allerdings erhöhen die Online-Preisvergleichsportale sowie die Aktivitäten der Versandhändler zunehmend die Transparenz im Markt. Diese Einschätzung wird auch durch das Instituts für Handelsforschung bestätigt.

Generell ist die Vorteilhaftigkeit von Aktionspreisen von folgenden Fragestellungen abhängig:

- Passen diese Aktionen zum Image der Apotheke?
- Wie reagiert die Konkurrenz auf solche Aktionen (aus zeitlich befristeten Preissenkungen können schnell dauerhafte Niedrigpreise werden, wenn die Konkurrenz nachzieht und beim geringeren Preis bleibt)?
- Wie wirkt sich die Preissenkung auf den eigenen Ertrag aus (siehe hierzu das Beispiel zur Preissenkung)?
- Gibt es Möglichkeiten, durch die gestiegene Absatzmenge einen besseren Einkaufspreis und damit einen höheren Rohertrag zu erzielen?

Sind die Fragen geklärt und man entscheidet sich für eine Preisaktion, so ist zu entscheiden, wie die Kunden über die Preissenkung zu informieren sind, und abzuschätzen, ab welchem Preis der Kunde von einem Sonderpreis ausgeht.

Generell sollte man sich fragen, ob eine allzu preisaktive Strategie zum Image der Apotheken passt (siehe auch die Ausführungen zum Preis-Qualitäts-Zusammenhang).

3.2.4 Preisänderungen und Ertragsauswirkungen

Ziel der unternehmerischen Preispolitik ist es nicht, einen möglichst hohen Absatz oder Umsatz zu realisieren, sondern den **Gewinn oder den Ertrag zu maximieren**. Im folgenden soll daher gezeigt werden, wie sich eine Preissenkung auf den Rohertrag auswirkt und welche kompensatorischen Mengeneffekte sich ergeben müssen, damit der absolute Rohertrag zumindest konstant bleibt. Folgende Beispieldaten liegen dabei zugrunde:

Ein Produkt wird zu einem Apothekenverkaufspreis (AVK) = 100 € verkauft. Der Wareneinsatz beträgt 70 €, so dass ein Rohertrag von 30 € verbleibt. Der Apotheker verkauft zu diesem Preis 10 Artikel pro Monat, so dass der absolute Rohertrag 300 € beträgt. Der Apotheker überlegt nun, eine Preissenkung um 10% und damit auf 90 € durchzuführen, und will wissen, um wie viel Prozent seine abverkaufte Menge steigen muss, damit der absolute Rohertrag zumindest nicht sinkt. Zusätzliche Einkaufsvorteile bei größeren Mengen gibt es bei diesem Artikel nicht, so dass der Wareneinsatz sich nicht verändert. Damit sinkt der absolute Rohertrag von 30 € auf 20 € pro Stück. Das heißt, eine Preissenkung von 10% führt zu einer Verschlechterung des Rohertrags pro Stück um 33,33%. Soll nun der alte absolute Rohertrag wieder erreicht werden, so ergibt sich die abzusetzende Menge aus 300/20 = 15. Das heißt, eine Preissenkung um 10% erfordert eine Mengensteigerung um 50%, um zumindest keine Rohertragseinbuße zu erleiden.

Abgesehen von diesem Beispiel gilt allgemein, dass der Rohertrag vor der Preissenkung genau so hoch sein muss, wie nach der Preissenkung und damit:

$$\left(AVK_{alt} - AEK\right) \times x_{alt} = \left(AVK_{neu} - AEK\right) \times x_{neu}$$

Nach einigen mathematischen Umformungen ergibt sich daraus die notwendige Mengensteigerung x in Prozent:

$$\Delta\% x = \frac{\Delta\% AVK_{alt} \times AVK_{alt}}{\left(AVK_{neu} - AEK\right)}$$

Abbildung 17 erläutert die mit der Formel dargestellten Zusammenhänge.

$$\underbrace{\text{notwendige Mengensteigerung}}\quad \Delta\%x = \underbrace{\frac{\overbrace{\overbrace{\Delta\%\,AVK_{alt}}^{\text{relative Preissenkung}} \times \overbrace{AVK_{alt}}^{\text{Ausgangspreis}}}^{\text{Rohertragseinbuße je Mengeneinheit}}}{\underbrace{(AVK_{neu} - AEK)}_{\text{Rohertrag je Mengeneinheit}}}}_{\text{relative Rohertragseinbuße}}$$

Abb. 17: Relative Rohertragseinbuße

3.2.5 Konditionspolitik

Im Zusammenhang mit der Preispolitik ist auch die Konditionspolitik zu sehen, so darf für das nicht taxpflichtige Sortiment auch ein Rabatt gewährt werden.

Nur zur Vollständigkeit sei an dieser Stelle erwähnt, dass im Bereich der rezeptpflichtigen Medikamente in der Beziehung zu gesetzlichen Krankenkassen eine gesetzliche Rabattpflicht besteht, die allerdings keine absatzpolitische Wirkung entfaltet. Wird die Rechnung des Apothekers innerhalb von zehn Tagen nach Eingang bei den Krankenkassen durch diese beglichen, erhalten sie eine gesetzliche Preisermäßigung von 2,30 € je abgegebene Packung. Somit sinkt für den Apotheker die Vergütung je Packung, wie bereits schon erwähnt, von 8,10 € auf effektiv 5,80 €.

Infolge der vierwöchigen Abrechnungsmodalitäten und der Zahlungsfrist von zehn Tagen, erhalten die Krankenkassen zusätzlich noch einen zinslosen Kredit für die Dauer von 10 bis 40 Tagen.

Rabatte werden von den Apotheken somit kaum als ein absatzpolitisches Instrument eingesetzt. Vielmehr schalten sie zur Abwicklung der zeitraubenden

Krankenkassenabrechnungen apothekereigene oder private Abrechnungsstellen ein und nehmen somit zusätzliche Kosten auf sich.

3.3 Kommunikationspolitik [1]

Arzneimittel unterliegen als Waren besonderer Art in der Kommunikation mit den Kunden besonderen gesetzlichen Regelungen. Diese sind im **Heilmittelwerbegesetz (HWG)** niedergelegt. Danach ist jede Produktwerbung für verschreibungspflichtige Arzneimittel außerhalb der Fachkreise und damit jede Publikumswerbung untersagt. Für Arzneimittel darf weder irreführende Publikumswerbung noch Werbung unter Einsatz von Mitteln betrieben werden, die – wie etwa Gutachten, Heilgeschichten und ähnliches – erfahrungsgemäß besonders geeignet für eine unsachliche Beeinflussung sind. Unzulässig ist auch die Werbung durch Gewährung unverlangter Proben oder bestimmter Zuwendungen, die nicht als Zugaben zulässig wären.

Die Kammer- und Heilberufsgesetze der Länder ermächtigen die Landesapothekerkammern, **Berufsordnungen** zu erlassen, in denen Berufspflichten hinsichtlich der Werbung begründet werden können. So beinhaltet z. B. die Berufsordnung der bayerischen Landesapothekerkammer in ihrer letzten Fassung vom 21.05.2006 konkrete Vorschriften zum Wettbewerb und insbesondere zur Werbung (vgl. §§ 17–20). **Demnach ist Werbung grundsätzlich zulässig**, wenn das Werbeverhalten mit den Besonderheiten des Apothekerberufes vereinbar ist. Dabei werden die **Erfüllung des öffentlichen Versorgungsauftrages, die berufliche Integrität und das Vertrauen der Bevölkerung darauf** besonders hervorgehoben.

Werbung, die unlauteren Wettbewerb darstellt, ist unzulässig. Dies bezieht sich insbesondere auf Werbung

1. die irreführend ist. Hierzu zählen in besonderer Weise irreführende Angaben zur therapeutischen Wirksamkeit oder Wirkung, Zusammensetzung oder Beschaffenheit von Arzneimitteln und anderen Mitteln und Gegenständen im Sinne des Heilmittelwerbegesetzes sowie über nach der

[1] Dieses Kapitel folgt in enger Anlehnung und zum Teil wörtlich: BVerfGE vom 22. Mai 1996, Verfahren über die Verfassungsbeschwerden 1 BvR 744/88, 1 BvR 60/89, 1 BvR 1519/91.

Arzneimittelpreisverordnung oder anderen Vorgaben zwingend vorgeschriebene Abgabepreise,
2. die den Arzneimittelfehl- und -mehrgebrauch begünstigt,
3. für gesetzeswidrige Leistungen,
4. die an Patienten in Arztpraxen, in Praxen anderer sich mit der Behandlung von Krankheiten befassenden Personen oder in Einrichtungen der Kranken- und Altenbetreuung gerichtet ist,
5. die den Eindruck erweckt, nicht zu Zwecken des Wettbewerbs veranstaltet zu sein (Anschein redaktioneller Werbung).

Wegen Verstöße gegen die Berufsordnungen sind drei Apotheker in Bayern, Baden-Württemberg und NRW von den Berufsgerichten verurteilt worden und haben dagegen – insbesondere unter Berufung auf Art. 12, Abs. 1 – Verfassungsbeschwerde erhoben. Art. 12 (1), Satz 1 Grundgesetz schützt die Freiheit der Berufsausübung und damit auch jede Tätigkeit, die mit der Berufsausübung zusammenhängt und dieser dient. Sie schließt die Außendarstellung von selbständig Berufstätigen ein, soweit sie auf die Förderung des beruflichen Erfolges gerichtet ist. Das heißt, das Verschicken von Postwurfsendungen, das Verteilen von Handzetteln, Bandenwerbung oder Trikotwerbung durch Unternehmen sind durch das Grundgesetz geschützt. Gesetze, die in diese Rechte eingreifen sind nur dann mit dem Grundgesetz vereinbar, wenn,

- ausreichende Gründe des Gemeinwohls vorliegen,
- dem Grundsatz der Verhältnismäßigkeit (ist das Mittel geeignet und erforderlich) entsprechen,
- die Grenze der Zumutbarkeit (zwischen der Schwere des Eingriffs und dem Gewicht der ihn rechtfertigenden Gründe) noch gewahrt ist.

Mit dem Urteil des Bundesverfassungsgerichts von 1996 wurden wesentliche berufsrechtliche Einschränkungen für die Kommunikationspolitik der Apotheke liberalisiert:

Überall dort, wo die Berufsordnungen Bezug auf bestehende Gesetze wie das Heilmittelwerbegesetz oder das Gesetz gegen unlauteren Wettbewerb nehmen und diese den Besonderheiten des Apothekenwesens anpassen, sind die Vorschriften der Berufsordnungen geeignet und erforderlich, unlauteren Wettbewerb im Apothekenmarkt sowie Maßnahmen, die geeignet sind, zu übermäßigen Arzneimittelverbrauch zu verleiten, zu verhindern. Das Ziel einer sicheren Arzneimittelversorgung und Verhinderung übermäßigen Arzneimittelkonsums stellt das Bundesverfassungsgericht nicht in Frage, so dass damit auch ein ausreichender Grund des Gemeinwohls gegeben ist. Es ist zudem nicht erkennbar, dass solche Verbote den Apotheker unverhältnismäßig belasten.

Vorschriften, die bestimmte Werbeträger (wie Postwurfsendungen, Handzettel, Plakate, Hinweisschilder) ohne Rücksicht auf den Inhalt der Werbung verbieten, sind allerdings grundgesetzwidrig. Das heißt, es muss jeweils im Einzelfall nachgewiesen werden, dass der Inhalt einer solchen Werbemaßnahme dazu geeignet ist,

- zu Arzneimittelfehlgebrauch zu verleiten
- die Berufsausübung des Apothekers zu gefährden
- sein Ansehen in der Öffentlichkeit zu mindern
- oder allgemein das Vertrauen der Öffentlichkeit in die berufliche Integrität des Apothekers zu schmälern.

Mit dem Urteil des Bundesverfassungsgerichts wurden die Möglichkeiten für den Apotheker, gezielt Kommunikationspolitik zu betreiben, maßgeblich erweitert. Zeitungsanzeigen, Postwurfsendungen, Handzettel, selbst Trikot- und Bandenwerbung sind grundsätzlich zulässig, soweit sie nicht geeignet sind, die oben angesprochenen Ziele zu verletzen. Bestimmte Werbeträger ohne Rücksicht auf Form und Inhalt der Werbung vollständig auszuschließen, ist nicht mehr zulässig. Das öffentliche Interesse, das das Sonderrecht für Apotheken legitimiert, ist auf die Sicherstellung einer ordnungsgemäßen

Arzneimittelversorgung der Bevölkerung gerichtet. Daran müssen sich die Beschränkungen der Berufsfreiheit messen lassen. Es reicht also nicht aus, nach einer Faustregel zwei oder drei Anzeigen im Monat für übertrieben, oder eine Anzeige, die größer als 40 cm^2 ist, als marktschreierisch zu bewerten. Vielmehr bedarf es des Nachweises, inwieweit diese Instrumente auf den Konsumenten so massiv einwirken und den Eindruck vermitteln, dass das Randsortiment und die Ausweitung des Warenumsatzes im Vordergrund des Geschäfts stünden. In diesem Zusammenhang ist es dem Gericht auch wichtig, darauf hinzuweisen, dass sich Apotheken hinsichtlich der freiverkäuflichen Arzneimittel im Wettbewerb mit Einzelhandelsunternehmen stellen müssen, die zum Arzneimittelverkauf zugelassen sind (§ 50 AMG) und mit dem Randsortiment darüber hinaus im allgemeinen Wettbewerb mit dem Einzelhandel stehen. Werbung für das Randsortiment kann von daher nicht allein deshalb aufdringlich sein, weil sich die Apotheker der selben Methoden bedient, die auch von anderen Kaufleuten beim Handel mit den selben Artikeln verwendet werden.

3.4 Servicepolitik

Die Servicepolitik eines Handelsunternehmens umfasst die bewusste Gestaltung des Leistungsbündels, welches den Kunden über das reine Warengeschäft hinaus angeboten wird. Hierzu zählt selbstverständlich auch ein **optimaler Leistungsgrad** bei der Bedienung der Kunden mit Arzneimitteln. Befindet sich ein nachgefragtes Medikament nicht auf Lager, kann der Apotheker entweder in wenigen Stunden beim Großhandel oder mittels Kooperationsvereinbarungen von einer anderen am Ort gelegene Apotheke die Ware beschaffen. Handelt es sich bei den nicht sofort bedienbaren Kunden um Stammkunden, so erfordert eine marktorientierte Leistungspolitik auch eine entsprechende Berücksichtigung bei der Sortimentsgestaltung.

Auch die Auslieferung (Botendienst) oder postalische Zusendung (Versand) an die Privatwohnung des Patienten ist seit dem 1. Januar 2004 möglich. Dieses Serviceelement ist von entscheidender Bedeutung für die eigene Marktposition, gerade auch im Wettbewerb mit bundesweit agierenden Versandapotheken.

Auch Versand aus dem Ausland gefährdet die eigene Marktposition, wenn nicht geeignete Gegenstrategien entwickelt werden.

Weit weniger streng reglementiert ist der Lieferservice bei Hilfsmitteln und sonstigen apothekenüblichen Waren. Auch wenn hier das Argument des Bundesverfassungsgerichtes zieht, dass die Apotheke hier in Konkurrenz zu anderen Vertriebsformen steht, die keinerlei Beschränkungen für einen Lieferservice unterliegen, wird die Außenwerbung für einen solchen Service in einigen Berufsordnungen noch recht restriktiv ausgelegt. Das heißt, das Problem besteht hier vor allem in der Kommunikation für einen solchen Service und nicht im Lieferservice selbst.

Eine kundenorientierte, überzeugende Beratungsleistung ermöglicht ebenfalls eine gewisse Abgrenzung von der Konkurrenz. Gerade im Servicebereich besteht für den Apotheker eine gute Möglichkeit, eine gegenüber der Konkurrenz heterogene Leistung zu erbringen. Dazu bedarf es aber eines eigenen, **deutlich erkennbaren Apothekenprofils**. Dies ist besonders dann wichtig, wenn sich die Apotheke in einem starken lokalen Wettbewerb behaupten muss.

Der telefonische Vorbestellungsdienst oder sogar ein Vorbestellungsservice über die eigene Homepage können das Portfolio einer Apotheke ebenso sinnvoll ergänzen wie das Angebot von Verleih- bzw. Mietgeräten sowie Dienstleistungsangebote wie z. B. Blutzuckermessungen usw.

Auch die richtige Wahl des Apothekenstandortes kann unter den Servicegesichtspunkt nicht unwesentlich sein. Die Nähe zu den Ärzten und/oder eine ausreichende Anzahl an Parkplätzen entsprechen den Bequemlichkeitsbedürfnissen der Kunden und trage so zur Sicherung und Mehrung des Kundenstammes bei.

FINANZIERUNG

Teil IV

1. Zusammenhang zwischen Investition und Finanzierung

Der Betriebsprozess wird sowohl durch güterwirtschaftliche als auch durch finanzwirtschaftliche Stromgrößen bestimmt. Bevor das Unternehmen „Neue Apotheke“ Leistungen erbringen kann, muss es zuerst gegründet bzw. erworben werden. Der Apotheker muss in sein Unternehmen investieren, d. h. eine vorhandene Apotheke kaufen bzw. Räumlichkeiten anmieten und die Apotheke einrichten. Investieren muss er aber auch in die Vorfinanzierung für das Warenlager, das ständig in ausreichender Höhe vorgehalten werden muss.

Um die Investitionen tätigen zu können, muss sich der Apotheker Gedanken über die Finanzierung machen. Unter Finanzierung versteht man die Ausstattung des Unternehmens mit Eigen- und Fremdkapital.

In der Bilanz spiegeln sich die Investitionen auf der Aktivseite wider. Unter den Aktiva wird gezeigt, wofür das Kapital verwendet wird. Die Finanzierung findet sich auf der Passivseite der Bilanz, die somit die Frage beantwortet, woher das Kapital kommt.

Aktiva	**BILANZ** **Passiva**
Vermögen	**Kapital**
Anlagevermögen	Eigenkapital
Umlaufvermögen	Fremdkapital
Mittelverwendung	**Mittelherkunft**
Wie ist das Kapital angelegt?	**Woher stammt das Kapital?**
Summe Aktiva	**Summe Passiva**

Abb. 1 Bilanz

An dieser Stelle kann angemerkt werden, dass nicht alle Investitionen (im weiteren Sinne) in der Bilanz abgebildet werden und es hierfür alternative Finanzierungsarten wie Leasing, Miete oder Pacht gibt.

Die Aufwendungen für bilanzielle Investitionen werden durch die Abschreibungen über die Nutzungsdauer verteilt. Sie gehen damit direkt in die Gewinn- und Verlustrechnung (GuV) des Geschäftsjahres ein und indirekt über die Zinsen für das Fremdkapital, das aber häufig nicht direkt einer Investition zuzuordnen ist. In vielen Fällen wird auch teilweise das Eigenkapital einer Investition zugerechnet werden müssen.

Umsatzerlöse
- Wareneinsatz
= Rohertrag
+ Sonstige betriebliche Erträge
- Personalaufwand
- Abschreibungen
- Sonstige betriebliche Aufwendungen
- Zinsaufwendungen
- Betriebliche Steuern
= Jahresüberschuss/-verlust

Abb. 2 Gewinn- und Verlustrechnung

Das Eigenkapital steht dem Unternehmen sozusagen „unentgeltlich" zur Verfügung und erhöht statt dessen am Jahresende den Gewinn in Höhe der eingesparten Zinsaufwendungen für nicht benötigtes Fremdkapital. Diese sogenannten Opportunitätskosten (andere Beispiele sind der Unternehmerlohn oder eingesparte Mieten, wenn die Apothekenräumlichkeiten in Eigenbesitz sind) finden sich nicht in der GuV des Apothekers wieder. Sie müssen aber berücksichtigt werden, wenn man die optimale Finanzierung für die Apotheke sucht, da das Eigenkapital auch verzinslich angelegt werden könnte, statt es „unentgeltlich" in die Apotheke einzulegen.

Wenn die Opportunitätskosten nicht berücksichtigt werden, führt dies in der Regel zu Fehlentscheidungen bei den Investitionsfinanzierungen, da Leasing- und Mietüberlegungen dann nicht mehr konkurrenzfähig wären. Investitionen mittels dieser Finanzierungsalternativen gehen nämlich zu 100 Prozent über Miet- oder Leasingaufwand in die Gewinn- und Verlustrechnung ein, spiegeln sich aber nicht in der Bilanz wider.

Die zukünftigen Gewinne der Apotheke werden wesentlich von der Finanzierung der Investitionsentscheidungen beeinflusst. Die größte betriebliche Investition des Apothekers ist dabei meist der Kauf der Apotheke. Bei der Finanzierung des Warenlagers und den Folgebezügen wird den Apotheken ein erheblicher Teil ihrer Finanzierungsaufgabe durch den Großhandel abgenommen.

Um den notwendigen Finanzierungsbedarf vor allem für den Kauf und die Erstausstattung des Warenlagers einer Apotheke abschätzen zu können und für Gespräche mit Banken und anderen Kapitalgebern ausreichend gewappnet zu sein, sollte sich der Apotheker bereits im Vorfeld folgende Fragen stellen:

- **Wie viel** Kapital wird benötigt?
- **Wann** benötige ich welche Teilbeträge?
- **Wie lange** benötige ich voraussichtlich den Kredit?
- **Wer** kommt als Kapitalgeber in Frage?
- **Welche Art** der Finanzierung kommt in Frage?
- **Wie viel kostet** die gesamte Finanzierung?
- **Welche Alternativen** der Finanzierung stehen zur Verfügung?
- **Welche Konsequenzen** drohen bei Schwierigkeiten?

In schwierigen Zeiten ist auch über Desinvestitionen (zum Beispiel Verkauf von nicht betriebsnotwendigem Anlagevermögen) und über Ausgabeneinschränkungen nachzudenken, um sich Kapital für notwendige Ausgaben und Investitionen zu beschaffen. Wenn eine Apotheke Verluste macht, wird häufig nicht bedacht, dass Maßnahmen möglichst schnell eingeleitet werden müssen, damit nicht weitere Schulden anfallen, die dann ebenfalls in der Zukunft mit Zinsen bedient werden müssen und die die Situation noch weiter verschlechtern.

Banken, Steuerberater sowie der Großhandel, die über entsprechende Sach- und Branchenkenntnis verfügen, können helfen, wenn sie bereits im Vorfeld in große Investitionsentscheidungen einbezogen werden.

2. Ermittlung des Kapitalbedarfs

Der Kauf einer Apotheke bzw. Gründung mit Neueinrichtung ist eine der wichtigsten Investitionsentscheidungen eines Apothekers. Von der Höhe des Kaufpreises der Apotheke hängt in den folgenden Jahren der wesentliche Teil der Zinsbelastung ab. Das Investitionsobjekt und die Höhe des Kaufpreises sollten sorgfältig geprüft werden, da zum Beispiel ein Kaufpreis-Unterschied von 100.000 Euro für eine Apotheke das Jahresergebnis um 10.000 Euro pro Jahr reduzieren kann. Der Kaufpreis kann mit modernen Unternehmensbewertungsmethoden (Discounted Cash-Flow) durch den Steuerberater oder die Bank auf der Basis einer fundierten Liquiditätsplanung der nächsten Jahre bestimmt werden, wobei die Vorstellungen des Käufers und des Verkäufers häufig genauso weit voneinander liegen wie bei der Anwendung von Faustformeln.

Im Apothekenbereich findet eine umsatzbezogene Faustformel insbesondere für die Ersteinschätzung Anwendung. So werden normal-typische Apotheken mit ausreichend langen Mietverträgen, einer normalen Miete, durchschnittlich hohen Umsätzen zu durchschnittlichen Spannen etc., zum Beispiel häufig im Bereich von 25 % (plus Warenlager) des Umsatzes verkauft. Positive Sondereinflüsse (zum Beispiel niedrige Miete) und höhere Umsätze steigern den prozentualen Wertansatz teilweise deutlich, ebenso wie ihn negative Situationen vermindern.

Wer ein Unternehmen gründet, muss - in aller Regel - zunächst einmal Geld in sein Vorhaben investieren. Die Investitionsplanung umfasst grundsätzlich alle Vermögensgegenstände des Anlage- und Umlaufvermögens. Aus der Investitionsplanung ergibt sich der Kapitalbedarf, der wiederum Grundlage für die Finanzplanung ist.

Eine gründliche Kapitalbedarfsplanung gehört daher zum kleinen Einmaleins jeder Gründungsvorbereitung. Dabei sollten folgende Größen genau ermittelt werden:

1. Kapitalbedarf vor der Gründung
2. Kapitalbedarf für die betriebliche Anlaufphase
3. Kapitalbedarf zur Sicherung des Lebensunterhaltes
4. Finanzierung des Kapitalbedarfs

Kapitalbedarf vor der Gründung

Während der Gründungsvorbereitung fallen diverse Kosten an. Dazu zählen beispielsweise Beratungskosten, Notarkosten, Gebühren für Anmeldungen und Genehmigungen. Diese Kosten müssen in der Kapitalbedarfsplanung entsprechend berücksichtigt werden.

Kapitalbedarf für die betriebliche Anlaufphase

Wie viel Geld wird benötigt, um das Unternehmen startklar zu machen? Grundsätzlich kann hierbei in Anlagevermögen und Umlaufvermögen unterschieden werden.

Im Rahmen des **Anlagevermögens** ergeben sich im wesentlichen folgende Investitionsarten:

- Grundstücke
- Gebäude
- Geschäftseinrichtung, Umbauten
- Außenanlagen, Kfz
- derivativer Firmenwert

Im **Umlaufvermögen** sind die finanziellen Mittel im allgemeinen kurzfristiger gebunden. Den größten Anteil am Umlaufvermögen besitzen das Warenlager und die Forderungen aus Rezeptumsätzen mit den gesetzlichen Krankenkassen. Allerdings erweist sich der Kapitalbedarf durch die Finanzierungsleistung des Großhandels zu einem Großteil gedeckt. Der Kapitalbedarf richtet sich nach Umsatzhöhe und Umschlagshäufigkeit der Waren. Je häufiger sich das Warenlager umschlägt, um so leichter kann eine Wiederbeschaffung bzw. ein Neueinkauf einzelner Lagerpositionen aus dem Umsatzprozess finanziert werden.

Da in der Anlaufphase noch kein bzw. ein geringer Umsatz erzielt wird, muss die Anlaufphase erst einmal vorfinanziert werden.

Kapitalbedarf zur Sicherung des Lebensunterhaltes

Wie viel muss mit der beruflichen Selbständigkeit verdient werden, um davon leben zu können? Dazu zählen alle monatlichen Ausgaben, die für den privaten Lebensunterhalt benötigt werden. Hierbei müssen auch unvorhergesehene Ereignisse wie Krankheit, Unfall, aber auch Reparaturen an Haus oder Auto berücksichtigt werden.

Die Höhe der privaten Ausgaben ist die Grundlage für das monatliche "Gehalt", das Sie als Unternehmer beziehen.

Finanzierung des Kapitalbedarfs

Wie viel Kapital erwirtschaftet die Apotheke zur Deckung der Kosten und wie viel Kapital muss zunächst zusätzlich in das Unternehmen investiert werden? Um dies festzustellen muss die Liquidität, also die Zahlungsfähigkeit der Apotheke ermittelt werden. Somit muss für eine ausreichende Liquidität gesorgt werden, um **alle** anfallenden Zahlungsverpflichtungen fristgerecht zu erfüllen (zum Beispiel: Steuerzahlungen, Miete, Gehälter, Benzin usw.). Deshalb spielen die Kreditlinien, die aus den Bankverbindungen des Apothekers resultieren, eine besondere Rolle (siehe Kontokorrentkredit).

Nur mit Hilfe einer Liquiditätsplanung kann man feststellen, wie viel Geld eingenommen wird, um alle anfallenden Kosten einschließlich des privaten Lebensunterhaltes zu finanzieren.

Sind die Kosten höher als die Zahlungseingänge besteht eine Unterdeckung und zusätzliches Kapital muss von außen, das heißt, entweder aus privaten Ersparnissen oder über Fremdkapital „zugeschossen" werden.

Liquiditätsprobleme bei Apothekern resultieren in vielen Fällen aus zu hohen Verpflichtungen, die außerhalb der Apotheke eingegangen wurden. Insbesondere seit Umsetzung der diversen Gesundheitsreform- und Gesundheitsstrukturgesetze reichen die Gewinne aus der Apotheke häufig nicht mehr aus, um hohe Kredite aus dem Privatbereich zurückzuzahlen oder Verluste aus anderen Geschäften abzudecken.

3. Finanzierungsarten

3.1 Überblick

Hinsichtlich der **Rechtsstellung der Kapitalgeber** lassen sich Eigen- und Fremdfinanzierung unterscheiden. Ein anderes Unterscheidungsmerkmal ist die **Mittelherkunft**. Wenn Mittel aus Unternehmenssicht von Außen zufließen, spricht man von Außenfinanzierung (AF). Werden Finanzmittel im Unternehmen erwirtschaftet, bezeichnet man das als Innenfinanzierung (IF).

Eigenfinanzierung	Fremdfinanzierung
- Einlagenfinanzierung (AF) - Selbstfinanzierung aus einbehaltenen Gewinnen (IF) - Finanzierung aus Kapitalfreisetzung (= Desinvestition) (IF) - Finanzierung aus Abschreibungen im Anlagevermögen (IF) - Finanzierung aus Beschleunigung des Kapitalumschlages im Umlaufvermögen (IF)	- Kreditfinanzierung (AF) o Kontokorrentkredit o Bankkredit o Lieferantenkredite o Waren-Wechsel-Kredit o Öffentlich-rechtliche Kreditprogramme - Finanzierung aus Rückstellungen (IF) - Leasing (AF)

Abb. 3 Überblick Finanzierung

In Anlehnung an die bilanzmäßige Trennung wird im folgenden in Eigen- und Fremdfinanzierung unterschieden und die einzelnen Finanzierungsarten werden nach dieser Einteilung abgehandelt.

3.2 Eigenfinanzierung

3.2.1 Vorteile und Nachteile der Eigenfinanzierung

Unter Eigenfinanzierung versteht man die Deckung des Kapitalbedarfs durch Eigenkapital. Als wesentliche Vorteile des Eigenkapitals lassen sich aufführen:

- es steht dem Unternehmen theoretisch auf Dauer zur Verfügung,
- keine Zinszahlungen und Tilgungen,
- keine Mitspracherechte von außen,
- keine Sicherheitenstellung notwendig,
- Voraussetzung für Fremdkapitalfinanzierung.

Das Eigenkapital stellt generell ein besonderes Sicherheitspolster für den Unternehmer dar. Nur bei einer ausreichenden Grundausstattung mit Eigenkapital kann das Unternehmen, gerade in der Gründungsphase, ungünstigere wirtschaftliche Entwicklungen überleben. Dazu kommt, dass ausreichendes Fremdkapital – vor allem zu günstigen Konditionen – nur bei entsprechenden Sicherheiten erhältlich ist. Dies hängt wiederum entscheidend von einem entsprechenden Eigenkapitalanteil ab. Zu beachten ist, dass die Eigenkapitalquote gemäß Bilanz bei einer Apotheke nicht **die** bedeutende Rolle spielt, wie bei einer Kapitalgesellschaft. Eigenkapitalanteil und andere Bilanzregeln sind im letzteren Fall wichtige **wirtschaftliche „Spielregeln"**, die zu beachten sind, um am Marktgeschehen teilnehmen zu dürfen. Beim Apotheker haftet immerhin zusätzlich noch das Privatvermögen. Es kann im Gegenteil aus steuerlichen Gründen sogar geboten sein, möglichst hohe Verbindlichkeiten im betrieblichen Bereich zu halten, um beispielsweise die Schuldzinsen als steuerlichen Aufwand behandeln zu können.

3.2.2 Arten der Eigenfinanzierung

Eine große Bedeutung kommt bei Apothekenneugründungen der **Einlagenfinanzierung** zu. Es handelt sich dabei um betriebliche Eigenmittel, die aus Ersparnissen oder aus finanziellen Mitteln, die Verwandte dem Apotheker als Eigenkapital zur Verfügung stellen, aber auch aus Sacheinlagen (zum Beispiel: Grundstücken, Gebäuden, Einrichtungsgegenständen) bestehen. Ein Betriebsgrundstück und -gebäude im Eigentum des Apothekers bietet Vorteile, weil kein Mietaufwand anfällt oder das Grundstück als Sicherheit bei der Beschaffung langfristigen und zinsgünstigen Fremdkapitals dienen kann.

Durch die **Selbstfinanzierung**, d.h. die Einbehaltung von Gewinnen im Unternehmen, erhöht der Apotheker ebenfalls sein Eigenkapital. Allerdings kann er seine Eigenmittel nur stärken, wenn die Entnahmen geringer sind als die Gewinne nach Steuern.

Die Finanzierung aus **Vermögensumschichtung** (Finanzierung aus Kapitalfreisetzung) zählt sowohl zur Fremd- als auch zur Eigenfinanzierung, da nicht eindeutig ersichtlich ist, ob fremd- oder eigenfinanziertes Vermögen umgeschichtet wird. Denn letztlich steht das Kapital der Passivseite global dem Vermögen auf der Aktivseite gegenüber, ohne dass zum Ausdruck kommt, welcher EURO (Eigen- oder Fremdkapital) in welchem Vermögen gebunden ist.

Eine **Finanzierung durch Abschreibungen** setzt beim erwirtschaften Gewinn auf. Die (planmäßigen) Abschreibungen sind Äquivalente für die jährliche wirtschaftliche Entwertung des abnutzbaren Anlagevermögens. Nach Ablauf der geplanten Nutzungsdauer ist das Anlagegut vollständig abgeschrieben und scheidet aus der Bilanz aus. Die jährlichen Abschreibungen treten als Aufwand in der Gewinn- und Verlustrechnung auf und kürzen den Gewinn, sind aber nicht liquiditätswirksam. Nur der um den Abschreibungsbetrag verminderte Gewinn wird versteuert. Solange das Anlagevermögen Nutzungen abgibt, werden die jährlich über die Absatzpreise verdienten Abschreibungsbeträge für dieses Investitionsobjekt nicht zur Ersatzinvestition benötigt und können statt dessen für andere Finanzierungszwecke verwendet werden.

<u>Beispiel:</u>

Eine EDV-Anlage hat eine Nutzungsdauer von 3 Jahren; sie kostet 30.000 Euro = Abschreibung pro Jahr 10.000 Euro.
Die Anlage gibt 3 Jahre ohne Reparaturen gleichmäßige Leistungen ab. Damit kann der Unternehmer im Jahr 1 die im Absatzpreis verrechneten und verdienten Abschreibungen in Höhe von 10.000 Euro noch 2 Jahre für andere Zwecke verwenden, im Jahr 2 die nächsten 10.000 Euro noch für ein Jahr.
Reparaturen würden als zusätzlicher Aufwand über die Gewinn- und Verlustrechnung gebucht.

Durch eine **Finanzierung aus der Beschleunigung des Kapitalumschlages** werden keine zusätzlichen Finanzierungsmittel beschafft, lediglich durch die Beschleunigung des Umschlages des Warenlagers durch konsequentere Einkaufspolitik setzt der Apotheker seine gebundenen Mittel schneller wieder frei und kann Neubeschaffungen mit aus dem Umsatzprozess zugeflossenen Mitteln begleichen.

3.3 Fremdfinanzierung

3.3.1 Vor- und Nachteile der Fremdfinanzierung

Die wichtigste Finanzierungsart stellt weiterhin die Kreditfinanzierung dar. Nur bei sehr wenigen Apotheken reicht das Eigenkapital zur Finanzierung aus.

Die Fremdfinanzierung besitzt einige Vorteile gegenüber der Eigenfinanzierung:

- die Zinszahlungen sind steuerlich abzugsfähig (aber gegebenenfalls Hinzurechnung in der Gewerbesteuer),
- die Eigenmittel können alternativ verwendet werden.

Gegenüber dem Eigenkapital weist die Kreditfinanzierung jedoch folgende Nachteile auf:

- es fallen Zins- und Tilgungszahlen an,
- die Mittel stehen je nach Vereinbarung nur befristet (kurz-, mittel-, langfristig) zur Verfügung,
- die Kreditfinanzierung, insbesondere die langfristige, verlangt in der Regel eine Sicherheitenstellung (im allgemeinen grundpfandrechtliche Sicherheiten),
- bei höheren Kreditbeträgen kann der Gläubiger sich theoretisch auch ein Mitspracherecht an der Geschäftspolitik ausbedingen (nach Apothekenrecht nicht zulässig).

3.3.2 Arten der Fremdfinanzierung

3.3.2.1 Kontokorrentkredit

Diese Kreditart dient dem Apotheker zur Überbrückung von kurzfristigen, meist saisonal bedingten Finanzierungsengpässen. Dazu zählt auch die Zwischenfinanzierung der Wareneinkäufe für den Zeitraum „letztmöglicher Zeitpunkt für einen Skontoabzug beim Großhandel" bis zur Auszahlung der Rezeptabrechnungsgelder durch die Verrechnungsstellen bzw. Krankenkasse.

Aber auch unvorhergesehene Geschäftsvorfälle, die eines sofortigen Kapitaleinsatzes bedürfen (zum Beispiel dringend notwendige Reparaturen), lassen sich durch einen Kontokorrentkredit abdecken.

Die Bank räumt zunächst im Rahmen einer besonderen Kreditvereinbarung dem Apotheker eine Kreditlinie ein, bis zu der er nach Bedarf jederzeit über Kreditmittel der Bank verfügen kann. Der große Vorteil des Kontokorrentkredites ist die Zinsbelastung **nach der Inanspruchnahme** des Kontokorrents.

Der Apotheker zahlt also immer nur den Zins für den Betrag, den er tatsächlich in Anspruch genommen hat. Sobald der Apotheker wieder liquide ist, kann er den Kredit ganz oder teilweise zurückbezahlen und die Zinsbelastung vermindert sich entsprechend. Daher auch der Begriff „Kontokorrent", was als Kredit in „laufender Rechnung" zu übersetzen ist.

Sollte sich einmal ein Haben-Saldo (d. h. eine Forderung an die Bank) im Rahmen des Kontokorrents ergeben, verzinsen einige Banken das Guthaben auch.

Für die Kreditlinie verlangt die Bank manchmal eine zusätzliche **Bereitstellungsprovision**. Sie begründet diese Zusatzkosten damit, dass sie jederzeit bis zu diesem Höchstbetrag in Anspruch genommen werden kann, folglich die Mittel auch jederzeit – selbst bei einem Haben-Saldo des Kunden – bereitstellen muss. Überschreitet der Apotheker die vereinbarte Kreditlinie, muss er allgemein üblich eine **Überziehungsprovision** entrichten. Letztere Provision fällt bei jeder Überziehung ohne besondere Vereinbarung an.

Der Zinsunterschied zwischen einem Überziehungs- und einem Kontokorrentkredit liegt bei vier bis fünf Prozent.

Die Banken gehen aus Wettbewerbsgründen immer mehr dazu über, anstatt einer getrennten Aufschlüsselung nach Zinssatz und Bereitstellungsprovision einen sogenannten „Nettozinssatz" anzugeben. Dieser Nettozinssatz wird durch die Bonität des Apothekers beeinflusst und kann je nach Bank und Bankkunden um bis zu ca. drei Prozent variieren. Grundsätzlich sind alle genannten Provisionen und Zinssätze zwischen dem Kunden und der Bank innerhalb bestimmter Grenzen frei aushandelbar.

Zwar zählt der Kontokorrentkredit – vergleicht man die Zinssätze auf Jahresbasis – aufgrund der zusätzlichen Kostenbestandteile zu den teureren kurzfristigen Kreditarten, er hat aber deutliche Kostenvorteile gegenüber anderen Kreditalternativen, wenn man die Verrechnung nach der Inanspruchnahme berücksichtigt.

Würde der Apotheker ein herkömmliches langfristiges Darlehen aufnehmen, käme er zwar auf einen niedrigeren Zinssatz p. a., aber absolut müsste er mehr als beim Kontokorrent zahlen. Benötigt der Apotheker die finanziellen Mittel nämlich nur kurze Zeit im Monat, zahlt er auch nur diese Zeit den Kontokorrentzinssatz, bei langfristiger Kreditaufnahme dagegen für den gesamten Zeitraum den vollen Zinssatz. Aufgrund des restriktiven Verhaltens der Banken bei der Kreditvergabe werden auch beim Kontokorrentkredit zunehmend Sicherheiten verlangt.

3.3.2.2 Bankkredit

Auch wenn die Banken immer restriktiver den klassischen Bankkredit vergeben, gehört dieser zu den wichtigsten Finanzierungsarten in der Apotheke. Der Bankkredit dient dem Apotheker vor allem zur Finanzierung des Anlagevermögens. Somit sind die meisten Bankkredite mittel- und langfristig.

Nach der **Dauer der Kapitalüberlassung** untergliedert man Kredite in:

- Kurzfristige Kredite (Gesamtlaufzeit bis zu einem Jahr),
- Mittelfristige Kredite (Gesamtlaufzeit bis zu vier Jahren),
- Langfristige Kredite (Gesamtlaufzeit über vier Jahre).

Der **Zinssatz** für die Kredite wird für eine gewisse Zeit meist fest vereinbart (Zinsbindungsdauer). Die Zahlungsweise für Zins- und Tilgung wird mit der Bank zusammen festgelegt. Nach der Art der **Tilgung** lassen sich unterscheiden:

- Tilgungsdarlehen
- Annuitätendarlehen
- endfällige Darlehen

Die Rückzahlung des Darlehens kann **endfällig** zu einem im voraus festgelegten bestimmten Zeitpunkt in einem Betrag oder über die gesamte Laufzeit verteilt mit bestimmten Rückzahlungsraten erfolgen. Eine Rückzahlung mit gleichbleibendem monatlichen Kapitaldienst (= Zins + Tilgung) ist die allgemein übliche Form und heißt **Annuitätendarlehen**. Innerhalb des festen Annuitätenbetrages nimmt bei fortschreitender Kapitaltilgung der Anteil der Tilgungsbeträge zu und der Zinsanteil entsprechend ab. Beim **Tilgungsdarlehen** bleibt der Tilgungsanteil immer gleich, der Zinsanteil nimmt entsprechend ab, so dass sich der Kapitaldienst in jeder Periode reduziert.

	Annuitäten-darlehen	Tilgungsdarlehen	Endfälliges Darlehen
Tilgung	zunehmend	gleich	gar nicht/am Ende volle Rückzahlung
Zinsen	abnehmend	abnehmend	gleich
Kapitaldienst	gleich	abnehmend	gleich/am Ende volle Rückzahlung

Abb. 4 Übersicht Bankdarlehen nach Tilgung

Die kostengünstigste langfristige Finanzierung stellt in der Regel ein Darlehen dar, das durch eine Hypothek oder Grundschuld (= Grundpfandrechte) dinglich gesichert ist. Voraussetzung ist das Vorhandensein eines eigenen Grundstückes (auch Eigentumswohnungen, Erbbaurechte etc.), das außerdem noch nicht ausgenutzte Beleihungsspielräume im Grundbuch aufweist.

3.3.2.3 Lieferantenkredite

Da der Großhandel in der Regel Monatsrechnungen stellt, ergibt sich, dass der Apotheker für eine am 1. eines Monats bestellte Ware 60 Tage Ziel eingeräumt erhält, für die am Monatsultimo bestellte Ware immer noch maximal 30 Tage Kredit, im Durchschnitt also 45 Tage Ziel. Für diese großzügige, kostenlose Kreditierung verlangt der Großhandel aus Gründen der Rationalisierung und Gebührenersparnis häufig lediglich die Erlaubnis zum Bankeinzug von seinen Kunden. In der Regel bieten Großhändler den Apotheken ein Tableau günstiger Zahlungsbedingungen für den Warenbezug des jeweiligen Vormonats, zum Beispiel:

(1) Zahlung bis zum 3. Tag des Monats mit 0,85 % Skonto oder
(2) Zahlung bis zum 13. Tag des Monats mit 0,60 % Skonto oder
(3) Zahlungsziel netto bis zum 30. des Monats.

Betrachtet man die Kosten, die durch eine Nichtausnutzung des Skontos entstehen, ist der Lieferantenkredit der teuerste Kredit überhaupt. Der Lieferant nützt den Skonto als Zahlungsanreiz für seine Kunden. Durch das Hilfsmittel „Skonto“ wurde in der deutschen Wirtschaft eine, wenn auch künstliche, insgesamt günstige Zahlungsmoral bewirkt.

Am folgenden Beispiel soll verdeutlicht werden, welche kostenmäßigen Nachteile sich bei Nichtausnutzung des Skontos ergeben.

Der Mehraufwand des Apothekers errechnet sich wie folgt:

Bezogen auf Vergleich (1) – (3):

$$\frac{(\%[\text{Bed.}(1)] - \%[\text{Bed.}(3)]) \times 360\,\text{Tage}}{\text{Tag}[\text{Bed.}(3)] - \text{Tag}[\text{Bed.}(1)]} = \frac{0{,}85\% \times 360\,\text{Tage}}{30\,\text{Tage} - 3\,\text{Tage}} = 11\%$$

Bezogen auf Vergleich (2) – (3):

$$\frac{(\%[\text{Bed.}(2)] - \%[\text{Bed.}(3)]) \times 360\,\text{Tage}}{\text{Tag}[\text{Bed.}(3)] - \text{Tag}[\text{Bed.}(2)]} = \frac{0{,}60\% \times 360\,\text{Tage}}{30\,\text{Tage} - 13\,\text{Tage}} = 13\%$$

Durch Inanspruchnahme eines Kontokorrentkredites (in der Regel für wenige Tage) als Zwischenfinanzierung spart der Apotheker je nach Skontofrist erhebliche Zinsaufwendungen.

Im obigen Beispiel lohnt sich bei einem Zinssatz von weniger als 13 % für den Zeitraum von 17 Tagen das Zahlungsziel (2) und bei einem Zinssatz von unter 11 % (zum Beispiel alle Kapitalanleger!) das Zahlungsziel (1).

Neben dem üblichen Zahlungsziel bietet der Großhandel dem Apotheker noch weitere Möglichkeiten zur Kreditfinanzierung an. Hier sind zu nennen die Valutierung einzelner Aufträge und der Warenkredit für einen Monatsbezug mit Laufzeiten bis zu einem Jahr sowie Wechselkredite mit Laufzeiten von einem bis vier Jahren. Der Lieferant (Großhandel) verlangt jedoch in der Praxis Sicherheiten für Warenkredite.

Wenn das gesamte Kreditengagement bei einem Apotheker über einem durchschnittlichen Monatsbezug liegt, verlangt der Großhandel regelmäßig Einblick in den aktuellen Jahresabschluss.

3.3.2.4 Waren-Wechselkredit

Bedeutung für den Apotheker hat der Waren-Wechselkredit als Finanzierungsinstrument in der laufenden Geschäftsbeziehung mit dem Großhandel (normales Warengeschäft). Grundlage eines Wechselkredites mit dem Großhandel **muss** ein Warengeschäft sein.

Der Abnehmer (Apotheker) zahlt beim Wechsel den Kaufpreis nicht sofort, sondern erst zu einem vereinbarten späteren Zeitpunkt (in der Regel nach 90 Tagen). Der Großhandel „zieht" auf den Apotheker einen Wechsel über den Rechnungsbetrag (oder einen Teil davon), der Apotheker akzeptiert ihn durch seine Unterschrift und übernimmt damit eine wechselrechtliche Zahlungsverpflichtung.

Es handelt sich bei diesem gezogenen Wechsel um eine Zahlungsanweisung eines Gläubigers (Wechselaussteller) an seinen Schuldner (Wechselbezogenen), zu einem bestimmten Termin gegen Vorlage des Wechselpapiers durch den Wechselnehmer (bzw. dessen Bank) die geschuldete Summe zu entrichten.

Bis zur Annahme durch den Schuldner bezeichnet man den Wechsel als **Tratte**, danach als **Akzept**. Die Annahme erfolgt durch Unterschrift, links auf der Vorderseite des Wechselpapiers.

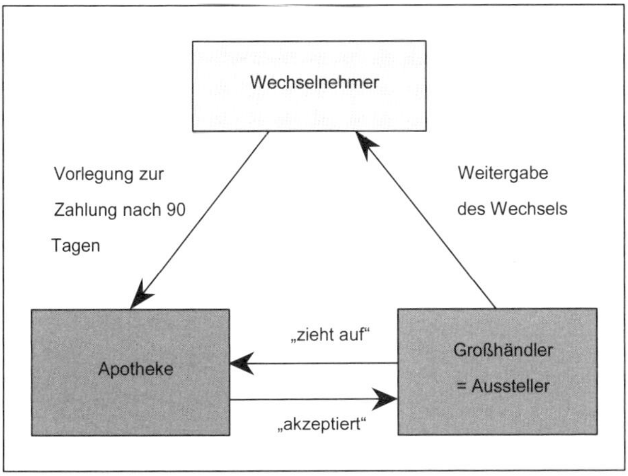

Abb. 5 Waren-Wechselkredit

Das Wechselgesetz (WG) verlangt, dass ein Wechsel folgende wesentlichen Bestandteile aufweist:

(1) die Bezeichnung als Wechsel im Text der Urkunde,
(2) die **un**bedingte Anweisung zur Zahlung einer bestimmten Geldsumme,
(3) den Namen dessen, der zahlen soll (Bezogener),
(4) die Angabe der Verfallzeit,
(5) die Angabe des Zahlungsortes,
(6) den Namen des Wechselnehmers (Remittent) an den oder an dessen Order gezahlt werden soll,
(7) Tag und Ort der Ausstellung,
(8) eigenhändige Unterschrift des Ausstellers.

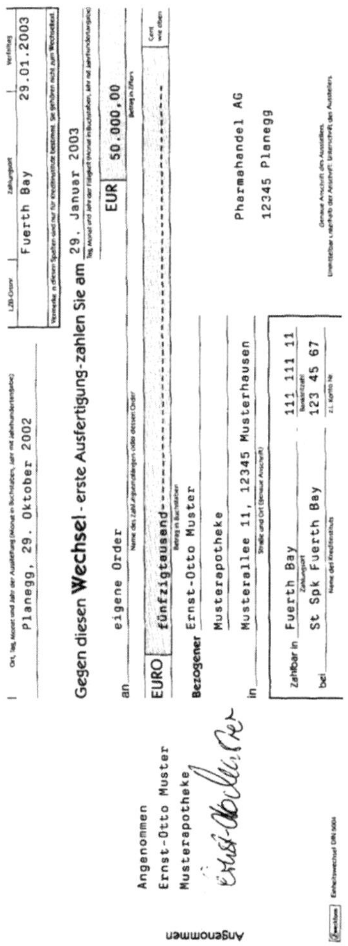
Planegg, 29. Oktober 2002

Fuerth Bay

29.01.2003

Gegen diesen **Wechsel** - erste Ausfertigung - zahlen Sie am 29. Januar 2003

an eigene Order

EUR 50.000,00

EURO fünfzigtausend----------------------------

Bezogener Ernst-Otto Muster

Musterapotheke

in Musterallee 11, 12345 Musterhausen

Zahlbar in Fuerth Bay 111 111 11

bei St Spk Fuerth Bay 123 45 67

Pharmahandel AG

12345 Planegg

Angenommen

Ernst-Otto Muster

Musterapotheke

Einheitswechsel DIN 5004

Abb. 6 Ausgefülltes Wechselformular

Durch eine Wechselfinanzierung hat der Apotheker den Vorteil, zu relativ niedrigen Zinsen im Verhältnis zum Kontokorrent 90 bis maximal 180 Tage gewonnen zu haben. Als Gegenwert erhält der Wechselaussteller den um die Bankkosten (Wechseldiskont = vorschüssig fälliger Zins) verminderten Betrag, auf den der Wechsel lautet. Nach den 90 bzw. 180 Tagen gibt der Großhandel den Wechsel zu seiner Bank zum Inkasso (Einzug). Diese schreibt ihm den Wechselbetrag gut und legt den Wechsel der Bank des Apothekers vor, die ihn dann einlöst.

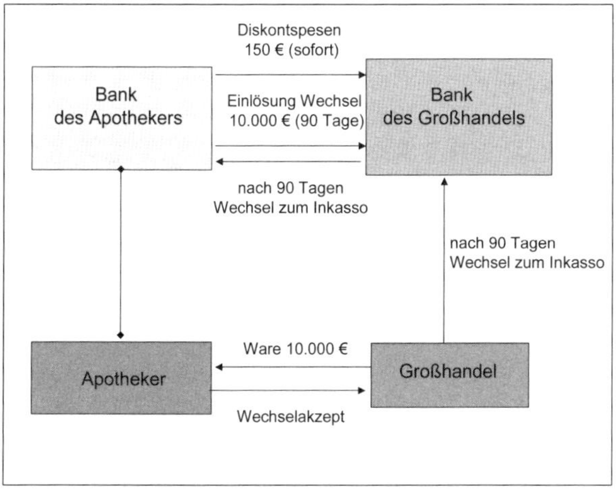

Abb. 7 Klassisches Wechselgeschäft

Beträgt die Wechselsumme zum Beispiel 10.000 Euro, der zugrunde gelegte Diskontsatz 6 % p.a., die Zeit bis zur Fälligkeit des Wechsels (Laufzeit) 90 Tage, dann müssen 150 Euro Diskontspesen an den Großhandel entrichtet werden.

Generell kann ein Wechsel folgendermaßen verwendet werden:

- Weitergabe des Wechsels als Zahlungsmittel,
- Verkauf des Wechsels vor Fälligkeit an eine Bank (Diskont),
- Aufbewahrung des Wechsels bis zum Verfalltag (Sicherungswechsel),
- Übergabe (an die Bank) zum Inkasso.

Den Wechsel kann der Gläubiger an einen Dritten, den Wechselnehmer (üblicherweise eine Bank), weiterverkaufen. Nachteilig bleibt für den Großhandel aber das Risiko, als Aussteller für den Wechsel haften zu müssen. Dieses Debitorenausfall-Risiko wird von Banken- wie Großhandelsseite über eine Zinsmarge abgedeckt.

Hat der Aussteller von vornherein die Absicht, den Wechsel an einen bestimmten anderen Wechselnehmer weiterzureichen, so kann er anstelle der unbestimmten Bezeichnung auf dem Wechselpapier „an Order" dessen Namen in den Wechseltext eintragen (siehe Ziffer 6 der wesentlichen inhaltlichen Bestandteile des Wechsels). Insbesondere für den Fall, dass der Wechsel im eigenen Portefeuille gehalten wird, vermerkt der Aussteller „an eigene Order".

Die **Wechselübertragung** wird durch einen Übertragungsvermerk, das sogenannte Indossament, auf der Rückseite des Wechsels vorgenommen (hier werden alle Wechselnehmer, auch Indossanten genannten, vermerkt). Der Wechsel kann dadurch bis zum Verfalltag beliebig oft weitergereicht werden. Der letzte Wechselinhaber legt den Wechsel dem Apotheker (Bezogenen) am Verfalltag vor. Wechselschulden sind **Holschulden**.

Zur Zahlung muss der Wechsel grundsätzlich beim Bezogenen vorgelegt werden. In der Regel wird allerdings die Hausbank des Schuldners als Zahlstelle angegeben sein.

Der Aussteller oder Wechselnehmer kann den Wechsel bei Bedarf auch **prolongieren**, d. h. die Laufzeit des Wechsels wird verlängert. Dabei muss ein neuer Wechsel ausgestellt werden.

Löst der Bezogene den Wechsel nicht bei Vorlage am Verfalltag ein, geht der **Wechsel zu Protest**. Da alle Indossanten zusammen mit dem Wechselaussteller dem Wechselinhaber als Gesamtschuldner haften, kann der Wechselinhaber von jedem vor ihm aufgeführten Indossanten die Wechselsumme verlangen. In diesem Fall verläuft die Wechselkette bis zum Aussteller; der Aussteller muss schließlich als Endglied der Kette die Wechselforderung befriedigen.

Durch den Wechselmahnbescheid bzw. die Wechselklage erhält letzterer allerdings die Möglichkeit, seinerseits Regress vom Bezogenen zu verlangen.

Der Vorteil der **Wechselklage** ist, dass sie in einem vereinfachten Gerichtsverfahren (Urkundenprozess) schnellstens abgewickelt wird. Die unbedingte Haftung jedes Wechselinhabers sowie das spezielle Verfahren der Wechselklage bezeichnet man als Wechselstrenge, die die besondere Sicherungsfunktion des Wechsels unterstreicht.

Für den Apotheker als Wechselverpflichteten empfiehlt es sich, unbedingt zum Fälligkeitstag für die Bereitstellung des Wechselbetrages bei seiner Hausbank (Zahlstelle) zu sorgen, da ansonsten nach dem relativ schnell stattfindenden Urkundenprozess eine sofortige Zwangsvollstreckung in die Wege geleitet werden kann.

Damit eine Bank einen Wechsel ankauft und den Wechsel zur Besicherung ihrer eigenen Refinanzierungsgeschäfte bei der Bundesbank einsetzen kann, müssen folgende Voraussetzungen erfüllt sein:

(1) Handelswechsel,
(2) zwei Unterschriften wirtschaftlich erfolgreicher Unternehmen (zum Beispiel: bekannter Großhandel, gute Apotheke, Bankunterschriften),
(3) Restlaufzeit maximal 180 Tage (6 Monate).

Nur dann gilt der Wechsel als bundesbankfähig und kann von Banken bei der Bundesbank als Sicherheit hinterlegt werden.

Die **Kosten** des Wechseldiskontkredites setzen sich aus folgenden Positionen zusammen:

- Diskontsatz (orientiert sich ab 1.1.1999 am Geldmarkt und ist nicht mehr subventioniert),
- Großhandelsmarge zur Abdeckung des Risikos,
- Diskontspesen, die beim Inkasso des Wechsels auftreten können.

Der Wechselkredit ist nach wie vor sehr günstig. Für eine Finanzierung mittels Wechsel verlangt der Großhandel in der Regel ausreichende Sicherheiten.

3.3.2.5 Finanzierung durch Rückstellungen

Eine Finanzierung durch Rückstellungsbildung findet in der Apotheke nicht im nennenswerten Umfang statt. Durch die Bildung von Rückstellungen werden Gelder an das Unternehmen gebunden, die auch zu Finanzierungszwecken Verwendung finden können. Da die Rückstellungen der Begleichung späterer Verbindlichkeiten dienen, zählen sie in der Bilanz zum Fremdkapital. Die Finanzierung aus Rückstellungen ist daher als interne Fremdfinanzierung einzuordnen.

Für den Finanzierungseffekt ist die Fristigkeit der Rückstellungen entscheidend. Finanzielle Mittel stehen der Unternehmung nur für den Zeitraum zwischen Bildung und Auflösung bzw. Inanspruchnahme der Rückstellung zur Verfügung. Fällt der Grund, für den die Verbindlichkeit gebildet wurde, ganz oder teilweise weg, so sind die Rückstellungen erfolgswirksam aufzulösen. Da die Rückstellungen bei ihrer Bemessung einen Entscheidungsspielraum beinhalten, können sie durch zu hohen Ansatz auch zu einem Instrument der stillen Selbstfinanzierung werden.

Die Mehrzahl der Rückstellungsfälle ist kurzfristiger Natur. Sie werden in dem auf den Jahresabschluss folgenden Geschäftsjahr aufgelöst. Der Finanzierungseffekt dieser Rückstellungen ist daher begrenzt. Da jedoch entsprechende Rückstellungen jährlich wieder neu gebildet werden, führt der sogenannte Bodensatz ("Sockel") an Rückstellungen zu einem dauerhaften Finanzierungseffekt.

3.3.2.6 Öffentlich-rechtliche Kreditprogramme

Die Vergabe öffentlicher Finanzierungshilfen ist an die Erfüllung persönlicher und sachlicher Voraussetzungen durch den Antragsteller geknüpft. Auch ist der Verwendungszweck genau vorgeschrieben. Alle Banken geben über die aktuellen Kreditprogramme jederzeit Auskunft.

Die Anlaufstelle, um staatliche Finanzierungshilfen zu beantragen, ist die Hausbank, durch die die Existenzgründung insgesamt finanziert wird.

Unter die öffentlichen Mittel fallen zum Beispiel das DtA (Deutsche Ausgleichsbank)-Existenzgründungsprogramm oder das KfW-Mittelstandsprogramm.

Dabei werden Finanzierungshilfen des Bundes, der Länder oder der EU zur Verfügung gestellt, wobei sowohl Zuschüsse als auch zinsgünstige Darlehen oder Sicherheiten gewährt werden können, die sonst nicht zur Verfügung stehen. Sie haben eine langfristige Laufzeit und sind häufig in der Anfangszeit (zwei Jahre) tilgungsfrei.

3.3.3 Sicherheiten

3.3.3.1 Überblick

Kreditsicherheiten sollen dem Kreditgeber die Möglichkeit bieten, sich aus den Sicherheiten zu befriedigen, wenn der Kreditnehmer seine Zahlungsverpflichtungen (Tilgung und Zins) nicht erfüllen kann. Nach ihrer Sicherungsart lassen sich die Kreditsicherheiten in **Personensicherheiten** und in **Sachsicherheiten** unterteilen. Bei den Personensicherheiten liegen schuldrechtliche Ansprüche, bei den Sachsicherheiten dagegen sachenrechtliche Ansprüche des Sicherungsnehmers vor. Bei einer Personensicherheit haftet neben dem Kreditnehmer eine dritte Person für den Kredit, während bei einer Sachsicherheit dem Kreditgeber zur Sicherung bestimmte Rechte an Vermögenswerten eingeräumt werden. Folgende Formen lassen sich dabei unterscheiden:

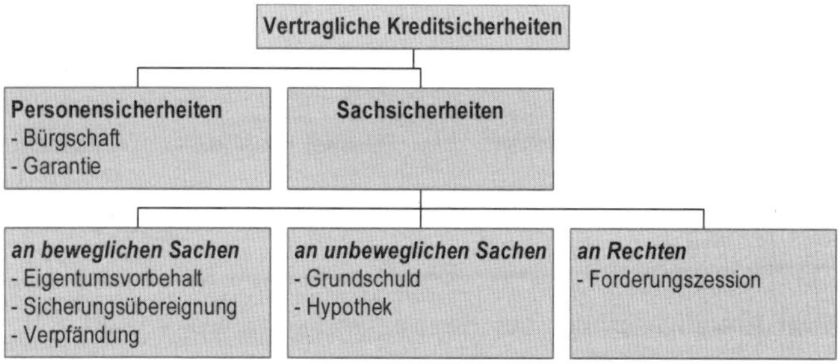

Abb. 8 Übersicht Kreditsicherheiten

Nach dem Grad der Abhängigkeit von der gesicherten Forderung kann man in **akzessorische** und in **abstrakte** (finduziarische) Sicherheiten unterscheiden. Bestand, Umfang und Dauer einer akzessorischen Sicherheit hängt von Bestand, Umfang und Dauer der gesicherten Forderung ab. Das Sicherungsrecht kann für sich allein weder begründet noch übertragen werden. Akzessorische Sicherheiten, bei denen eine vollkommene Verknüpfung zwischen Sicherheit und gesicherter Forderung vorliegt, sind die Bürgschaft, die Verpfändung und die Hypothek.

Bei der abstrakten Sicherheit ist der Sicherungsnehmer nach außen hin im Verhältnis zu Dritten voll- und selbständig berechtigter Inhaber der Sicherheit. Im Innenverhältnis ist der Sicherungsnehmer jedoch gegenüber dem Sicherungsgeber verpflichtet, von der Sicherheit keinen über den Sicherungszweck hinausgehenden Gebrauch zu machen. Dritte Personen können sich allerdings auf dieses Innenverhältnis nicht berufen. Zu den abstrakten Sicherheiten zählen die Sicherungsübereignung, Zession, Grundschuld, Eigentumsvorbehalt oder die Garantie.

3.3.3.2 Bürgschaft und Garantie

Die **Bürgschaft** ist ein Vertrag mit der Verpflichtung des Bürgen gegenüber dem Gläubiger eines Schuldners für diese Verbindlichkeitserfüllung einzustehen (§ 765 BGB). Sie ist ein einseitiger Vertrag und streng akzessorisch, das heißt vom Umfang und Bestehen einer Schuld abhängig. Der Bürgschaftsvertrag wird zwischen dem Gläubiger und dem Bürgen geschlossen.

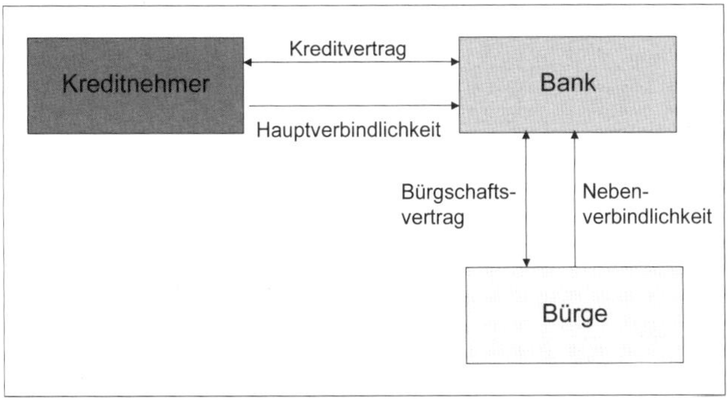

Abb. 9 Bürgschaft

Der Avalkredit (durch Bürgschaft abgesicherter Kredit) ist in der Regel auch zeitlich und auf einen Höchstbetrag **(Höchstbetragsbürgschaft)** begrenzt. Die von der Bank übernommene Bürgschaft ist in der Regel **selbstschuldnerisch**, d.h. der Bank steht keine Einrede der Vorausklage (§ 771 BGB) zu. Der Avalbegünstigte (Kreditgeber) kann sich daher bei Zahlungsverzug des Apothekers (Avalkreditnehmer) sofort an die bürgende Bank wenden, **ohne zuvor Klage** gegen den Hauptschuldner (Apotheker) erheben zu müssen.

Der Avalkredit ist eine **Kreditleihe**. Ein Avalkredit liegt vor, wenn beispielsweise ein Kreditinstitut für die Verbindlichkeiten eines Kunden eine Bürgschaft übernimmt. Die Bank setzt zunächst keine finanziellen Mittel ein, sondern stellt dem Schuldner lediglich ihre Bonität zur Verfügung. Für die Kreditleihe berechnet die Bank allerdings eine Avalprovision, deren Höhe von dem Bürgschaftsbetrag, von sonstigen Kreditsicherheiten, von der Laufzeit und von der Bonität des Avalkreditnehmers abhängt. Sie schwankt in der Regel zwischen ein und zwei Prozent p. a. Beispiele für den Avalkredit sind Prozessbürgschaften und Zollavale.

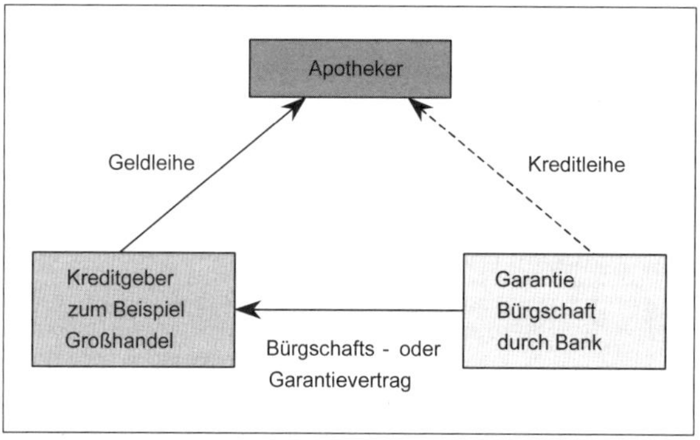

Abb. 10 Bürgschaft/Garantie

Die Angaben zur Bürgschaft durch eine Bank gelten analog auch für andere Bürgen.

Im Gegensatz zur Bürgschaft ist die **Garantie** nicht gesetzlich geregelt. Bei der Garantie verpflichtet sich der Garantiegeber gegenüber dem Garantienehmer, für einen bestimmten zukünftigen Erfolg einzustehen. Im Gegensatz zur Bürgschaft ist die Garantie nicht akzessorisch und damit unabhängig vom Bestand der Hauptschuld. Am häufigsten kommen in der Praxis Zahlungsgarantien vor, bei denen bei Eintritt einer bestimmten Bedingung die Zahlung einer gewissen Summe garantiert wird. Daneben sind jedoch auch Gewährleistungsgarantien und Bietungsgarantien von Bedeutung. Garantien können formlos übernommen werden, während Bürgschaften grundsätzlich der Schriftform bedürfen.

3.3.3.3 Eigentumsvorbehalt, Sicherungsübereignung und Verpfändung

Der **Eigentumsvorbehalt** ist das bekannteste Sicherungsmittel bei einem Verkauf von Waren. Dieser muss gesondert vereinbart werden (üblicherweise in den allgemeinen Geschäftsbedingungen). Der Verkäufer einer beweglichen Sache behält sich bis zur vollständigen Bezahlung das Eigentum vor. Dieses geht erst bei vollständiger Bezahlung über. Der Verkäufer ist bis zur vollständigen Bezahlung Kreditgeber und sichert den Kredit durch das Rückforderungsrecht seiner Ware ab. Problematisch erweist sich der Eigentumsvorbehalt vor allem bei einem Weiterverkauf der Ware. Durch den verlängerten Eigentumsvorbehalt hat der Verkäufer ein Rückgriff auf die Forderungen aus dem Weiterverkauf der Waren (siehe Forderungsabtretung).

Zur Sicherung von Krediten können auch bewegliche Vermögenswerte, d.h. Sachen und Rechte, **verpfändet** werden. Eine bewegliche Sache kann zur Sicherung einer Forderung in der Weise belastet werden, dass der Gläubiger berechtigt ist, Befriedigung aus der Sache zu suchen (§§ 1204 ff. BGB). Zur Bestellung eines Pfandrechts ist die Einigung zwischen den Partnern und die Übergabe des Vermögensgegenstandes an den Gläubiger erforderlich. Die erforderliche Übergabe des Pfandes schränkt den Kreis der zur Verpfändung geeigneten Sachen ein.

Von praktischer Bedeutung ist vor allem die Verpfändung von Wertpapieren, da diese nicht im regelmäßigen betrieblichen Umsatzprozess benötigt werden und meist auch bereits im Depot der kreditgewährenden Bank lagern. Zur Verpfändung ungeeignet sind Gegenstände, die der Kreditnehmer im Rahmen des betrieblichen Umsatzprozesses benötigt, wie Maschinen und Vorräte.

Als weitere Sicherheit beansprucht der Großhandel meist die **Sicherungsübereignung des Warenlagers**. Der Nachteil der körperlichen Übergabe im Falle der Verpfändung von beweglichen Vermögenswerten wird bei der **Sicherungsübereignung** vermieden. Hierbei wird der Großhandel durch Vertrag Eigentümer der Ware, wobei der Apotheker den Besitz behält. Ansonsten könnte er die Ware nicht mehr verkaufen. Zum Eigentumsübergang ist normalerweise die Übergabe einer Sache notwendig. Diese Übergabe wird jedoch ersetzt durch das sogenannte Besitzkonstitut (= Besitzmittlungsverhältnis) in Form eines Vertrages, durch den der mittelbare Besitz übertragen wird. Der unmittelbare Besitz im Wege einer analogen Vereinbarung zum Leih-/Miet-/Verwahr-/Kommissionsvertrag verbleibt jedoch beim Apotheker.

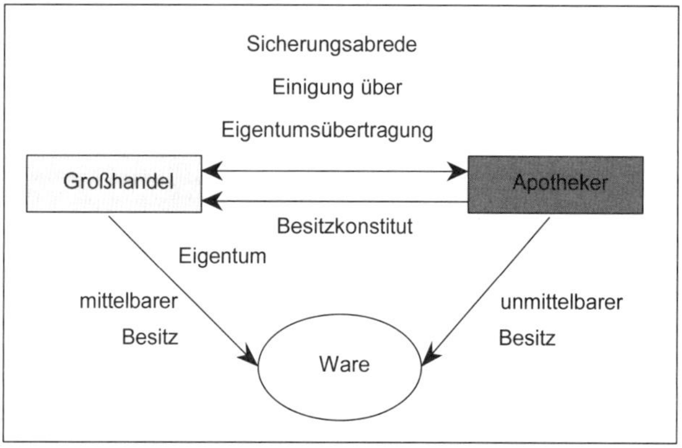

Abb. 11 Sicherungsübereignung

Die Sicherungsübereignung ist gesetzlich nicht geregelt, sondern wurde aus der Rechtsprechung entwickelt. Erforderlich ist die Einigung, dass das Eigentum am Sicherungsgut auf den Sicherungsnehmer übergehen soll. Das Sicherungsgut muss genau bestimmt sein, so dass auch ein Dritter in der Lage ist, die sicherungsübereigneten Vermögensgegenstände von anderen Gütern des Sicherungsgebers zweifelsfrei zu trennen. Bei der Einzelübereignung ergeben sich hierbei keine Schwierigkeiten, da der Sicherungsgegenstand im Vertrag genau bezeichnet werden kann. Soll jedoch ein Warenlager mit wechselndem Bestand übereignet werden, so muss für die Bestimmbarkeit der jeweils sicherungsübereigneten Güter Vorsorge getragen werden. Es kann ein bestimmter Sicherungsraum vereinbart werden, wobei alle in diesen Raum eingebrachten Waren als sicherungsübereignet gelten. Hierbei kann es allerdings zu Kollisionen zwischen der Sicherungsübereignung und dem Eigentumsvorbehalt, insbesondere einem verlängerten Eigentumsvorbehalt (Verarbeitungsklausel) der Lieferanten, kommen. Darüber hinaus besteht für den Sicherungsnehmer das Risiko, dass der Sicherungsgeber nicht vertragsgemäß Waren in den Sicherungsraum einbringt oder dort befindliche Waren mehrfach übereignet, verpfändet oder unberechtigt veräußert. Im letzteren Fall hat der Sicherungsnehmer gegenüber dem gutgläubigen Erwerber keinen Herausgabeanspruch. Der Gläubiger ist daher bei der Sicherungsübereignung einem größeren Risiko des Sicherheitenverlustes ausgesetzt als etwa bei der Verpfändung.

3.3.3.4 Forderungszession

Ein wichtiges Sicherungsinstrument vor allem beim Lieferantenkredit ist die **Forderungszession**. Der Großhandel legt Wert darauf, dass ihm die Forderungen an die Rezeptabrechnungsstellen abgetreten werden. Diese sogenannte **Forderungszession** ist ein Vertrag durch den der Gläubiger (Zedent = Apotheker) einer Forderung (an die Rezeptabrechnungsstelle), diese auf einen anderen (Zessionar = Großhandel) überträgt. Durch die Abtretung erwirbt der Großhandel die Forderung des Apothekers gegen den Drittschuldner (Verrechnungsstelle) als Sicherheit für den Kredit.

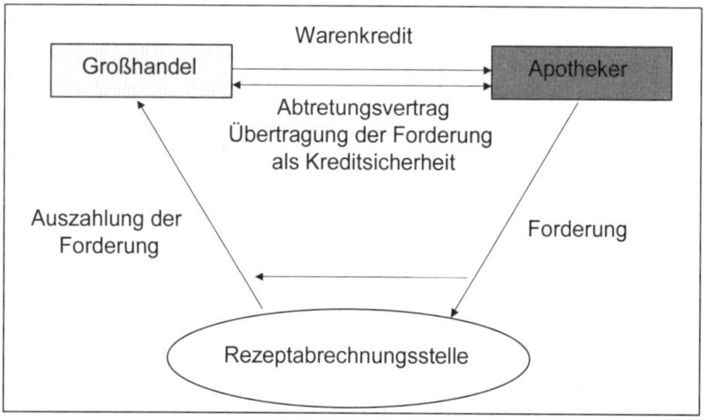

Abb. 12 Forderungszession

Die Zession ist abstrakt, das heißt die Zustimmung des Drittschuldners ist nicht erforderlich. Wenn der Drittschuldner (Verrechnungsstelle) über die Abtretung zwischen Großhandel und Apotheke informiert wird, handelt es sich um die übliche Form der **offenen Zession**, ansonsten um eine **stille Zession**. Der Großhandel legt auf die offene Zession großen Wert, da ansonsten die Sicherheit mehrfach abgetreten werden könnte, ohne dass die Beteiligten davon erfahren. Solange das Kreditverhältnis im regulären Rahmen abläuft, gehen die Zahlungen weiterhin direkt an den Apotheker. Bei der offenen Zession ist der Kreditgeber besser geschützt, da hierbei der Schuldner Zahlung mit befreiender Wirkung nur an ihn leisten kann. Die stille Zession wird jedoch von Seiten des Sicherungsgebers bevorzugt, da hier eine unter Umständen bonitätsschädigende Anzeige der Zession bei den Gläubigern entfällt. Eine zunächst stille Zession kann durch Anzeige der Abtretung bei den Schuldnern in eine offene umgewandelt werden. Da die zu sichernden Kredite häufig eine längere Laufzeit besitzen als die zur Sicherheit abgetretenen Forderungen, haben sich neben der Einzelabtretung in der Kreditpraxis die Mantelzession und die Globalzession entwickelt.

Bei der **Mantelzession** wird vereinbart, dass der Kreditnehmer dem Kreditgeber zur Sicherstellung des Kredits stets Forderungen in einer bestimmten Höhe abtritt und erledigte Forderungen jeweils durch neue ersetzt. Der Ersatz erfolgt durch die Übersendung von Rechnungskopien oder Forderungsverzeichnissen. Erst durch die Einreichung der Listen bzw. Rechnungen gilt die jeweilige Forderung bei der Mantelzession als abgetreten. Unterlässt der Kreditnehmer die Einreichung von Abtretungsverzeichnissen, so bedeutet dies einen Ausfall an Sicherheiten für den Kreditgeber. Wesentlich besser geschützt ist daher der Kreditgeber bei einer **Globalzession**. Der Kreditnehmer tritt hierbei nicht nur gegenwärtige, sondern auch künftig entstehende Forderungen gegenüber bestimmten Schuldnern oder aus bestimmten Geschäften an den Kreditgeber ab. Die künftigen Forderungen gehen damit bereits zum Zeitpunkt des Vertragsabschlusses auf den Sicherungsnehmer über. Eine Einreichung von Abtretungslisten oder Rechnungskopien hat dabei nur informativen Charakter. Allerdings müssen die zukünftigen Forderungen ausreichend bestimmbar sein. Dies wird durch Vereinbarungen erreicht, in denen zukünftige Schuldner, z. B. durch ihre Anfangsbuchstaben (Kunden von A-L) oder die regionale Zuordnung ihres Wohnsitzes zu einem Bereich (Beispiel: Nordrhein-Westfalen) spezifiziert sind. Denkbar ist aber auch, dass Forderungen aus bestimmten Geschäften abgetreten werden (Beispiel: Handelswaren / Eigenerzeugnisse). Bei der Forderungsabtretung, insbesondere bei der Globalzession, kann es zu einer Kollision mit dem verlängerten Eigentumsvorbehalt kommen.

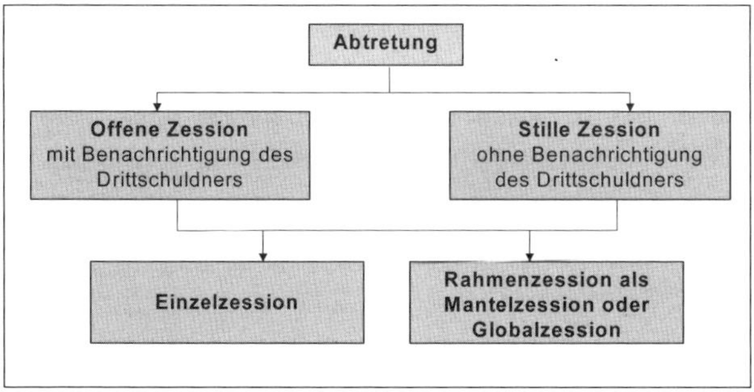

Abb. 13 Arten der Forderungszession

3.3.3.5 Grundpfandrechte

Grundpfandrechte geben dem Gläubiger der gesicherten Forderung die Möglichkeit, sich Befriedigung aus dem Grundstück zu suchen (Zwangsversteigerung), wenn der Kreditnehmer nicht termingerecht und vollständig den Kredit zuzüglich Zinsen zurückbezahlt. Für die Entstehung eines Grundpfandrechtes ist eine Eintragung in das Grundbuch beim zuständigen Grundbuchamt erforderlich. Das Grundbuch genießt öffentlichen Glauben, das heißt auf Eintragungen im Grundbuch kann sich jeder, der im guten Glauben auf die Richtigkeit des Grundbuches ein Recht an einem Grundstück erwirbt, berufen (§§ 873 ff. BGB). Es gibt zwei grundsätzliche Möglichkeiten grundpfandrechtlicher Sicherung: Hypothek und Grundschuld.

Die **Hypothek** besitzt streng akzessorischen Charakter, das heißt, sie ist vom Bestand der dazugehörigen persönlichen Geldforderung abhängig. Eine Hypothek ermäßigt sich bzw. erlischt entsprechend der zugehörigen Geldforderung. Sie ist in der Praxis kaum mehr relevant.

Die **Grundschuld (§§ 1191 ff. BGB)** ist dagegen nicht an eine persönliche Forderung gebunden. Sie lastet in unveränderter Höhe auf dem Grundstück, unabhängig davon, wie sich die besicherte Geldforderung verändert.

Als abstraktes Sicherungsmittel eignet sich die Grundschuld daher besonders zur dinglichen Sicherung von Kreditausleihungen. Sie bleibt auch dann als Sicherheit erhalten, wenn der Kredit vorübergehend, teilweise oder ganz zurückbezahlt wird. Das heißt, dass sich die Grundschuld vor allem anbietet, wenn immer wieder neue langfristige Verschuldungen eine dauerhafte Sicherheit erfordern. Die Grundschuld erspart in diesem Fall dem Schuldner zusätzliche Gebühren für die Grundbucheintragung, die bei einer Hypothek anfallen würden.

3.3.4 Wichtige Begriffe

In Kreditverträgen zwischen Apotheker und Bank wird in der Regel nur der Nominalzins angegeben. Für die Beurteilung, welcher Kredit die besseren Konditionen bietet, ist jedoch die **Effektivverzinsung** entscheidend. Die Effektivverzinsung stellt die objektive, durchschnittliche Gesamtverzinsung eines Kredits dar, bezogen auf das Jahr als Periode.

Sie ist abhängig von:

- Nominalzins,
- Auszahlungskurs,
- Rückzahlungskurs,
- Zahl der Frei-/Tilgungsjahre,
- Tilgungsart,
- Zinszahlungsterminen.

Ferner verändern zum Beispiel die Kosten für Gutachten, Tilgungsverrechnung, Gebühren und insbesondere der Zahlungszeitpunkt für den Zins (vierteljährlich oder halbjährlich, vorschüssig oder nachträglich) die Effektivverzinsung. Um Angebote von Banken vergleichen zu können, sollten Sie stets einen Kreditplan verlangen, der auch alle Nebenkosten enthält und jeweils die Restschuld zum Jahresende oder nach 5, 10, 15 Jahren vergleichen.

Es lassen sich aufgrund der Zinsstrukturkurve (längere Zinsbindungen sind in der Regel teurer wegen des höheren Risikos für den Kreditgeber) nur Darlehen (insbesondere) mit gleicher Zinsbindungsfrist vergleichen. Bitte berücksichtigen Sie dies bei einem Angebotsvergleich zwischen verschiedenen Banken. Lassen Sie sich grundsätzlich auch bei betrieblichen Krediten nicht nur den Nominalzinssatz, sondern die anfängliche Effektivverzinsung gemäß Preisangabenverordnung schriftlich nennen. Bei Privatkrediten sind die Banken zu einer entsprechenden Angabe ohnehin verpflichtet.

Manchmal wird unter anderem aus steuerlichen Gründen ein geringerer Auszahlungssatz als der Nominalbetrag des Kredites vereinbart. Auszahlungssätze in einer Spanne von 90 % bis 99 % sind häufig anzutreffen. Das bedeutet zum Beispiel bei einem **Disagio** von 10 %, dass bei einem Kredit von nominal 50 Tausend Euro nur 45 Tausend Euro ausgezahlt werden. Der Nachteil des geringeren Auszahlungsbetrages wird aber in der Regel durch einen entsprechend niedrigeren Zinssatz ausgeglichen, so dass der Effektivzins in etwa gleich bleibt. Damit der Apotheker dennoch über den vollen Nominalbetrag verfügen kann, wird oft ein höherer Darlehensbetrag bzw. Streckungsdarlehen in Höhe des Disagios zusätzlich vereinbart.

Die **Beleihungsgrenze** der Sicherheiten beträgt grundsätzlich maximal 80 % des Grundstückswertes; vielfach ist die tatsächliche Beleihung niedriger. Als Grundlage für die Festsetzung des Beleihungswertes eines Grundstücks dient in erster Linie der Ertragswert; daneben sind der Bau- und Bodenwert, der Verkehrswert sowie als Hilfswerte der Feuerversicherungswert und der steuerliche Einheitswert zu berücksichtigen.

3.3.5 Bankgespräch

Bisher wurde die Kreditwürdigkeit eines Unternehmens von Banken oftmals nur an Zahlen aus der Vergangenheit – den Jahresabschlüssen – gemessen. Wurde ein Kredit gewährt, so waren die Kreditkonditionen oft mehr vom Verhandlungsgeschick des Inhabers als von der wirtschaftlichen Leistungsfähigkeit des Unternehmens und damit dem Risiko des Kreditengagements für die Bank abhängig. Kreditanpassungen wurden im Wesentlichen durch das jährlich stattfindende Bilanzgespräch vorgenommen.

Diese Praxis hat sich mit Basel II grundlegend geändert. Dem Bankgespräch liegt jetzt das interne Rating der Bank zu Grunde. Hier kann ein Überraschungseffekt entstehen, denn der Kunde hat oftmals keinen Einblick in das Ratingsystem der Bank. Wer dieses Gespräch erfolgreich abschließen will, muss sich gründlich vorbereiten.

Ausgangspunkt ist ein Verständnis für die Position des Gegenübers zu entwickeln. Mit dem Firmenkundenbetreuer sollte eine partnerschaftliche Beziehung aufgebaut werden, die auf Verständnis und Vertrauen beruht. Der Betreuer hat in der Regel wenig Zeit für den Unternehmer. Sein Hauptaugenmerk ist die Risikoposition der Bank. Denn bei einer durchschnittlichen Kreditmarge von 1 Prozent bedeutet ein Kreditausfall in Höhe von 1 Mill. Euro ein zu akquirierendes Neugeschäft von 100 Mill. Euro, um diesen Verlust ertragsmäßig auszugleichen.

Wichtiger Eckpunkt der Vorbereitung auf den Banktermin ist die profunde Kenntnis der Zahlen aus der Vergangenheit. Der Unternehmer sollte seine Bilanzen sowie die Kredit- und Kontenübersicht mit Kreditbetrag, Konditionen und Laufzeit gut kennen. Als hilfreich hat sich dabei ein sogenanntes Bilanzrating erwiesen, eine Bewertung der Bilanzzahlen der letzten Jahre, die durch einen externen Berater vorgenommen werden kann.

In den Mittelpunkt ist aber die Darstellung der zukünftigen Entwicklung des Unternehmens gerückt. So sollte eine plausible Ertrags- und Finanzplanung vorliegen. Diese Planung ist in einem umfangreichen, präzisen sogenannten Businessplan darzustellen. Der Unternehmer muss darin seine zukünftigen Einnahmen und Ausgaben zur Sicherstellung jederzeitiger Zahlungsfähigkeit darlegen.

Für viele mittelständische Unternehmen bedeutet diese moderne Unternehmensplanung einen Kulturschock. Sie liegt in der hohen Zahl an Kreditausfällen begründet, die die Banken dazu zwingt, Transparenz einzufordern. Es bleibt auch kein einmaliger Vorgang. Zukünftig wird die Bank regelmäßig die Vorlage von Planzahlen verlangen. Hilfreich ist es, alle im Kreditgespräch zu besprechenden Themen im Vorfeld mit dem Firmenkundenbetreuer durchzugehen und eine Agenda anzufordern, anhand derer sich der Unternehmer vorbereiten kann.

Eine unterstützende Hilfestellung bei der Vorbereitung auf Bankgespräche kann auch die Durchleuchtung auf Stärken/Schwächen, Chancen/Risiken des Unternehmens durch externe Dritte, z. B. Unternehmensberater oder Wirtschaftsprüfer sein. Gegebenenfalls kann auch mit einem externen Berater ein Kreditgespräch simuliert werden. Auf diese Art und Weise können schon im Vorfeld auftretende Schwachstellen analysiert und beseitigt werden. Ein zunehmend wichtig werdender Bestandteil des Kreditgespräches stellt der Unternehmer selbst dar.

Wichtig ist für die Bank die Fähigkeit des Apothekers, auf veränderte Bedingungen effektiv reagieren zu können. Denn in der Praxis hat sich zunehmend herausgestellt, dass gerade im Management eine wesentliche Ursache für Unternehmenskrisen liegt. Solche Ursachen können Führungsfehler, die einseitige Ausrichtung auf einen Teilbereich des Unternehmens, mangelhafte planerische Fähigkeiten und persönliche Schwächen sein.

Neben gesundem Selbstbewusstsein überzeugt einen Kreditbetreuer der Bank insbesondere eine präzise und realistische Vorstellung seiner Strategie und Vision. Sie ist integraler Bestandteil des Geschäftsplans. Es muss erkennbar sein, wohin er das Unternehmen mit dem zu bewilligenden Fremdkapital führen will.

Eine reine Aufzählung von Stärken ist nicht zielführend, vielmehr ist auch eine Darstellung der Schwächen sowie Pläne zu deren Beseitigung ratsam. Getroffene Aussagen sind gezielt mit Zahlen und anderen harten Informationen zu unterlegen. Versuche, Mängel zu verbergen oder gar zu vertuschen, fallen früher oder später auf und belasten das Vertrauensverhältnis zwischen Bank und Kreditnehmer.

Im Gespräch selbst sollte der Apotheker unbedachte Äußerungen vermeiden, da eine verspannte Atmosphäre subjektive Entscheidungen des Firmenkundenbetreuers zu Ungunsten des Kreditstellers beeinflussen kann. Durch die vorherige Festlegung von Maximal- und Minimalpositionen und dem Antizipieren von Gesprächssituationen kann sich der Unternehmer eine flexible Verhandlungsposition aufbauen, die es ihm auch erlaubt, dem Gegenüber Zugeständnisse zu unterbreiten.

4. Leasing als Sonderform der Fremdfinanzierung

4.1 Überblick

Leasing ist die entgeltliche Gebrauchsüberlassung von Investitionsgütern auf bestimmte Zeit. Rechtlich gesehen ist Leasing daher eine Miete besonderer Art. Das besondere daran im Unterschied zum "normalen" Mietvertrag nach BGB ist, dass der Leasing-Kunde (**Leasingnehmer**) das Leasingobjekt wie ein Eigentümer auswählen und nutzen kann und oft am Ende der sog. Grundmietzeit eine Kaufoption besitzt. Dafür kann der Leasingnehmer den Leasingvertrag nicht nach Belieben kündigen und das Objekt einfach zurückgeben, sondern er muss grundsätzlich für die Amortisation sorgen. Dabei kann ein Restwert berücksichtigt sein.

Leasinggesellschaften vermieten dabei den Leasingnehmern Wirtschaftsgüter des Anlagevermögens (vom Pkw bis hin zu kompletten Gebäuden und Produktionsanlagen) gegen monatliche „Mietzahlungen", den Leasingraten.

Die Ausgestaltung dieser Leasingverträge ist sehr vielfältig. Grundsätzlich unterscheidet man in Deutschland folgende Vertragstypen:

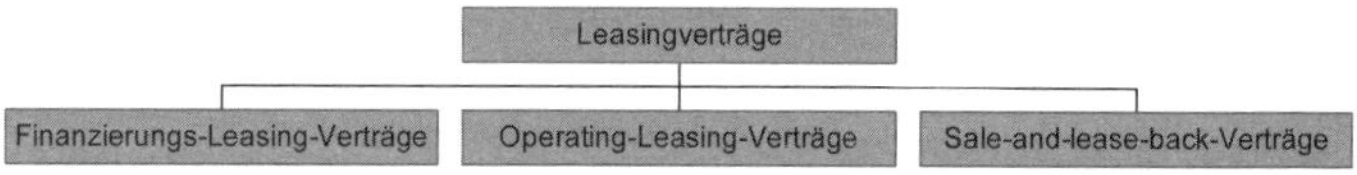

Abb. 14 Leasingverträge

Der Leasinggegenstand erscheint in der Regel nicht in der Bilanz des Apothekers; er wird vom Leasinggeber bilanziell erfasst. Die Leasingraten stellen Aufwendungen in der GuV des Apothekers dar. Beide Aussagen gelten nur, wenn der Leasingvertrag auch steuerrechtlich korrekt abgeschlossen wird.

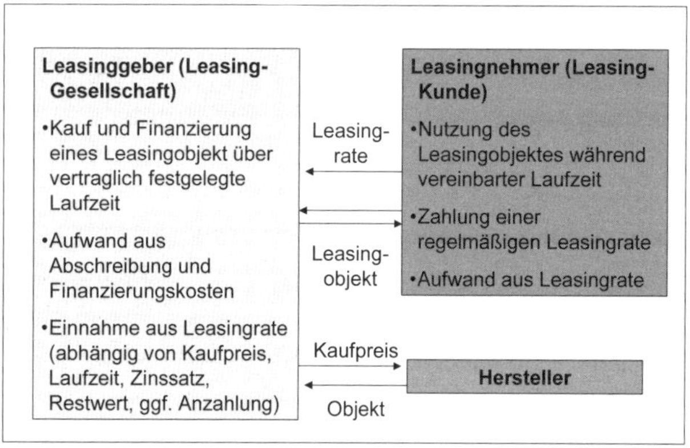

Abb. 15 Grundablauf Leasing

Ob Leasing für die Apotheke in Frage kommt, wird vor allem über den Preis entschieden. Häufig zeigt sich Leasing gegenüber den herkömmlichen Finanzierungsformen als teurer. Betriebswirtschaftlich erweist sich die Leasingfinanzierung trotzdem als vorteilhaft, wenn

(1) ein Unternehmer nicht über eine ausreichende Liquidität zur Finanzierung einer anstehenden Investition verfügt und deshalb eine höhere Gesamtbelastung vorzieht, die sich aber auf mehrere Jahre verteilt,

(2) die Leasingrate auf Basis eines langfristig niedrigeren Zinssatzes (als man ihn selbst für einen Kredit bezahlen müsste) und aufgrund eines marktgerechten Restwertes kalkuliert wird (zum Beispiel Wiederverkaufswert des Kfz),

(3) gewerbesteuerliche Vorteile voll genutzt werden können (keine zusätzlichen Dauerschuldzinsen).

4.2 Finanzierungs-Leasing

Der Finanzierungs-Leasing-Vertrag ist die häufigste Vertragsform beim Leasing. Die Ausgestaltung richtet sich vor allem nach den Leasingerlassen der Finanzverwaltungen, welche die Bilanzierung des Leasinggegenstandes regeln. Grundsätzlich unterscheidet man bei Finanzierungs-Leasing-Vertrag den Voll- und den Teilamortisationsvertrag.

Bei einem **Vollamortisationsvertrag** bezahlt der Leasingnehmer während der Vertragsdauer mit seinen monatlichen Raten die Anschaffungskosten des Objektes zuzüglich der vom Leasinggeber kalkulierten Kosten. Dazu gehören neben den Zinsen alle durch das Leasing entstehenden Nebenkosten und der Gewinn. Während der Vertragslaufzeit ist der Vollamortisationsvertrag grundsätzlich unkündbar.

Die Vertragslaufzeit muss aus steuerlichen Gründen zwischen 40 und 90 Prozent der betrieblichen Nutzungsdauer der Leasingobjekte betragen; beispielsweise bei einem Pkw zwischen 29 und 64 Monaten, wenn die Nutzungsdauer 6 Jahre beträgt.

Nur bei diesem Vertragstyp kann die Leasinggesellschaft dem Leasingnehmer eine Kaufoption einräumen. Dabei darf der Kaufpreis nicht unter dem Restbuchwert liegen, es sei denn, der Marktwert ist niedriger.

Die **Teilamortisationsvertragsbedingungen** sehen vor, dass der Leasingnehmer während der unkündbaren Grundmietzeit nicht die gesamten Kosten des Leasinggebers deckt, sondern nur einen Teil davon. Indessen zeigt die Erfahrung: Meist sichern sich die Leasinggesellschaften vertraglich so ab, dass der Leasingnehmer das Verwertungsrisiko allein trägt. Dies ist in der Regel dann der Fall, wenn das Mietobjekt nicht leicht verwertbar ist.

Auch beim Teilamortisationsvertrag muss die Mindestvertragsdauer 40 Prozent der betrieblichen Nutzungsdauer des Mietobjekts betragen. Die Obergrenze liegt bei 90 Prozent der Abschreibungsdauer der durch die AfA-Tabelle (AfA = Absetzung für Abnutzung) bestimmten Nutzungsdauer.

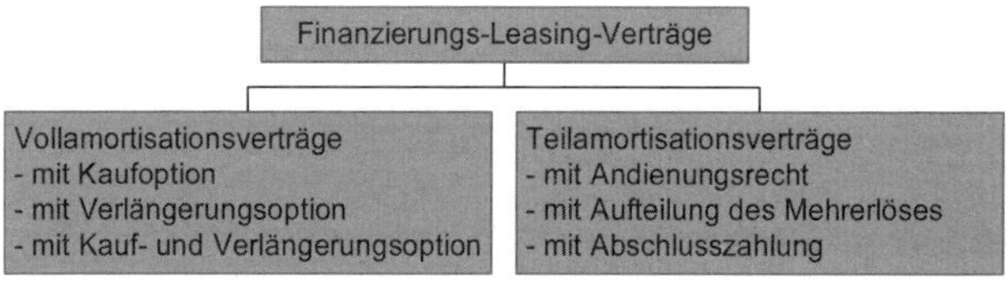

Abb. 16 Finanzierungs-Leasing-Verträge

Eine **Kaufoption** ist das Recht des Leasingnehmers, das Objekt am Ende der Mietzeit käuflich zu erwerben. Es kann über den linearen Buchrestwert oder auch über den Marktwert vereinbart werden. Der Marktwert liegt dann erwartungsgemäß unter dem linearen Restbuchwert und darf als solcher nicht im vorhinein beziffert werden, damit die Finanzverwaltung den Vertrag als bilanzneutral für den Leasingnehmer anerkennt.

Unter **Andienungsrecht** versteht man das Recht des Leasinggebers, dem Leasingnehmer am Ende der Mietzeit das Leasingobjekt zu verkaufen. Es geht mit einer Ankaufsverpflichtung des Leasingnehmers einher. Bei Teilamortisationsverträgen wird häufig der Leasinggeber den Restwert mit einem solchen Recht absichern.

4.3 Operating-Leasing

Operating-Leasing-Verträge sind in der Regel kündbar und werden auf unbestimmte Zeit abschlossen. Das Vertragsverhältnis kann grundsätzlich nur vom Leasingnehmer gekündigt werden. Nur in seltenen Fällen wird der Leasinggesellschaft selbst dieses Recht eingeräumt.

Allerdings werden bei diesem Vertragstyp grundsätzlich die möglichen Kündigungstermine fixiert und die Höhe der dann zu leistenden Abschlusszahlungen festgelegt. Beim kündbaren Vertrag besteht für den Leasingnehmer also auf keinem Fall die Möglichkeit, sich durch Kündigung des Vertrages eines nicht mehr benötigten Wirtschaftsgutes ohne Kosten zu entledigen.

Der kündbare Vertragstyp ist insbesondere beim Leasinggeschäft von EDV-Anlagen anzutreffen. Den Kunden wird dabei häufig suggeriert, dass sie so jederzeit auf eine größere Anlage umsteigen könnten, ohne einen Nachteil zu erleiden. Normalerweise beginnt mit dem Umstieg aber die Laufzeit wieder von vorne. Der Restwert, der angerechnet wird, ist häufig extrem niedrig.

Auch wenn der Leasinggeber sich um eine Weiterverwertung des Objektes kümmert, ist bei überholter Technik oft weder ein Verkauf noch eine Vermietung an Dritte möglich bzw. lassen sich nur geringe Erlöse erzielen, die dem Leasingnehmer nur teilweise angerechnet werden.

4.4 Sale-and-lease-back

Beim Sale-and-lease-back übernimmt der zukünftige Leasingnehmer zunächst die Herstellung oder Anschaffung des potenziellen Leasinggegenstandes. Dieser wird dann an eine Leasinggesellschaft verkauft. Anschließend wird ein Leasingvertrag geschlossen.

Für den Apotheker spielt dieser Vertrag keine entscheidende Rolle.

5. Finanzwirtschaftliche Struktur – Kennziffern

Bei der Frage, welche Investitionen mit welchen Finanzierungsmitteln vorgenommen werden sollen, muss auch die finanzwirtschaftliche Struktur der Apotheke in Betracht gezogen werden. Darüber hinaus muss die Ertragskraft der Apotheke beleuchtet werden, um die finanziellen Verpflichtungen auch bedienen zu können.

(1) Die Kapitaldeckung muss in Einklang mit der Vermögensstruktur der Apotheke stehen, wenn die Existenz der Unternehmung nicht langfristig gefährdet werden soll.

(2) Die Apotheke muss jederzeit liquide sein, d. h. ihren Zahlungsverpflichtungen und -notwendigkeiten fristgerecht nachkommen. Dieses Postulat zielt mehr auf eine kurzfristige Betrachtungsweise ab.

(3) Die Apotheke muss rentabel geführt werden, um die benötigten finanziellen Mittel auch zu erwirtschaften.

Aus der Praxis wurden Finanzierungsregeln (wirtschaftliche „Spielregeln“) entwickelt, die obigen Ansprüchen Rechnung tragen:

5.1 Liquiditätsanalyse

5.1.1 Grundsatz der Fristenkongruenz: Goldene Bilanzregel

Das Anlagevermögen sowie das permanent gebundene Umlaufvermögen sollten durch Eigenkapital und langfristiges Fremdkapital, das restliche Umlaufvermögen durch kurzfristiges Fremdkapital finanziert werden.

Der Tatsache, dass aber in der Praxis auch ein gewisser Teil des Umlaufvermögens langfristige Mittel bindet, trägt eine Variation der goldenen Bilanzregel Rechnung.

$$\frac{\text{Eigenkapital} + \text{langfristiges Fremdkapital}}{\text{Anlagevermögen} + \text{langfristig gebundene Gegenstände des UV}} \times 100 \geq 100\%$$

Für Apotheken bedeutet dies:

$$\frac{\text{Eigenkapital} + \text{langfristiges Fremdkapital}}{\text{Anlagevermögen} + \frac{1}{2}\,\text{Warenlager}} \times 100 \geq 100\%$$

Diese Regeln werden jedoch in der Praxis von vielen Apothekern nicht eingehalten. Es kann aus steueroptimalen Gründen angebracht sein, Verbindlichkeiten zuerst im außerbetrieblichen Bereich zu tilgen, da in der Regel nur betriebliche Zinsen steuerlichen Aufwand darstellen. Da der Apotheker mit seinem Privatvermögen haftet, sind Banken bei anderweitigen Sicherheiten und entsprechender Ertragskraft trotzdem zur Finanzierung bereit, so dass die Nichteinhaltung der goldenen Bilanzregel meist keine Nachteile mit sich bringt.

Aktiva	BILANZ Passiva
Langfristiges Vermögen	**Langfristige Finanzierung**
Anlagevermögen	Eigenkapital
Permanent gebundenes Umlaufvermögen	Langfristiges Fremdkapital
Kurzfristiges Vermögen	**Kurzfristige Finanzierung**
Restliches Umlaufvermögen	Kurzfristiges Fremdkapital
Summe Aktiva	**Summe Passiva**

Abb. 17 Bilanz nach Fristigkeit

So wie eine **Unterkapitalisierung** die Existenz des Unternehmens bedroht, führt eine **Überkapitalisierung** zu Ertragseinbußen. Nur durch ein sorgfältiges Finanzmanagement, das alle Finanzierungsmöglichkeiten und potenziellen Unwägbarkeiten im betrieblichen Geschehen mit berücksichtigt, kann der optimale Pfad zwischen beiden Extremen gefunden werden. Die Ungewissheit der Zukunft fordert aber von jedem Unternehmer eine Sicherheitsreserve, die verhindert, dass das Liquiditätspostulat verletzt wird.

5.1.2 Barliquidität

Kein Unternehmen kann tatsächlich alle anfallenden Ausgaben tagesgenau prognostizieren. Da aber das Liquiditätspostulat verlangt, dass Zahlungsverpflichtungen jederzeit fristgerecht erfüllt werden müssen, beschäftigt sich die Betriebswirtschaftslehre ausführlich mit dem Problem, wie prognostisierte Auszahlungen eine nötige Deckung erhalten können. Die Liquiditätsproblematik wird dadurch verdeutlicht, dass im Falle einer Illiquidität Antrag auf Insolvenz von einem Gläubiger gestellt werden kann.

Um sich ein Bild vom Liquiditätsgrad einer Unternehmung zu verschaffen, gibt es eine Reihe von Liquiditätskennziffern:

1. Barliquidität (= Liquidität 1. Ordnung)

$$= \frac{\text{Kasse} + \text{Bankguthaben} + \text{Schecks} + \text{notenbankfähige Wechsel}}{\text{kurzfristige Verbindlichkeiten}}$$

2. Barliquidität (= Liquidität 2. Ordnung)

$$= \frac{\text{wie Liquidität 1.Ordnung} + \text{Forderungen}}{\text{kurzfristige Verbindlichkeiten}}$$

3. Barliquidität (= Liquidität 3. Ordnung)

$$= \frac{\text{wie Liquidität 1.Ordnung} + \text{Forderungen} + 50\% \text{ der Waren}}{\text{kurzfristige Verbindlichkeiten}}$$

Beispiel für die Berechnung der Liquidität 1. Grades

Kasse	5.000 €
Bank	10.000 €
Postscheck	1.000 €
Barliquidität	16.000 €
Kurzfristige Verbindlichkeiten	10.000 €
Liquidität 1. Grades	160 %

Für Apotheken erscheint eine Liquiditätsziffer höheren Grades aussagekräftiger, da sowohl die Forderungen an die Verrechnungsstellen sehr schnell ausgezahlt werden und der Warenumschlag normalerweise recht hoch ist.

Weist der Bruch einen Wert kleiner als 100 % auf, besteht keine optimale Liquiditätsrelation. Man muss aber einschränkend feststellen, dass ein Unternehmen mit einem Liquiditätsgrad deutlich unter 100 % liquider sein kann als ein Unternehmen mit 100 %, wenn ersteres Unternehmen über höhere, nicht ausgenutzte Kreditlinien der Bank verfügt.

Der statische Charakter dieser Liquiditätskennziffern ist problematisch, da eine Stichtagskennziffer mit Vergangenheitsbezug nur sehr wenig Anhaltspunkte für zukünftige Entwicklungen bietet. Dazu kommt, dass keine Aussage über die tatsächlichen Fälligkeiten der Verbindlichkeiten gemacht wird. Das heißt, trotz eines Liquiditätsgrades von 160 % kann ein Unternehmen in drei Tagen illiquide sein, wenn in dieser Zeit ausgerechnet ein großer Teil der langfristigen Verbindlichkeiten zurückzuzahlen ist, aber keine ausreichende finanzielle Deckung vorliegt.

Der Apotheker hat sich daher rechtzeitig zu vergegenwärtigen, welche Vermögensgegenstände zu welchem Zeitpunkt liquidiert werden können, wobei er darauf achten sollte, dass er keinen zu großen Verlust in Kauf nehmen muss. Erst durch eine derartige planmäßige Abschätzung und durch die Bemessung einer ausreichenden Liquiditätsreserve zeigt sich der Apotheker gegenüber plötzlichen Zahlungsverpflichtungen, die nicht aufgeschoben werden können, gewappnet.

5.2 Finanzierungsanalyse: Die Kapitalstruktur

Die Analyse der Kapitalstruktur soll über Quellen und Zusammensetzung des Kapitals zum Zwecke der Abschätzung von Finanzierungsrisiken Aufschluss geben.

Die **Eigenkapitalquote** bzw. der Eigenfinanzierungsgrad wird gemessen am gesamten betrieblichen Vermögen (entspricht der Bilanzsumme).

$$\text{Eigenfinanzierungsgrad} = \frac{\text{Eigenkapital} \times 100}{\text{Bilanzsumme}}$$

Komplementär ist die **Fremdkapitalquote** oder der Verschuldungsgrad.

$$\text{Verschuldungsgrad} = \frac{\text{Fremdkapital} \times 100}{\text{Bilanzsumme}}$$

Der Eigenfinanzierungsgrad und der Verschuldungsrad sind Kennziffern zur Kapitalausstattung. Die Eigenkapitalquote ist eine der wirtschaftlichen Kennzahlen, die besonders bei Kapitalgesellschaften häufig verwendet wird. Dem liegt zugrunde, dass ein Kreditgeber eher bereit ist, Darlehen zu vergeben, wenn das Unternehmen auch ein Teil des Risikos an der Gesamtkapitalausstattung übernimmt. Idealtypisch wären ca. 25 % je nach Branche.

5.3 Rentabilitätsanalyse

Rentabilität ist eine Beziehungszahl, bei der eine Ergebnisgröße zu einer maßgebend bestimmenden Einflussgröße in Relation gesetzt wird. Einflussgrößen können der das Ergebnis bewirkende Umsatz (**Umsatzrentabilität**) oder das zur Ergebniserzielung eingesetzte Kapital bzw. Vermögen (**Kapitalrentabilität**) sein.

5.3.1 Umsatzrentabilität

Die am häufigsten verwendete Rentabilitätskennziffer ist die Umsatzrentabilität.

$$\text{Umsatzrendite} = \frac{\text{Gewinn vor Steuern}}{\text{Umsatz (ohne USt)}} \text{x}100$$

Hier sollte der Apotheker eine Umsatzrendite von mehr als 10 Prozent anstreben, auch wenn insbesondere kleinere Apotheken oder Apotheken mit schlechteren Mietkonditionen oder hohen Zinsbelastungen teilweise deutlich schlechter abschneiden. Auch für Pachtapotheken dürfte dieser Wert meist nicht zu erreichen sein.

Daneben ist aber vor allem zu berücksichtigen, dass im Gewinn vor Steuern noch kein Unternehmerlohn und andere Opportunitätskosten abgezogen sind und eine betriebswirtschaftlich gerechnete Umsatzrentabilität unter Einbeziehung der Opportunitätskosten in vielen Fällen unter ein Prozent des Umsatzes oder sogar in den roten Zahlen liegt. Die Opportunitätskosten müssten somit herausgerechnet werden, da der Apotheker seine Arbeitskraft theoretisch auch woanders und bezahlt einsetzen könnte bzw. seine eigenen Apothekenräumlichkeiten auch an jemanden anderes gegen Entgelt vermieten könnte.

5.3.2 Eigenkapitalrentabilität

$$\text{Eigenkapitalrendite} = \frac{\text{Gewinn vor Steuern}}{\text{Eigenkapital}} \times 100$$

Beim Apotheker kommt zu der bereits oben ausgeführten Problematik des betriebswirtschaftlichen Gewinns hinzu, dass die Eigenkapitalausstattung aus steuerlichen Gründen in vielen Fällen recht mager oder sogar negativ ist. Da der Apotheker persönlich haftet, kommt der Eigenkapitalrendite deshalb im Unternehmen Apotheke nicht die große Bedeutung wie bei Kapitalgesellschaften zu.

6. Liquiditäts- und Finanzplanung

Zahlungsunfähigkeit des Apothekers führt unweigerlich in die Insolvenz, wenn sie von einem Gläubiger beantragt wird. Durch die uneingeschränkte Haftung mit dem Privatvermögen riskiert der Apotheker im Falle einer Insolvenz seine gesamte Existenz, wenn die Apotheke stark verschuldet ist. Um die finanzwirtschaftlichen Risiken stets im Auge zu haben, sollte der Apotheker eine Liquiditäts- und Finanzplanung aufstellen.

Der Finanzplan ist ein leistungsfähiges Instrument zur Darstellung der künftigen Liquidität der Apotheke. Zur Erstellung eines Finanzplanes ist es notwendig, sämtliche Einnahmen und Ausgaben für die gewünschte Periode zu ermitteln. Diese sollten aus Gründen der Klarheit und Übersichtlichkeit nicht miteinander saldiert werden (Bruttoprinzip). Zwei Faktoren erschweren die Erstellung und Strukturierung eines Finanzplanes. Zum einen sind zukünftige Ein- und Auszahlungen zu prognostizieren. Der Eintritt dieser Prognosen in der Zukunft ist unsicher. Zum anderen bestehen Abhängigkeiten zwischen den prognostizierten Ein- und Auszahlungen. Ändern sich beispielweise die Einnahmen aus dem Verkauf von Medikamenten, bedingt dies auch eine andere Steuerzahlung auf diesen Erlös.

Bei Neugründung oder Kauf einer Apotheke sollte zuerst ein **langfristiger Finanzplan** über zehn Jahre auf Jahresbasis erstellt werden. Aus der geplanten Umsatzentwicklung sollten entsprechende Daten für den Wareneinkauf, die Personalkosten usw. abgeleitet werden. Zusammen mit den vorgesehenen Sachinvestitionen und den Planwerten für Mieten, Betriebskosten etc. ergibt sich der geschätzte Kapitalbedarf in den Folgejahren. Hieraus lassen sich die Zins- und Tilgungszahlungen für die benötigten Kredite ermitteln. In dieser Phase ist es noch nicht notwendig, die Jahreszahlen auf Monatsbasis umzubrechen.

Sodann sollte man versuchen, eine **kurz- und mittelfristige Finanzplanung** unter Einbeziehung der Zeitpunkte für alle bedeutenden Zahlungsvorgänge aufzustellen. Hierbei sind die Termine für Steuerzahlungen, Auszahlungszeitpunkte der Abrechnungsstellen, Sonderzahlungen bei Löhnen, Bankeinzüge der Lieferanten etc. zu beachten. Bitte vergessen Sie dabei nicht, Ihre Privatausgaben (Lebenshaltungskosten, Einkommensteuer, Renten-, Lebensversicherungs- und Krankenversicherungsbeiträge etc.) und die Tilgungen für Kredite sowie Zinszahlungen, wenn sie nicht betrieblich bedingt sind, zu berücksichtigen. Der kurz- und mittelfristige Finanzplan ist monatlich zu überprüfen und fortzuschreiben. Er sollte im voraus für jeweils 12 Monate rollierend aufgestellt werden (wenn ein Monat vergangen ist, folgt ein weiterer des nächsten Jahres).

Verbessert wird Ihre Liquidität durch die Abschreibungen, die zwar in der GuV den steuerlichen Gewinn mindern, aber in der Finanzplanung als nicht liquiditätswirksame Aufwendung wieder hinzugerechnet werden müssen, um den Cash-Flow zu ermitteln. Eine vereinfachte Cash-Flow-Rechnung (indirekte Methode) könnte folgendermaßen aussehen:

Jahresüberschuss laut GuV
+ Abschreibungen
+/- andere nicht liquiditätswirksame Aufwendungen/Erträge

= Operativer Cash-Flow (benötigt für Investitionen, Kredittilgungen, Privatentnahmen, etc.)

Alternativ können auch sämtliche Einnahmen und Ausgaben erfasst werden (direkte Methoden):

Einzahlungen
- Auszahlungen

= Operativer Cash-Flow (benötigt für Investitionen, Kredittilgungen, Privatentnahmen, etc.)

Durch Kreditaufnahmen, regelmäßige und Sondertilgungen können Anpassungen an den benötigten Kreditbedarf vorgenommen werden.

Bitte beachten Sie die unterschiedliche Definition der Begriffe Auszahlung/Ausgabe einerseits und Aufwand andererseits. Bei letzterem wird die dahinterstehende frühere Auszahlung periodenwirksam abgegrenzt und auf die Nutzungsdauer verteilt. Der Mittelabfluss ist zum Zeitpunkt der Aufwandsabgrenzung (= Abschreibung) in späteren Jahren bereits lange erfolgt, so dass der Aufwand nur noch buchhalterisch und nicht mehr liquiditätswirksam ist. Im Gegensatz dazu ist die Investition selbst bereits bei der Anschaffung des Wirtschaftsgutes in voller Höhe als Ausgabe/Auszahlung zu erfassen! Bitte beachten Sie auch hier die unterschiedliche Definition der Begriffe Auszahlung/Ausgabe im Gegensatz zum Aufwand.

Auszahlung/Ausgabe – Aufwand - Kosten		
F i n a n z p l a n	*G u V*	*K o s t e n r e c h n u n g*
Auszahlung/Ausgabe	**Aufwand**	**Kosten**
Bargeldzahlungen, Überweisungen, Scheck usw.	Personalaufwand, Abschreibungen, Rückstellungen	Opportunitätskosten werden ebenfalls erfasst: Unternehmerlohn, EK-Zins, usw.
liquiditätswirksam	**periodenwirksam, abgegrenzte Ausgabe**	**Werteverzehr zur Leistungserstellung**
Cash-Flow	Gewinn	bwl. Gewinn

Abb. 18 Vergleich Auszahlung/Ausgabe-Aufwand-Kosten

Im Laufe der Zeit werden sich die meisten Werte verstetigen und sind damit besser planbar. Durch eine entsprechende Liquiditätsreserve können außerdem unvorhergesehene Kostenbelastungen aufgefangen werden. Außerdem zahlt es sich bei den Konditionen meist aus, wenn der Apotheker in Ruhe, rechtzeitig vor einem Finanzierungsengpass, für einen Zusatzkredit sorgen kann.

Hilfestellung bei seinen betriebswirtschaftlichen Überlegungen bekommt der Apotheker von seinem Steuerberater. Aber auch ausgetüftelte Tabellenkalkulationsprogramme, wie zum Beispiel apofix© sind relativ preiswert und können die betriebswirtschaftliche Planung erheblich erleichtern.

Monatlicher Finanzplan		Zahlungsströme im Monat		
		Plan	Ist	Abweichung
I.	**Betriebliche Einnahmen**			
	+ Bareinnahmen			
	+ Krankenkassenüberweisungen			
	+ Forderungseingänge			
	+ Anlagenverkäufe			
	+ Mieteinnahmen			
	+ Steuererstattungen			
	= Summe Betriebseinnahmen			
II.	**Betriebliche Ausgaben**			
	Bauvorhaben			
	Geräte, Einrichtungen			
	Geringwertige Wirtschaftsgüter			
	Sonstiger Wareneinkauf			
	Personal			
	Miete, Energie			
	Versicherungsbeiträge (betrieblich)			
	Gewerbesteuer			
	Werbung			
	Steuerberatung			
	Telefon, Porto			
	Zinsen, Diskontaufwendungen			
	Umsatzsteuer-Zahlungen (Saldo)			
	= Summe betriebl. Ausgaben			
III.	**Privatbereich**			
	- Steuern			
	- Rentenversicherung			
	- Krankenversicherung			
	- Lebensversicherungsbeiträge			
	- Lebenshaltungskosten			
	- Mietausgaben			
	- Sonstige Privatausgaben			
	+ Privateinnahmen			
	= Summe Privatbereich			
IV.	**Kredite**			
	- Tilgungen			
	+ Auszahlungen			
	Gesamt			
V.	**Ausgleichsdisposition**			

Abb. 19 Monatlicher Finanzplan

7. Zahlungsverkehr

Der Zahlungsverkehr in der Apotheke stellt sich vielfältig dar. Während der Kunde der Apotheke die nicht von der Krankenkasse erstatteten Medikamente meist bar, mittels Lastschrift (EC-Karte) oder mit Kreditkarte bezahlt, überwiegt in der Geschäftsbeziehung mit dem Großhandel oder der Industrie der bargeldlose Zahlungsverkehr. Über 95% der Apotheken bezahlen ihre Monatsrechnung beim Großhandel mittels Lastschriftverfahren. Durch die Skontobedingungen sind die Zahlungszeitpunkte genau festgelegt. Darüber hinaus hat die Apotheke die Möglichkeit, auch selbst den fälligen Betrag zu überweisen. Der genaue Zahlungszeitpunkt wird dadurch selbst bestimmt.
Bei einer Finanzierung durch den Großhandel hat sich auch der Wechsel als Zahlungsmittel etabliert. Auf die Funktionsweise der Wechselfinanzierung wurde schon detailliert eingegangen.

7.1 Überweisung

Eine **Überweisung** ist die buchmäßige Übertragung einer bestimmten Geldmenge vom Konto des Zahlungspflichtigen (z.B. Apotheker) auf das Konto des Zahlungsempfängers (z.B. Großhandel). Dafür benötigt das Kreditinstitut des Zahlungspflichtigen einen Auftrag. Dieser kann ausgefüllt bei der Bank abgegeben werden oder elektronisch an das Kreditinstitut übersandt werden (Elektronic Banking).

Für wiederkehrende Zahlungen in **gleichbleibender** Höhe (zum Beispiel Miete, Gehälter, Versicherungsbeiträge etc), kann der Apotheker seine Bank beauftragen, die vereinbarten Beträge automatisch zu den jeweiligen Terminen an den Empfänger zu zahlen. Er muss dann nicht mehr monatlich die Zahlungen eigens veranlassen. Erst bei Änderung des Zahlungsbetrages bzw. -zeitpunktes muss er den **Dauerauftrag** neu gestalten.

Eine **Eilüberweisung** verkürzt die Laufzeit der originären Überweisung. Bei dringenden Zahlungen (rechtzeitige Skontoinanspruchnahme) wird der Betrag beim Empfänger noch taggleich verbucht. Dafür muss jedoch ein Aufpreis gezahlt werden.

7.2 Lastschriftverfahren

Immer dann, wenn die wiederkehrenden Zahlungen nicht in gleichbleibender Höhe erfolgen (zum Beispiel Lieferantenrechnungen, alle Rechnungen, die sich nach Verbrauch und Inanspruchnahme bemessen, wie Wasser, Strom, Telefon etc.), bietet sich das Lastschriftverfahren unter Mitwirkung eines Kreditinstitutes an. Entweder beauftragt der Zahlungspflichtige den Zahlungsempfänger durch Erteilung einer **Einzugsermächtigung**, den Betrag von seinem Bankkonto einzuziehen, oder er weist seine Hausbank mittels **Abbuchungsauftrag** an, die vom Zahlungsempfänger ausgestellten Lastschriften abzubuchen.

Sowohl die Einzugsermächtigung als auch der Abbuchungsauftrag werden schriftlich und widerruflich erteilt. Das Bestehen der Einzugsermächtigung belegt der Zahlungsempfänger auf der eingereichten Lastschrift lediglich durch die Aufschrift „Die Einzugsermächtigung des Zahlungspflichtigen liegt dem Zahlungsempfänger vor". Die beiden Verfahren eröffnen den Beteiligten unterschiedliche Handlungsspielräume.

Stellt nämlich der Apotheker – sofern Zahlungspflichtiger – fest, dass ohne bestehende **Einzugsermächtigung** Gelder von seinem Konto abgehoben wurden oder entspricht der eingezogene Betrag nicht den vertraglichen Vereinbarungen, kann der Zahlungspflichtige die Belastung ohne Angabe von Gründen gegenüber der Bank innerhalb von **sechs Wochen** widerrufen. Damit hat er ausreichend Zeit, den vom Großhandel eingezogenen Betrag zu kontrollieren.

Beim Abbuchungsauftrag besteht dagegen nach der Belastung keine derart vereinfachte Regressmöglichkeit. Sobald die Bank aufgrund einer Lastschrift dem Zahlungsempfänger den Betrag gutgeschrieben hat, besteht keine Widerrufsmöglichkeit mehr seitens des Zahlungspflichtigen. Er kann nur wie beim Scheckverfahren unmittelbar vor Ausführung der Lastschrift durch die Bank eine „Lastschriftsperre" veranlassen.

Während der Zahlungsempfänger durch die dargestellten Zahlungsweisen vor allem liquiditätsmäßige und damit Zinsvorteile erlangt, muss sich der Zahlungspflichtige auf fristgerechte, äußerst pünktliche Einziehungen und Abbuchungen einrichten, das heißt ausreichende Liquidität bereitstellen. Somit schützt das Lastschriftverfahren vor Versäumnissen von Zahlungsterminen. Dem Apotheker bleiben Mahngebühren erspart.

Bei einem Verkauf von Medikamenten an Kunden ist zu beachten, dass bei einer Bezahlung mit EC-Karte und Unterschrift letztendlich eine Einzugsermächtigung ist. Demzufolge kann der Kunde auch diese zurückgehen lassen bzw. wird mangels Deckung von der Bank nicht eingelöst. Bei einer Zahlung mittels EC-Karte und PIN-Eingabe ist der Betrag jedoch sicher und kann nicht widerrufen werden.

7.3 SEPA (Single Euro Payments Area)

SEPA (Single Euro Payments Area) ist ein einheitlicher Euro-Zahlungsverkehrsraum, in dem alle Zahlungen wie inländische Zahlungen behandelt werden. Mit SEPA wird nicht mehr - wie derzeit - zwischen nationalen und grenzüberschreitenden Zahlungen unterschieden. Nutzer von Zahlungsverkehrsdienstleistungen können mit SEPA bargeldlose Euro-Zahlungen von einem einzigen Konto vornehmen und hierbei einheitliche Zahlungsinstrumente (SEPA-Überweisung, SEPA-Lastschrift und SEPA-Kartenzahlungen) ebenso einfach, effizient und sicher einsetzen wie die heutigen Zahlungsverkehrsinstrumente auf nationaler Ebene.

Mit SEPA werden diese traditionellen Strukturen aufgebrochen. Künftig wird es in Europa einheitliche Verfahren und Standards geben, so dass jeder Kunde Überweisungen, Lastschriften und Kartenzahlungen in einheitlicher Weise überall in Europa einsetzen kann. Durch die Harmonisierung können die Bankkunden ihren gesamten Euro-Zahlungsverkehr über eine beliebige Bank im Euroraum abwickeln. Die Abschottung der bisherigen nationalen Märkte wird zu Gunsten eines europaweiten Zahlungsverkehrsmarktes aufgehoben und europaweiter Wettbewerb geschaffen. SEPA betrifft also nicht nur den grenzüberschreitenden Euro-Zahlungsverkehr, sondern soll zu einer vollständigen Integration der nationalen Zahlungsverkehrsmärkte führen. Damit wird der Umbau der europäischen Zahlungsverkehrslandschaft auch nationale Strukturen berühren.

7.3.1 <u>SEPA-Überweisung</u>

Bereits heute existiert in Deutschland mit der "EU-Standardüberweisung" ein vergleichbar standardisiertes Verfahren zur Abwicklung von Euro-Überweisungen bis 50 000 € in andere EU- und EWR-Staaten. Die entsprechenden Standards wurden weiterentwickelt und werden in Zukunft auf alle SEPA-Überweisungen anzuwenden sein. So werden Überweisender und Begünstigter sowie deren Kreditinstitute durch IBAN und BIC identifiziert. Kunden können nach einer maximalen Abwicklungszeit von drei Bankgeschäftstagen (ab 2012 nach einem Bankgeschäftstag) über den Überweisungsbetrag verfügen. Dies ist unabhängig davon, in welchem Land des SEPA-Raums der Empfänger sein Konto unterhält. Kürzere Abwicklungszeiten sind jedoch möglich und in einzelnen Ländern heute schon Realität.

Die Nutzung der SEPA-Überweisung nimmt seit der Einführung am 28. Januar 2008 kontinuierlich zu. Die SEPA-Überweisung wird derzeit aber noch vorwiegend für grenzüberschreitende Überweisungen genutzt.

7.3.2 SEPA-Lastschrift

Auf Grund der unterschiedlichen rechtlichen Rahmenbedingungen und verschiedenen nationalen Lastschriftverfahren wurde sich frühzeitig gegen eine Harmonisierung der bestehenden nationalen Lastschriftverfahren und für die Entwicklung eines völlig neuen SEPA-Lastschriftverfahrens (SEPA Direct Debit Scheme; SDD) entschieden. Aus deutscher Sicht wird die Basisversion der SEPA-Lastschrift (Core Direct Debit) einige vom deutschen Einzugsermächtigungslastschriftverfahren bekannte Elemente enthalten. So erteilt der Zahlungspflichtige - wie heute in Deutschland - dem Gläubiger ein so genanntes Mandat. Außerdem wird ihm ein Widerspruchsrecht eingeräumt. Allerdings werden sich auch einige Neuerungen ergeben, wie z.B. fest definierte Vorlauffristen für die Vorlage der Lastschrift bei der Zahlstelle (so müssen bei erstmaligem Einzug die Lastschriften fünf Tage, bei weiteren Einzügen zwei Tage vor Fälligkeit bei der Zahlstelle vorliegen).

Darüber hinaus wurde eine Variante des Lastschriftverfahrens (B2B-Direct Debit) erarbeitet, die die Bedürfnisse von Geschäftskunden stärker berücksichtigen soll und dem heutigen Abbuchungsverfahren ähnlich ist.

Die SEPA-Lastschrift wird am 2. November 2009 eingeführt.

7.3.3 IBAN und BIC

Die IBAN steht für International Bank Account Number und ist somit eine standardisierte, internationale Bank-/Kontonummer für grenzüberschreitende Zahlungen. Sie besteht aus maximal 34 Stellen, die je nach Land unterschiedlich genutzt werden können. Lediglich die ersten vier Stellen sind festgelegt.

In Deutschland wird die IBAN mit 22 Stellen dargestellt:
Allen voran wird das Länderkennzeichen mit Hilfe der ersten zwei Stellen abgebildet (Bsp. Deutschland: DE). Die zweistellige Prüfziffer dient zur Kontrolle der Kontonummer und Bankverbindung noch vor Ausführung der Zahlung. Anschließend folgt die achtstellige Bankleitzahl des Kontoinhabers (Bsp.370 400

44) sowie von hinten aufgefüllt die Kontonummer, die je Kreditinstitut bis zu zehn Stellen umfasst.

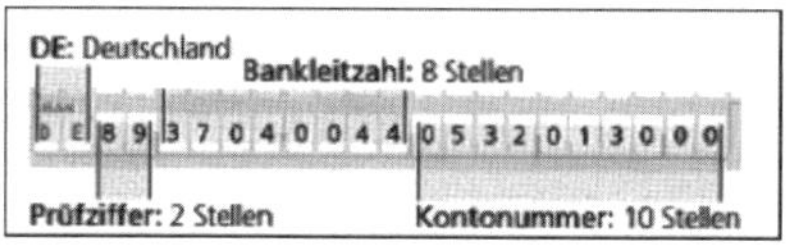

Der BIC steht für Bank Identifier Code, auch bekannt als SWIFT-Code und ist die internationale Bankleitzahl eines Kreditinstituts. Er besteht aus maximal elf Stellen, wobei sich hinter jeder Zahl eine bestimmte Definition verbirgt.

Die ersten vier Stellen entsprechen der Bankbezeichnung und sind alphanumerisch und können frei gewählt werden (Bsp. Deutsche Bundesbank: MARK). Darauf folgt die Länderkennung, welche dem ISO-Code des jeweiligen Landes entspricht. Sie besteht aus zwei Stellen (Bsp. Deutschland: DE). Anschließend folgt die zweistellige Orts-/Regionsangabe (Bsp. Frankfurt am Main: FF). Die letzten drei Stellen können für Filialbezeichnungen (Bsp. XXX) genutzt werden und sind frei wählbar; sie können auch frei bleiben.

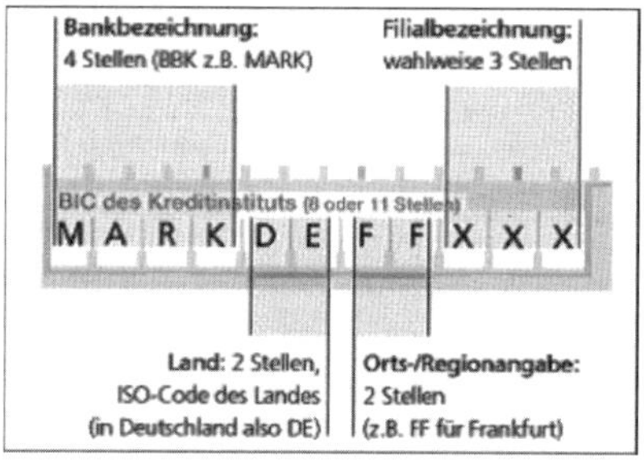

DIE BETRIEBLICHEN LEISTUNGSFAKTOREN DER APOTHEKE

Teil V

Unter den Leistungsfaktoren sind diejenigen betrieblichen Einsatzfaktoren zu verstehen, die für die Leistungserstellung in der Apotheke erforderlich sind.

Die wesentlichen Leistungsfaktoren für die Dienstleistungserstellung in der Apotheke sind das Personal, die Räume, die Ware und die Betriebsmittel, allen voran die Apothekeneinrichtung. Hinzu kommt neben den vorgenannten elementaren Leistungsfaktoren der dispositive Faktor der Unternehmensleitung.

1. Das Apothekenpersonal

In den insgesamt 21.602 bundesdeutschen Apotheken wurden in 2008 145.480 Personen beschäftigt. Davon waren 48.030 Personen approbierte Apothekerinnen bzw. Apotheker. Die größte Gruppe der in der Apotheke tätigen Personen sind allerdings die pharmazeutisch-technischen Assistentinnen und Assistenten (PTA) mit 51.907 Personen. Die drittgrößte Gruppe mit 36.020 Personen sind die Helferinnen und Helfer zusammen mit den pharmazeutisch-kaufmännischen Angestellten.

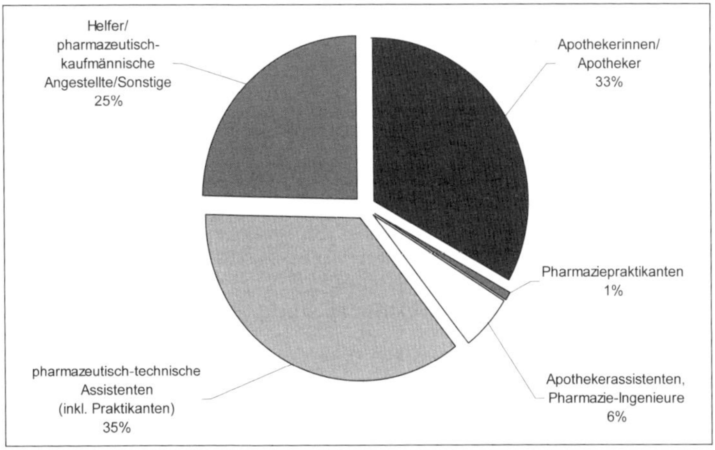

Abb. 1: Die Personalstruktur in deutschen Apotheken 2008 (Quelle: ABDA)

1.1 Einfluss der apothekenrechtlichen Vorschriften

Nach § 3 (4) ApBetrO zählt zu den pharmazeutischen Tätigkeiten die Entwicklung, Herstellung, Prüfung und Abgabe von Arzneimitteln sowie die Information und Beratung über Arzneimittel.
Sämtliche pharmazeutische Tätigkeiten dürfen nur von pharmazeutischem Personal ausgeübt werden (§ 3 (1) und (3) ApBetrO). Weiterhin darf das Apothekenpersonal nur entsprechend seiner Ausbildung und seinen Kenntnissen beschäftigt werden. Apothekerassistenten dürfen pharmazeutische Tätigkeiten nur unter Verantwortung eines Apothekers ausüben. Pharmazeutisch-technische Assistenten und Pharmaziepraktikanten müssen dagegen bei ihren pharmazeutischen Tätigkeiten von einem Apotheker beaufsichtigt werden.
Nicht zum pharmazeutischen Personal zählen die Apothekenhelferinnen. Diese dürfen bei der Abgabe von Arzneimitteln nur Hilfsdienste leisten. In größeren Apotheken stehen gelegentlich auch kaufmännische Fachkräfte in einem Anstellungsverhältnis.

1.2 Arbeitsrechtliche Grundlagen

Für die Rechtsbeziehung zwischen Arbeitgeber und Arbeitnehmer ist das Arbeitsrecht maßgeblich. Es handelt sich um eine Rechtsmaterie, die nicht in einem besonderen Gesetz zusammenhängend geregelt ist. Vielmehr sind die einzelnen Vorschriften in zahlreichen Gesetzen verstreut vorzufinden. Das Arbeitsrecht dient in erster Linie dem **Schutz der Arbeitnehmer**, hat aber zugleich die Aufgabe, einen gerechten **Interessenausgleich** mit der Arbeitgeberseite zu schaffen.

Grundsätzlich müssen im Arbeitsrecht zwei Bereiche unterschieden werden, nämlich das **Individual- und Kollektivarbeitsrecht**.

a) Individualarbeitsrecht

Das Individualarbeitsrecht regelt das Arbeitsverhältnis zwischen dem einzelnen Arbeitgeber und Arbeitnehmer. Es umfasst insbesondere Fragen der Gestaltung der wesentlichen Arbeitsbedingungen, wie Arbeitsleistung, -zeit und -entgelt,

Entgeltfortzahlung im Krankheitsfall, Erholungsurlaub, Teilzeit, Befristung des Arbeitsverhältnisses und Kündigungsschutz. Die wichtigsten Gesetze im Rahmen des Individualarbeitsrechts sind:

- **Bürgerliches Gesetzbuch (BGB):**
  enthält die grundlegenden Vorschriften des Dienstvertrages (§§ 611 ff.).
- **Handelsgesetzbuch (HGB):**
  regelt Besonderheiten des Arbeitsvertragsrechts für Handlungsgehilfen (§§ 59 ff.).
- **Kündigungsschutzgesetz (KSchG):**
  regelt in Betrieben mit einer bestimmten Mindestgröße die Anforderungen an eine sog. sozial gerechtfertigte Kündigung.
- **Arbeitszeitgesetz (ArbZG):**
  bestimmt die höchst zulässigen Arbeitszeiten im Betrieb.
- **Mutterschutzgesetz (MuSchG):**
  legt den besonderen arbeitsrechtlichen Schutz für Frauen während der Zeit vor und nach der Entbindung fest.
- **Jugendarbeitsschutzgesetz (JArbschG):**
  verbietet Kinderarbeit und regelt den Jugendschutz.

b) Kollektivarbeitsrecht

Das Kollektivarbeitsrecht bezieht sich auf die Rechtsbeziehung zwischen den Arbeitgeber- und Arbeitnehmervertretern. Grundlage des kollektiven Arbeitsrechts ist die Koalitionsfreiheit, die in Art. 9 GG verankert ist. Zum Kollektivarbeitsrecht gehört die Unternehmensmitbestimmung und die betriebliche Mitbestimmung sowie das Tarif- und Arbeitskampfrecht. Die wichtigsten Gesetze im Rahmen des Kollektivarbeitsrechts sind:

- **Tarifvertragsgesetz (TVG):** regelt Inhalt und Form des Tarifvertrags.
  Der **Bundesrahmentarifvertrag** für Apothekenmitarbeiter **(BRTV)** gilt im Rahmen des Arbeitsverhältnisses nur dann, wenn beide Parteien der Tarifgemeinschaft (Arbeitgeberverband bzw. Gewerkschaft) angehören, es sei denn, im Arbeitsvertrag wird ausdrücklich auf die Bestimmungen des BRTV verwiesen. Durch eine solche Bezugnahme werden die Regelungen des BRTV Inhalt des Arbeitsvertrages. Allgemeinverbindlich erklärte

Tarifverträge gelten im Rahmen ihres Geltungsbereiches ohne entsprechende Tarifbindung der Parteien oder arbeitsvertragliche Bezugnahme.

- **Betriebsverfassungsgesetz (BetrVG):**
  Das BetrVG enthält Regelungen zu den Mitwirkungs- und Mitbestimmungsmöglichkeiten der Arbeitnehmer im Betrieb. Ein Betriebsrat kann immer dann von den Arbeitnehmern gewählt werden, wenn in dem Betrieb in der Regel mehr als 5 wahlberechtigte Arbeitnehmer beschäftigt werden. Bei bis zu 20 Arbeitnehmern besteht der Betriebsrat dann aus einer Person.

  Gegenstände der Mitwirkung bzw. Mitbestimmung des Betriebsrats sind:
  - Soziale Angelegenheiten wie z. B. Arbeitszeit, Pausen, Entgeltgrundsätze
  - Personelle Angelegenheiten wie z. B. Einstellungen, Versetzungen, Kündigungen
  - Wirtschaftliche Angelegenheiten wie z. B. Änderungen der Betriebsorganisation

1.2.1 Arbeitsvertrag

Rechtsgrundlage für die Beschäftigung von Mitarbeitern in der Apotheke bildet der zwischen den Parteien abgeschlossene Arbeitsvertrag. Soweit dieser Arbeitsvertrag keine Regelung enthält, greifen bei entsprechender Tarifbindung (siehe oben) die Bestimmungen des BRTV. Ergänzend gelten die jeweiligen gesetzlichen Vorschriften des Arbeitsrechts.

a) Inhalt

Der Arbeitsvertrag sollte insbesondere folgende Punkte regeln:
- Beginn des Arbeitsverhältnisses
- Art der Tätigkeit
- Arbeitszeit
- Entgelt
- Urlaub
- Verhalten bei Arbeitsverhinderung
- Beendigung des Arbeitsverhältnisses
- Schriftformklausel

b) Form

Grundsätzlich kann der Arbeitsvertrag mündlich, schriftlich oder durch schlüssiges Verhalten geschlossen werden. Allerdings soll der Vertrag gem. § 2 BRTV schriftlich abgeschlossen werden, Befristungsabreden sind gem. § 14 (4) **TzBfG (Gesetz über Teilzeitarbeit und befristete Arbeitsverträge)** immer schriftlich zu vereinbaren. Außerdem hat der Arbeitgeber gem. § 2 (4) **NachwG (Gesetz über den Nachweis der für ein Arbeitsverhältnis geltenden wesentlichen Bedingungen)** die wesentlichen Vertragsbedingungen innerhalb einer bestimmten Frist schriftlich niederzulegen und die Niederschrift unterzeichnet dem Arbeitnehmer auszuhändigen.

c) Arten

Der Arbeitsverhältnis kann befristet oder auf unbestimmte Zeit eingegangen werden.

Unbefristeter Arbeitsvertrag

Der Arbeitsvertrag kann auf unbestimmte Zeit abgeschlossen werden. Er läuft, bis er von einer der Parteien gekündigt oder von beiden Parteien einvernehmlich beendet wird.

Befristeter Arbeitsvertrag

Rechtsgrundlage ist § 620 (3) BGB, wonach für Arbeitsverträge, die auf bestimmte Zeit abgeschlossen werden, das Gesetz über Teilzeitarbeit und befristete Arbeitsverträge (TzBfG) gilt. Im TzBfG sind zahlreiche Bestimmungen zum Abschluss von befristeten Verträgen geregelt. Die wichtigsten sind:

- Befristete Verträge können bei **Neueinstellungen** bis zur Höchstdauer von zwei Jahren ohne sachlichen Grund für die Befristung abgeschlossen werden. Bis zu dieser Höchstdauer sind drei Verlängerungen eines für einen kürzeren Zeitraum abgeschlossenen Vertrag zulässig (§ 14 (2) TzBfG).

- Ansonsten muss ein sog. **sachlicher Grund** für die Befristung vorliegen. Das Gesetz nennt in § 14 (1) TzBfG exemplarisch die Befristung zur Probe, zur Vertretung eines anderen Mitarbeiters etc. Ein ohne einen solchen Grund abgeschlossener Vertrag gilt als auf unbestimmte Zeit abgeschlossen!

- § 14 (4) TzBfG ordnet für befristete Verträge die **Schriftform** für die Befristung bzw. befristete Vertragsverlängerungen an.

Der befristete Vertrag kann grundsätzlich nur außerordentlich gekündigt werden, es sei denn, die Parteien vereinbaren im Arbeitsvertrag ausdrücklich, dass der Vertrag während seiner Laufzeit ordentlich gekündigt werden kann.

1.2.2 Beendigung des Arbeitsverhältnisses

Die Beendigung des Arbeitsverhältnisses kann durch

a) Zeitablauf bei befristeten Verträgen,
b) Aufhebungsvertrag,
c) Kündigung

erfolgen.

a) Befristung

Befristete Verträge enden im Gegensatz zu unbefristeten Arbeitsverträgen zu dem im Vertrag festgelegten Zeitpunkt, ohne dass der Ausspruch einer Kündigung erforderlich ist.

b) Aufhebungsvertrag

Wer einen Arbeitsvertrag abgeschlossen hat, kann ihn einvernehmlich auch wieder aufheben. Bei Abschluss eines solchen Vertrages ist insbesondere folgendes zu beachten:

- Der Aufhebungsvertrag bedarf zu seiner Wirksamkeit gem. § 623 BGB der **Schriftform**. Der nur mündlich abgeschlossene Aufhebungsvertrag ist nichtig und beendet das Arbeitsverhältnis nicht!
- Der Arbeitgeber hat u. U. den Arbeitnehmer über schädliche Folgen (z. B. Auswirkungen auf Altersversorgung, Sperrfrist gem. § 144 SGB III etc.) des Aufhebungsvertrages **schriftlich aufzuklären.**

c) Kündigung

Der wichtigste Auflösungstatbestand für ein Arbeitsverhältnis ist die Kündigung.

Man unterscheidet **zwei Arten** von Kündigungen:

- Ordentliche Kündigung
- Außerordentliche Kündigung

Mit der **ordentlichen Kündigung** wird das Arbeitsverhältnis unter Einhaltung der maßgeblichen Frist aufgelöst. Die einzuhaltende Kündigungsfrist ergibt sich grundsätzlich aus dem Gesetz (§ 622 BGB), die gesetzliche Grundkündigungsfrist beträgt für Kündigungen durch den Arbeitgeber und den Arbeitnehmer 4 Wochen zum 15. bzw. zum Monatsende. Bei zunehmender Betriebszugehörigkeit des Arbeitnehmers verlängern sich die für den Arbeitgeber einzuhaltenden Kündigungsfristen gem. § 622 (2) BGB. Die Grundkündigungsfrist im Geltungsbereich des BRTV beträgt beiderseits 6 Wochen zum Quartalsschluss. Die längeren Kündigungsfristen des § 622 BGB gelten auch bei Anwendung des BRTV.
Während der **Probezeit** (3 bis 6 Monate) beträgt bei entsprechender vertraglicher Vereinbarung die Kündigungsfrist beiderseits 1 Woche bei 3-monatiger Probezeit, im übrigen 2 Wochen (§ 21 (2) BRTV).

Die **außerordentliche Kündigung** führt dagegen zur sofortigen Beendigung des Arbeitsverhältnisses. Zur Wirksamkeit einer außerordentlichen Kündigung muss ein sog. wichtiger Grund vorliegen, der ein Festhalten am Vertrag bis zum Ablauf der maßgeblichen Kündigungsfrist für den Arbeitgeber unzumutbar macht.

Jede Kündigung erfordert nach § 623 BGB zu ihrer Wirksamkeit die **Schriftform**. Mündlich ausgesprochene Kündigungen sind unwirksam.

1.2.3 Kündigungsschutz

a) Allgemeiner Kündigungsschutz

Gem. § 1 Kündigungsschutzgesetz (KSchG) ist die ordentliche Kündigung eines Arbeitnehmers, der länger als 6 Monate ununterbrochen in der Apotheke beschäftigt war, nur dann wirksam, wenn sie sozial gerechtfertigt ist, d. h. durch Gründe, die in der Person oder im Verhalten des Arbeitnehmers liegen, oder durch dringende betriebliche Erfordernisse. Voraussetzung für den allgemeinen Kündigungsschutz ist allerdings, dass die Apotheke eine bestimmte Mindestgröße bezogen auf die Beschäftigtenzahl aufweist. Das KSchG gilt nämlich in Betrieben, in denen in der Regel 10 oder weniger Arbeitnehmer – ausschließlich der Lehrlinge – beschäftigt werden, nicht für solche Arbeitnehmer, deren Arbeitsverhältnis nach dem 31.12.2003 begonnen hat. Teilzeitbeschäftigte werden entsprechend ihrem Teilzeitgrad nach einer in § 23 (1) Satz 3 KSchG geregelten Staffel berücksichtigt.

b) Sonderkündigungsschutz

Darüber hinaus besteht für bestimmte Personengruppen ein besonderer Kündigungsschutz:

- Nach dem **Mutterschutzgesetz** bzw. dem Bundeserziehungsgeldgesetz während der Schwangerschaft und bis zum Ablauf des Erziehungsurlaubs.
- Nach dem Recht der **Schwerbehinderten** (SGB IX) ist vor der Kündigung eines schwerbehinderten oder eines gleichgestellten Menschen die Zustimmung des Integrationsamts einzuholen.
- Nach § 15 KSchG kann ein Mitglied des **Betriebsrats**, der Jugend- und Auszubildendenvertretung, des Wahlvorstandes und ein Wahlwerber nur außerordentlich mit vorheriger Zustimmung des Betriebsrats gekündigt werden.

1.2.4 Anhörung des Betriebsrats bei Kündigung

Bei Bestehen eines Betriebsrats ist dieser vor Ausspruch der Kündigung gem. § 102 BetrVG anzuhören. Eine ohne vorherige Anhörung ausgesprochene Kündigung ist unwirksam.

1.2.5 Recht auf ein qualifiziertes Zeugnis

Der ausscheidende Arbeitnehmer hat Anspruch auf ein qualifiziertes Zeugnis, das über die Art der Tätigkeit und über die Leistung und das Verhalten des Arbeitnehmers wahrheitsgemäß aber wohlwollend Auskunft gibt.

1.2.6 Sozialrechtliche Folgen der Beendigung von Arbeitsverhältnissen

a) Für den Arbeitgeber

Bei Beendigung des Arbeitsverhältnisses eines älteren Mitarbeiters (nach Vollendung des 55. Lebensalters) in Betrieben mit in der Regel mehr als 20 Beschäftigten ist der Arbeitgeber unter bestimmten Voraussetzungen zur Erstattung des vom Arbeitsamt geleisteten Arbeitslosengeldes verpflichtet.

b) Für den Arbeitnehmer

Der Arbeitnehmer, dessen Arbeitsverhältnis beendet wird, hat unter Umständen mit folgenden Auswirkungen beim Bezug von Arbeitslosengeld zu rechnen:

- Sperrfrist von bis zu 12 Wochen z. B. bei Arbeitsaufgabe (bewirkt das Ruhen des Anspruchs auf Arbeitslosengeld und eine entsprechende Verkürzung der Anspruchsdauer).
- Ruhen des Anspruchs auf Arbeitslosengeld wegen Zahlung einer Abfindung.
- Kürzung des Anspruchs auf Arbeitslosengeld bei verspäteter Meldung der Beendigung des Arbeitsverhältnisses.

1.3 Personalkosten

1.3.1 Bestandteile der Personalkosten

Die vom Arbeitgeber insgesamt zu tragenden Personalkosten bestehen aus den arbeitsvertraglichen Lohn- und Gehaltszahlungen, tariflichen oder ggf. freiwilligen Sonderzahlungen sowie den gesetzlichen Zusatzkosten. Auf 100 € Entgelt auf geleistete Arbeit entfielen 2005 gesetzliche Zusatzkosten in Höhe von 71,40 € in den alten und 62,60 € in den neuen Bundesländern (siehe Abbildung 2).

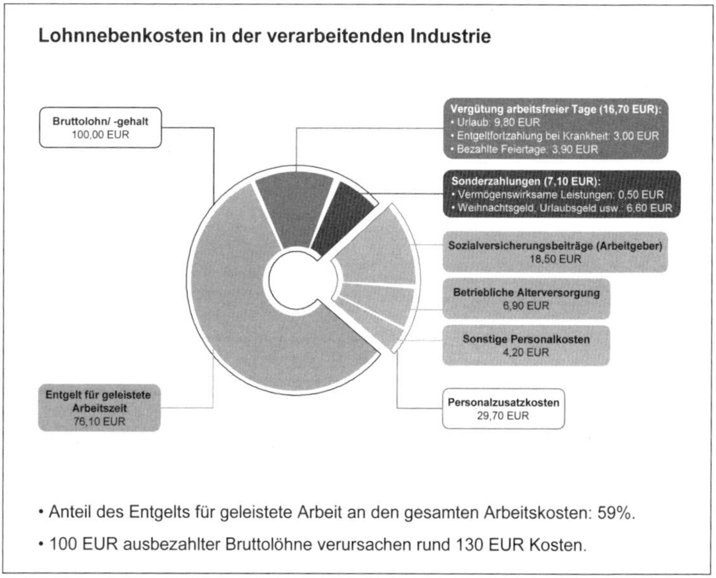

Abb. 2: Lohnzusatzkosten (Daten: iw Trends 2/2009)

a) Gesetzliche Zusatzkosten

Rentenversicherung (RV)

Der Beitragssatz zur RV beträgt derzeit (2009) 19,9%. Hiervon trägt der Arbeitgeber die Hälfte. Die Beitragsbemessungsgrenze liegt derzeit (2009) bei 5.400,00 € pro Monat im Westen und bei € 4.550,00 pro Monat im Osten. Diese Beträge gelten also als Obergrenze bei der Ermittlung des zu zahlenden

Rentenversicherungsbeitrags auch dann wenn das Einkommen diese Grenze übersteigt.

Krankenversicherung (KV)

Am 01.01.2009 wurde im Rahmen der gesetzlichen Krankenversicherung der **Gesundheitsfonds** eingeführt. Konnten die gesetzlichen Krankenkassen bisher ihre Beiträge selbständig festlegen, gilt nun der einheitliche Satz. Bis zum 30.06.2009 betrug er 15,5% (7,3% Arbeitgeberanteil + 7,3% Versichertenanteil + 0,9% Versichertenanteil). Im Zuge des Konjunkturpakets II der Bundesregierung wurde sowohl der Arbeitgeber- als auch der Versichertenanteil um jeweils 0,3 %-Punkte ab 01.07.2009 gesenkt, so dass der gesamte Beitragssatz 14,9% (7,0% Arbeitgeberanteil + 7,0% Versichertenanteil + 0,9% Versichertenanteil) beträgt.

Die Beitragsbemessungsgrenze liegt derzeit (2009) bei 3.675 € pro Monat. Für den Wechsel in die private KV ist die **Jahresarbeitsentgeltgrenze (JAEG)** relevant. Für 2009 sind Arbeitnehmer erst dann versicherungsfrei, wenn ihr regelmäßiges Jahresarbeitsentgelt die aktuelle Grenze (2009: 48.600 € p. a./ 4.050 € monatlich) übersteigt und auch in den drei vorangegangenen aufeinander folgenden Kalenderjahren die JAEG überstiegen hat. Der Arbeitgeber übernimmt auch bei privat Versicherten die Hälfte des Versicherungsbeitrages, maximal jedoch bis zur Hälfte des Höchstbeitrags der gesetzlichen Krankenversicherung.

Pflegeversicherung (PV)

Der Beitragssatz zur PV beträgt derzeit (2009) 1,95%. Hiervon trägt der Arbeitgeber die Hälfte. Hinzu kommt für den kinderlosen Arbeitnehmer im Alter von 24 Jahren und älter in der gesetzlichen PV ab dem 01.01.2005 ein zusätzlicher Beitrag von 0,25 %, den er alleine trägt. Die Beitragsbemessungsgrenze in der PV entspricht der in der KV. Es gelten die Ausführungen zur gesetzlichen KV analog.

Arbeitslosenversicherung

Der Beitragssatz zur Arbeitslosenversicherung beträgt derzeit (2009) 2,8%. Hiervon trägt der Arbeitgeber die Hälfte. Die Beitragsbemessungsgrenze entspricht der in der Rentenversicherung.

b) Besonderheiten bei geringfügig Beschäftigten

Die geringfügige Beschäftigung (d. h. geringfügig entlohnte und kurzfristige Beschäftigung) ist für den Arbeitnehmer versicherungsfrei. Für geringfügig entlohnte Beschäftigte (maximal € 400,00 pro Monat) ist allerdings durch den Arbeitgeber eine pauschale Abgabe in Höhe von 30,77% an die Deutsche Rentenversicherung Knappschaft-Bahn-See (Minijob-Zentrale) abzuführen.

Dieser Beitrag setzt sich wie folg zusammen:
- Rentenversicherung **15%**
- Krankenversicherung **13%** (entfällt bei privatversicherten Minijobbern)
- Pauschalsteuer **2 %** (Lohnsteuer, Kirchensteuer, Solidaritätszuschlag)
- Umlage U1 **0,6%** (Aufwendungsersatz für Entgeltfortzahlung im Krankheitsfall)
- Umlage U2 **0,07%** (Aufwendungsersatz bei Mutterschaft und Beschäftigungsverboten während der Schwangerschaft)
- Umlage INSO **0,1%** (Insolvenzumlage)

Bemerkenswert ist an dieser Stelle die Insolvenzausfallversicherung. Sie bewirkt im Falle einer Insolvenz für betroffene Apothekenmitarbeiter auf Antrag beim zuständigen Arbeitsamt einen Ausgleich für das ausgefallene Arbeitsentgelt.

c) Gehaltsausgleichskasse (GAK)

Die Gehaltsausgleichskasse (GAK), für die in einigen Bundesländern eine Anmeldepflicht von approbierten Mitarbeitern und Apothekerassistenten besteht, erbringt zusätzliche Leistungen. Der Apothekenleiter entrichtet die Mittel an die Landesapothekerkammer. Die Leistungen, wie zum Beispiel Verheirateten-, Kinder-, Dienstalterzulagen etc., werden erbracht, wenn Beiträge über mindestens 15 Jahre entrichtet wurden.

d) vermögenswirksame Leistungen und Sonstiges

Entscheidet sich ein Apotheker für die Gewährung von **vermögenswirksamen Leistungen (VL)**, so müssen diese allen Arbeitnehmern des Betriebes angeboten werden, nicht nur einzelnen Begünstigten. Unter die **freiwilligen Leistungen** fallen bspw. Urlaubsgeld, Fahrgeld und z. B. Essensgeld. Hier ist darauf zu achten, dass die Mehrzahl der freiwilligen Leistungen des Arbeitgebers zum steuerpflichtigen Einkommen des Arbeitnehmers gerechnet wird.

Personalkosten stellen den größten Fixkostenblock in der Apotheke dar. Folglich muss der betriebswirtschaftlich geschulte Apotheker auf die Kostenentwicklung in diesem Bereich sein besonderes Augenmerk richten. Genau dafür stellen die **Personalkennzahlen** ein geeignetes Instrumentarium dar.

1.3.2 Kennzahlen zur Personalkostensteuerung

Einfache Kennzahlen vermitteln dem Apotheker aussagekräftige Informationen. Durch interne und externe Betriebsvergleiche können notwendige Änderungsmaßnahmen initiiert werden. In der Regel lassen sich Schwachpunkte in der Personalkostenstruktur auf folgende Ursachen zurückführen:

- Mitarbeiter werden nicht richtig eingesetzt
- Beschäftigte erhalten eine zu hohe Bezahlung in Relation zur Leistung
- Umsatzleistung pro Beschäftigtem ist zu gering
- Altersstruktur ist vergleichsweise ungünstig
- zu hohe Personalnebenkosten
- schlechtes Betriebsklima

Als Messkriterien eignen sich vor allem folgende Kennzahlen:

a) **Umsatz je beschäftigten Mitarbeiter**

$$\mathit{Umsatz\ pro\ Beschäftigten} = \frac{\mathit{Jahresumsatz\ ohne\ MwSt.}}{\mathit{Anzahl\ der\ Mitarbeiter}}$$

Diese Kennzahl gibt Auskunft über die Kapazitätsauslastung und das Leistungsvermögen der Apotheke. Im Vergleich zur jährlichen Analyse des Instituts für Handelsforschung gibt diese Kennziffer Auskunft, wie das jeweilige Unternehmen in Relation zu einer vergleichbaren Apotheke liegt. Im Jahr 2006 betrug der Bruttoumsatz je beschäftigte Person (einschließlich Apothekenleiter) durchschnittlich knapp 280 T€.

b) Für die innerbetriebliche Kalkulation des Apothekers ist es besonders wichtig, seinen **Personalkostensatz in Prozent vom Umsatz** zu kennen.

$$\mathit{Personalkosten\ in\ \%\ vom\ Umsatz} = \frac{\mathit{gesamte\ jährliche\ Personalkosten}}{\mathit{Jahresumsatz\ ohne\ Mehrwertsteuer}} \times 100$$

Der durchschnittliche Personalkostensatz einschließlich des Unternehmerlohns beträgt etwa 16%. Für die Ausrichtung der eigenen Apotheke sollte jedoch nicht der Durchschnitt, sondern der **Best-Practice-Wert** Maßstab sein. So liegt dieser Wert bei den besten 20% der Apotheken im Westen unter 9% und im Osten unter 8%.

2. Der dispositive Faktor

Der Inhaber der Einzelfirma „Apotheke“ ist in der Regel auch das einzige **Führungsorgan**. Er ist folglich **alleinverantwortlich für Entscheidungen**, die er im Rahmen seiner Führungsaufgaben fällt, allerdings immer unter strenger Beachtung apothekenrechtlicher Grundsätze. Insbesondere **echte Führungsentscheidungen** sind nicht delegierbar (= Entscheidungen, die das Ganze der

Apotheke betreffen). Es geht dabei z. B. um das **Planen, Koordinieren, Delegieren, Kontrollieren, Ziele setzen** usw.
Dagegen sollten bei der Vorbereitung und Ausführung von Entscheidungen Mitarbeiter entsprechend eingesetzt werden (Delegationsprinzip).

Typisch für die Apotheke ist in der Regel die Zentralisation der Organisation (Direktorialprinzip), was durch die besondere Verantwortlichkeit des Apothekenleiters allein schon von Rechtswegen manifestiert wird.

Dennoch sollte der Apothekenleiter soweit als möglich eine Delegation von Aufgaben anstreben, was nicht heißt, dass damit auch die Kontrolle vernachlässigt wird. Ein kooperativer Führungsstil fördert in jedem Fall die Motivation der Mitarbeiter. Dem Mitarbeiter abgegrenzte, genau definierte Tätigkeitsbereiche mit entsprechender Kompetenz und Verantwortung zuzuordnen, ist dazu unerlässlich. Kritik sollte stets konstruktiv und im direkten Gespräch geäußert, Lob und Anerkennung nicht vernachlässigt werden.

Ein unbefriedigendes betriebswirtschaftliches Ergebnis ist häufig nicht primär auf Leistungsmängel der Mitarbeiter, sondern auf fehlende Führungsqualitäten des Apothekenleiters zurückzuführen. Der Unternehmer muss heute nicht nur fachlich akzeptiert werden, sondern auch im menschlichen Bereich als Vorbild dienen.

Für die Arbeitsleistung des Apothekenleiters wird in der Kostenrechnung eine kalkulatorische Größe, der sogenannte kalkulatorische Unternehmerlohn, angesetzt. Er ist höher anzusetzen als ein vergleichbares Approbiertengehalt. Neben der Arbeitsleistung als Approbierter verrichtet der Apothekenleiter unternehmerische Leitungs- und Planungstätigkeit und trägt das Risiko des unternehmerischen Scheiterns (unternehmerisches Risiko). Dazu kommt die besondere Verantwortung, die ihm das ApoG aufbürdet – ein Risiko, das der angestellte Approbierte nicht zu tragen hat. Auch für sein in der Apotheke gebundenes Eigenkapital ist eine kalkulatorische Eigenkapitalverzinsung, die der Verzinsung einer alternativen Kapitalanlage entspricht, in der Kostenrechnung zu berücksichtigen. Dies dient vor allem der Abdeckung des Verlustrisikos des investierten Eigenkapitals.

3. Ware und Warenpräsentation

Der zentralen Rolle der Ware wird in Teil III dieses Buches Rechnung getragen.

4. Räumlichkeiten

a) Gesetzliche Auflagen

Die Apothekenbetriebsordnung macht für die Apotheken bestimmte Auflagen hinsichtlich Größe, Art und Einteilung der Räume. Grundsätze über Mindestfläche, Mindestraumzahl und räumliche Einheit ergänzen diese Vorschriften.

Gemäß § 4 (2) ApBetrO muss die öffentliche Apotheke zumindest aus

- einer Offizin,
- einem Laboratorium,
- ausreichendem Lagerraum und
- einem Nachtdienstzimmer

bestehen. Dies gilt auch für die seit dem 1. Januar 2004 zulässigen Filialapotheken. Die Grundfläche dieser Betriebsräume hat mindestens 110 m^2 zu betragen. Dazu kommen bestimmte Auflagen für das Laboratorium (Anschlüsse für Wasser, Gas oder Strom, ein Abzug mit Absaugvorrichtung). Bestimmte Arzneimittel müssen ferner in einem Vorratsraum bei einer Temperatur von unter 20° Celsius aufbewahrt werden können.

In § 4 (4) ApBetrO ist die sogenannte Raumeinheit verankert. Die Apotheke soll ein abgeschlossenes Ganzes bilden. Die Betriebsräume müssen so angeordnet sein, dass jeder Raum ohne Verlassen der Apotheke zugänglich ist. Allerdings kann die Aufsichtsbehörde Ausnahmen von dieser Regelung in besonders begründeten Fällen zulassen.

Was die räumliche Größe der Apotheke betrifft, so sollte der Apotheker bei einer Neugründung die Raumgröße keinesfalls zu klein wählen, d. h. eine eventuell notwendige Erweiterung bereits berücksichtigen, da eine spätere betriebliche Ausdehnung häufig nicht mehr möglich ist.

b) Kostenarten des Leistungsfaktors „Raum“

- Mietkosten:
  Die Kundennähe verlangt vom Apotheker im allgemeinen, sich Standorte größerer Siedlungs- und Verkehrsdichte zu suchen. Das hat zur Konsequenz, dass hohe m^2-Preise für die Miete oder den Kauf bezahlt werden müssen. Je nach Lage ergeben sich Mietkosten, die üblicherweise zwischen 2% und 6% vom Bruttoumsatz betragen. Es ist zu beachten, dass eine Bindung der Miete an den Umsatz der Apotheke nicht möglich ist. Der angegebene Richtwert dient nur der Information.
  Bei Neugründungen müssen heute besonders hohe Mietkosten veranschlagt werden. Der junge Apotheker, der keine eigenen Räume besitzt, wird sich in guten Stadtlagen fast immer an der oberen Grenze befinden. Im Gegensatz dazu profitieren die alteingesessenen Apotheker meistens von langjährigen Mietverträgen mit einem unter dem Marktniveau liegenden Mietzins. Betreibt der Apotheker seine Geschäfte in eigenen Räumen, fällt keine Miete an. Konsequenterweise muss er aber in seiner Kostenrechnung eine kalkulaorische Miete ansetzen, die derjenigen vergleichbarer Objekte entspricht. Denn der Vorteil des eigenen Hauses ist nicht betrieblich sondern rein privat bedingt. Würde er die Räume anderweitig vermieten, könnte er nämlich Privateinnahmen aus Vermietung und Verpachtung erzielen. Diese kalkulatorischen Mietkosten dürfen allerdings ebenso wenig wie der kalkulatorische Unternehmerlohn steuerrechtlich berücksichtigt werden.

- Raumnebenkosten:
  Hierbei handelt es sich um die Kosten für Licht, Strom, Heizung sowie Reinigung und Instandhaltung. Die Abgrenzungen sind dabei nicht immer ganz einfach. In manchen Apothekenbuchhaltungen wird z. B. das Reinigungspersonal unter Personalkosten, in anderen unter Raumkosten erfasst.

c) Zusammenhang zwischen Umsatz und Raumgröße

Im Durchschnitt weisen große Apotheken ein signifikant höheres Umsatzvolumen als kleine auf. Verallgemeinern lässt sich dieser Zusammenhang jedoch nicht. Vor allem ist es schwierig, eine Aussage derart zu treffen, dass z. B. eine Steigerung der Fläche um x m^2 zu einer Umsatzerhöhung von y € führt. Werden theoretisch zwei Apotheken miteinander verglichen, die sich ausschließlich in der Raumgröße voneinander unterscheiden, so lässt sich eine Umsatzdifferenz vor allem darauf zurück führen, dass in der größeren Apotheke die Möglichkeit besteht, zusätzliche Waren zu präsentieren.

Eine bessere Kennzahl zur Steuerung der Apotheke ergibt sich, wenn der Umsatz auf die Größe der Offizin bezogen wird. Während größere Lager- bzw. Ruheräume nicht oder nur sehr bedingt zu höheren Umsätzen führen, ist mit einer Vergrößerung der Offizin die Möglichkeit verbunden, zusätzliche Regalmeter aufzustellen oder Präsentationsflächen zu schaffen. Angenommen, die Fläche der Offizin einer durchschnittlichen Apotheke beträgt 50 m^2, so läge der Durchschnittsumsatz pro Offizin-m^2 bei 35.000 €. Diese Kennzahl bezeichnet man gemeinhin auch als Flächenproduktivität. Diese Zahl darf nicht hergenommen werden, um die Auswirkung eines Ausbaus der Offizin auf den künftigen Umsatz zu prognostizieren. Der Schluss, 10 m^2 zusätzliche Fläche in der Offizin bringen 350.000 € Mehrumsatz im Jahr, ist unzulässig. Vielmehr muss im Einzelfall durchgerechnet werden, wie die zusätzlich geschaffene Fläche genutzt werden soll. Wird bspw. ein neues Sortiment auf dieser Fläche präsentiert, so können Zahlen vergleichbarer Apotheken, die dieses Sortiment bereits führen, zur Abschätzung der Umsatzauswirkung herangezogen werden.

5. Fassade und Schaufenster

Eine wichtige Rolle spielt die Fassade der Apotheke. Sie muss dem Kunden schon von weitem auffallen und zwar nicht nur dem Betrachter, der direkt davor steht, sondern auch dem Passanten, der an der Apotheke vorbeigeht. Das Schaufenster sollte mindestens 0,80 m über dem Boden beginnen und einen Durchblick auf den freundlich gestalteten Innenraum der Apotheke ermöglichen.

Es wäre von Nachteil, wenn das typische Erscheinungsbild der Apotheke nicht mehr zu erkennen ist. Werbliche Hilfsmittel stellen Beleuchtung, Markisen, Fahrradständer, Wetterstation, Uhr mit Apothekensymbol sowie Laufleuchtschriften dar.

In der Regel spiegelt das Schaufenster die Qualität des gesamten Erscheinungsbildes einer Apotheke wider. Umso wichtiger ist es, dass hinter einem professionell gestalteten Schaufenster, das aktuell und zielgruppenorientiert für die Apothekenberatung wirbt, ein geschlossenes Konzept steht. Dieses Konzept sollte sich nicht nur auf die Präsentation der Ware in der Sicht- und Freiwahl sowie die Zweitplatzierung beschränken. Vielmehr sollte auch an Handzettel, Broschüren und eine gründliche Schulung aller beratungsaktiver Mitarbeiter gedacht werden.

6. Einrichtung

Maßgeblichen Einfluss auf die Ausgestaltung der Apotheke hat natürlich die geschäftspolitische Ausrichtung des Apothekers. Führt der Apotheker zusätzlich zu seinem Arzneimittelsortiment in größerem Umfang Artikel der Freiwahl, wird es notwendig sein, sich intensiver mit dem Thema Warenpräsentation zu beschäftigen. Dies hat Konsequenzen für die Einrichtung des Verkaufsraumes. Bilderwände, Aquarium, Blumenecke, Schaukelpferd, aber auch Apothekengefäße werden dabei zunehmend wegen der konsequenten Kundenorientierung aus dem Verkaufsraum verdrängt.

a) Verkaufspsychologische Führung des Kundenstromes in der Apotheke

Herkömmliche Offizin-Konzeption:

In der herkömmlichen Offizin-Konzeption findet keine Führung des Kundenstroms statt. Vielmehr wirkt die Gestaltung eher abweisend und schafft eine „Barriere“ im Kopf des Kunden.

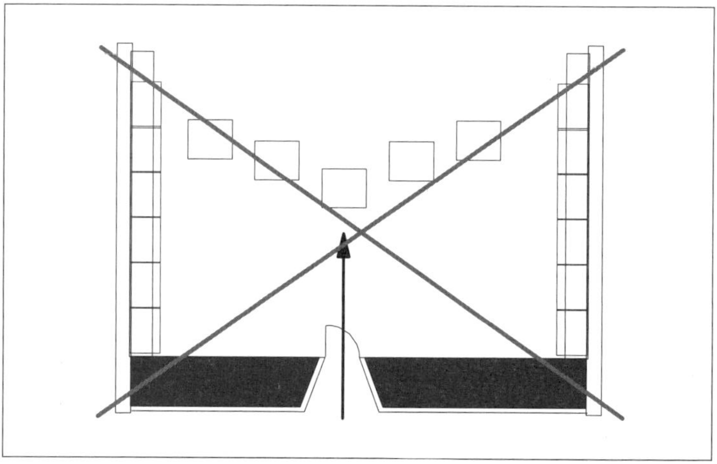

Abb. 3: Herkömmliche Offizin-Einrichtung

Freiwahlorientierte Konzeption:

Die Nummern in der nachfolgenden Graphik geben die Wertigkeit der einzelnen Sortimentsplätze („heiße Zonen") an. Die vorteilhafteste Platzierung ist rechts parallel zum Handverkaufstisch.

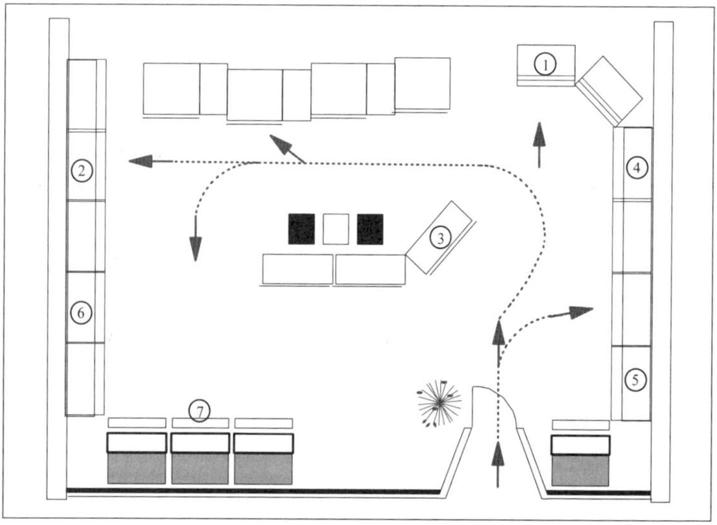

Abb. 4: Freiwahlorientierte Offizin-Konzeption

Selbstverständlich lassen sich kostspielige und raumintensive Einrichtungen nur in umsatzstarken Apotheken realisieren. In jedem Fall gilt es, für einen überlegten und geschickten Kundenfluss durch die Apotheke zu sorgen, so dass jederzeit auf relativ direktem Weg der HV-Tisch erreicht werden kann; dieser jedoch nicht als „Barriere“ angesehen wird und ausreichend Anreize für Impulskäufe gegeben werden.

Entsprechend der Anordnung in Supermärkten sollte in größeren Apotheken der Kunde an „Stolpergondeln“ oder „Angebotsregalen mit Preisstoppern“ vorbeigeführt werden, ehe er zum Ort der Arzneimittelabgabe gelangt. Heiße Zonen, d. h. Zonen mit hohem Aufmerksamkeitswert (z. B. neben dem HV-Tisch, rechts vom Laufweg des Kunden gelegen oder an Kopfstellen, auf die der Kunde zugeht) müssen möglichst mit Sortimentsgruppen belegt werden, die hohe Spannen garantieren und zu Impulskäufen veranlassen.

Entsprechend der räumlichen Vorsorgeplanung sollte auch bei der Einrichtung an mögliche Erweiterungen gedacht werden. Eine Spezialanfertigung der Einrichtung kann zu einem späteren Zeitpunkt die Gestaltungsmöglichkeiten einschränken, vor allem dann, wenn z. B. neue Erkenntnisse und gewonnene Erfahrungen zu einschneidenden Modifikationen führen müssen.

b) Kosten für die Einrichtung:

Zu den Kosten der Einrichtung zählen:

- **Abschreibungen**
  Die Einrichtung zählt zum längerfristig abnutzbaren Anlagevermögen. Deshalb muss sie über die geplante Nutzungsdauer planmäßig abgeschrieben werden. In der Regel wird eine Abschreibungsdauer von zehn Jahren realistisch sein.
- **Instandhaltungskosten**
  Reparaturen, Pflegemittel etc.
- **Laufende Aktionskosten**
  Beschriftungsmaterial, Zusatzgondeln, Displays etc.
- **Versicherungsbeiträge**
  Glas-, Feuer-, Kaskoversicherungen

Hat der Apotheker seine Einrichtung geleast, erscheint sie nicht im Anlagevermögen. Die monatlichen Leasingraten stellen dann in voller Höhe Betriebsausgaben dar. Sie beinhalten Abschreibungen und Zinsen sowie einen Gewinnzuschlag des Leasinggebers.

GRUNDLAGEN STEUERN

Teil VI

Die folgenden Ausführungen stellen den Rechtsstand des Veranlagungszeitraums 2008 dar. Aufgrund der Finanzkrise und der damit verbundenen aktuellen Gesetzesänderungen (Stand April 2009) kommt es zu einer Reihe von Gesetzesänderungen, auf die im Exkurs punktuell eingegangen wird.

1. Begriff der Steuern

Steuern sind Geldleistungen, die keine Gegenleistung für eine besondere Leistung darstellen. Sie werden von Bund, Ländern und Gemeinden sowie den Kirchenbehörden all jenen auferlegt, bei denen ein bestimmter Tatbestand zutrifft (z.B. Erzielung von Einkünften aus Gewerbebetrieb oder Kapitalvermögen).

Die Steuereinnahmen im Jahr 2007 in Höhe von rund 538 Milliarden Euro verteilten sich vor allem auf die folgenden Einnahmequellen:

- Umsatz- bzw. Mehrwertsteuer: 169.636 Mio. Euro
- Lohnsteuer: 131.774 Mio. Euro
- Gewerbesteuer: 40.116 Mio. Euro
- Energiesteuer: 38.955 Mio. Euro
- Einkommensteuer: 25.027 Mio. Euro
- Körperschaftsteuer: 22.929 Mio. Euro
- Tabaksteuer: 14.254 Mio. Euro
- Solidaritätszuschlag: 12.349 Mio. Euro

2. Die Einteilung der Steuern

Von großer Bedeutung für den Apotheker sind die Einkommen-, die Gewerbe- und die Umsatzsteuer. Die Steuern lassen sich wie folgt einteilen:

a) Nach der Ertragskompetenz:

Bundessteuer, Ländersteuer, Gemeinschaftssteuern, Gemeindesteuern, Kirchensteuern

b) Besitz- und Verkehrsteuern:

- Besitzsteuern vom Einkommen:

Einkommensteuer (einschließlich Lohnsteuer und Kapitalertragsteuer), Körperschaftsteuer, Solidaritätszuschlag, Gewerbesteuer, Kirchensteuer

- Besitzsteuern vom Vermögen:

Erbschaftsteuer, Grundsteuer, Kirchensteuer

- Verkehrsteuern:

Umsatzsteuer (ohne Einfuhrumsatzsteuer), Grunderwerbsteuer, Kraftfahrzeugsteuer, Rennwett- und Lotteriesteuer, Spielbankabgabe, Versicherungsteuer, Feuerschutzsteuer

c) Zölle und Verbrauchsteuern:

- Zölle:

für Ein- und Ausfuhr

- Verbrauchsteuern:

Branntweinsteuer, Biersteuer, Schaumweinsteuer, Mineralölsteuer, Stromsteuer, Tabaksteuer, Kaffeesteuer

- auf Einfuhren:

Einfuhrumsatzsteuer

d) Andere Einteilungsmöglichkeiten:

- Direkte / indirekte Steuern
- Personen(= Subjekt)-steuern / Real(= Objekt-) steuern
- Vom Gewinn zu entrichtende Steuern / Kostensteuern
- Allgemeine Steuern / Zweckgebundene Steuern
- Laufende Steuern / einmalige Steuern
- Veranlagungssteuern / Fälligkeitssteuern
- Abhängige Steuern / selbständige Steuern

3. Einkommensteuer

Die Einkommensteuer (ESt) ist ebenso wie die Körperschaftsteuer eine Subjektsteuer. Der ESt unterliegen natürliche Personen. Steuersubjekt ist die einzelne natürliche Person, also keine Personenmehrheiten (Ehegatten, Familien, Erbengemeinschaften, Personengemeinschaften). Die ESt ist eine Ertragsteuer, d.h., besteuert wird nicht das Vermögen, sondern die Reinvermögensmehrungen (Einkommen).

Besondere Erhebungsformen sind die Lohnsteuer (LSt) und die Kapitalertragsteuer (KapESt). Dem Lohnsteuerabzug unterliegen Einkünfte aus nichtselbständiger Arbeit. Der KapESt unterliegen Gewinnausschüttungen von Kapitalgesellschaften (AG, GmbH und KGaA) und Genossenschaften sowie Einkünfte aus der Beteiligung als stiller Gesellschafter. Während die ESt vom Steuerpflichtigen selbst an das Finanzamt abgeführt wird, wird die LSt vom Arbeitgeber, die KapESt von der ausschüttenden Gesellschaft einbehalten und an das Finanzamt abgeführt. Die gezahlte LSt bzw. KapESt wird bei der Abgabe der Einkommensteuererklärung auf die zu zahlende Einkommensteuer angerechnet. Ab dem Jahr 2009 wurde die sogenannte Abgeltungssteuer eingeführt. Die Abgeltungssteuer gilt für Einkünfte aus Kapitalvermögen und wird von der auszahlenden Stelle einbehalten. Die Abgeltungssteuer beträgt 25 % (zzgl. Solidaritätszuschlag und ggf. Kirchensteuer). Hierdurch wurde ein gesonderter Steuertarif nur für die Einkünfte aus Kapitalvermögen eingeführt.

3.1 Steuerpflicht

Das Einkommensteuergesetz unterscheidet zwischen unbeschränkter und beschränkter Steuerpflicht. Natürliche Personen, die ihren Wohnsitz oder ihren gewöhnlichen Aufenthalt im Inland haben, sind grundsätzlich unbeschränkt, d.h. mit sämtlichen Einkünften steuerpflichtig, gleichgültig, ob diese im Inland oder aus dem Ausland bezogen werden (Welteinkommensprinzip).

Natürliche Personen, die im Inland weder ihren Wohnsitz noch ihren gewöhnlichen Aufenthalt haben, sind beschränkt steuerpflichtig mit den Einkünften, die sie im Inland beziehen.

3.2 Einkunftsarten

Steuerpflichtig ist das Einkommen eines Kalenderjahres, das sich aus bis zu sieben, in § 2 Abs. 1 Einkommensteuergesetz (EStG) aufgeführten Einkunftsarten zusammensetzen kann:

(1) Betriebliche Einkunftsarten

- Land- und Forstwirtschaft (§ 13 EStG)
- Gewerbebetrieb (§ 15 EStG)
- Selbständige Arbeit (§ 18 EStG)

(2) Haushaltseinkunftsarten

- Nichtselbständige Arbeit (§ 19 EStG)
- Kapitalvermögen (§ 20 EStG)
- Vermietung und Verpachtung (§ 21 EStG)
- Sonstige Einkünfte (§ 22 EStG)

3.3 Die Einkunftsermittlung

3.3.1 Überblick

Bei den betrieblichen Einkunftsarten sind die Einkünfte der Gewinn. Als Gewinnermittlungsmethoden kommen der Vermögensvergleich und die Einnahmen- und Ausgabenrechnung zur Anwendung. Der Steuerpflichtige kann zwischen diesen Verfahren nicht frei wählen.

So sind zur Gewinnermittlung durch Vermögensvergleich alle Steuerpflichtigen verpflichtet, die nach den Vorschriften des Handelsrechts Bücher führen müssen oder aufgrund des Steuerrechts buchführungspflichtig sind. Hierzu zählt in jedem Fall auch der Apotheker, da er als Vollkaufmann der Buchführungspflicht unterliegt.

Land- und Forstwirte, Gewerbetreibende und selbständig Tätige, die weder zur Buchführung verpflichtet sind noch freiwillig Bücher führen, können dagegen ihren Gewinn auf vereinfachte Weise durch Feststellung des Überschusses der Betriebseinnahmen über die Betriebsausgaben ermitteln.

3.3.2 Der Betriebsvermögensvergleich

3.3.2.1 Gewinnermittlung durch Betriebsvermögensvergleich

Die Gewinnermittlung durch Betriebsvermögensvergleich ist für den Apotheker die maßgebende Methode und soll daher in ihren Grundzügen dargestellt werden. Er hat die handelsrechtlichen Grundsätze ordnungsmäßiger Buchführung und Bilanzierung zu beachten. Zu Beginn der betrieblichen Tätigkeit ist eine Aufstellung über das Vermögen und die Schulden zu machen (Eröffnungsbilanz). Die Differenz zwischen Vermögen und Schulden ist das Reinvermögen (= Eigenkapital) am Anfang des Wirtschaftsjahres.

Am Ende des Wirtschaftsjahres ist erneut eine Aufstellung über Vermögen und Schulden anzufertigen, die Schlussbilanz. Der Saldo aus Vermögen und Schulden ergibt das Reinvermögen zu diesem Zeitpunkt.

Die Differenz zwischen Reinvermögen am Ende und am Anfang des Wirtschaftsjahres, korrigiert um Entnahmen und Einlagen sowie um nicht abzugsfähige Betriebsausgaben und steuerfreie Einnahmen, ist der steuerpflichtige Gewinn bzw. Verlust.

	Reinvermögen am Ende des Jahres	120.000 €
./.	Reinvermögen am Ende des Vorjahres	./. 80.000 €
	Vermögensmehrung	40.000 €
+	Privatentnahmen	+ 30.000 €
./.	Privateinlagen	./. 10.000 €
=	Gewinn	60.000 €
+	nicht abzugsfähige Betriebsausgaben	+ 10.000 €
./.	steuerfreie Einnahmen	./. 5.000 €
=	steuerpflichtiger Gewinn	65.000 €

3.3.2.2 Abgrenzung zwischen Betriebs- und Privatvermögen

Die Abgrenzung zwischen Betriebs- und Privatvermögen hat steuerlich besondere Bedeutung, weil Gewinne aus der Veräußerung betrieblicher Wirtschaftsgüter immer steuerpflichtig sind, während Gewinne aus der Veräußerung privater Wirtschaftsgüter grundsätzlich steuerfrei sind (Ausnahme: Gewinne aus privaten Veräußerungsgeschäften § 23 EStG und Gewinne aus der Veräußerung einer wesentlichen Beteiligung an einer Kapitalgesellschaft § 17 EStG. Ab dem Jahr 2009 fällt die Veräußerung von Wertpapieren unter die Abgeltungssteuer § 20 Abs.2 EStG).

Alle Wirtschaftsgüter, die (wirtschaftliches) Eigentum des Betriebsinhabers und die ihrer Natur nach bestimmt und geeignet sind, ausschließlich und unmittelbar dem Betrieb zu dienen, bilden notwendiges Betriebsvermögen (z.B. Warenlager, Laboreinrichtung).

Notwendiges Privatvermögen sind diejenigen Wirtschaftsgüter, die privaten, d.h. außerbetrieblichen Zwecken dienen oder nur in geringem Umfang (weniger als 10 %) betrieblich genutzt werden. Beispiele der Bundesfinanzhof (BFH) - Rechtsprechung für notwendiges Privatvermögen:

- das selbstbewohnte Einfamilienhaus
- aus verwandtschaftlichen Gründen gewährtes Darlehen
- persönlicher Schmuck, der zu geschäftlicher Repräsentation getragen wird.

Wirtschaftsgüter, die ihrer Natur nach sowohl zum Betriebs- als auch zum Privatvermögen gehören könnten, lassen sich zum Betriebs- oder zum Privatvermögen willküren. Grundstücke sollten grundsätzlich zum Privatvermögen gewillkürt werden, um eine spätere Versteuerung der eingetretenen Wertsteigerung zu vermeiden (gewillkürtes Privatvermögen). Bewegliche abnutzbare Wirtschaftsgüter (z.B. ein PKW) sollten zum Betriebsvermögen gewillkürt werden, um z.B. den Vorsteuerabzug geltend zu machen (gewillkürtes Betriebsvermögen); allerdings ist hierbei die Besteuerung des Eigenverbrauchs zu beachten. Es kommt auf den nach außen erkennbaren Willen des Steuerpflichtigen an, ob er ein Wirtschaftsgut als Betriebsvermögen oder Privatvermögen behandelt wissen will (= buchmäßige Behandlung). Die Steuerpflichtigen haben kein freies Wahlrecht, gewillkürtes Betriebsvermögen oder Privatvermögen zu bilden. Vielmehr muss für die Bildung gewillkürten Betriebsvermögens eine betriebliche Veranlassung gegeben sein.

3.3.2.3 Bewertung des Betriebsvermögens

Jedes zum Betriebsvermögen gehörende Wirtschaftsgut ist einzeln zu bewerten. Zur Erleichterung der Inventur und Bewertung können jedoch gleichartige oder annähernd gleichwertige Wirtschaftsgüter des Vorratsvermögens gruppenweise bewertet werden.

Alle Wirtschaftsgüter sind grundsätzlich mit ihren Anschaffungs- oder Herstellungskosten (AHK) zu bewerten. Bei den abnutzbaren Wirtschaftsgütern des Anlagevermögens müssen planmäßige Abschreibungen (Absetzung für Abnutzung = AfA) vorgenommen werden. Die um die AfA verminderten AHK werden als fortgeführte AHK bezeichnet. Bei den nicht abnutzbaren Wirtschaftsgütern des Anlagevermögens (Grund und Boden, Finanzanlagevermögen) und beim Umlaufvermögen gibt es keine planmäßigen Abschreibungen.

Liegt der Teilwert eines Wirtschaftsgutes des Anlagevermögens am Bilanzstichtag unter den (fortgeführten) AHK, kann der niedrigere Teilwert bei voraussichtlich dauernder Wertminderung angesetzt werden. Der Ansatz des niedrigeren Teilwerts führt zu einer außerplanmäßigen Abschreibung (Teilwertabschreibung). Beim Umlaufvermögen ist aufgrund handelsrechtlicher Vorschriften auf den niedrigeren Teilwert zu gehen.

Teilwert ist der Betrag, den ein Erwerber des ganzen Betriebs im Rahmen des Gesamtkaufpreises für das einzelne Wirtschaftsgut ansetzen würde. Dabei ist davon auszugehen, dass der Erwerber den Betrieb fortführt. In aller Regel deckt sich der Teilwert mit den Wiederbeschaffungskosten. Liegt der Teilwert über den (fortgeführten) AHK, z.B. aufgrund von Wertsteigerungen oder überhöhten Abschreibungen, dürfen höchstens die (fortgeführten) AHK angesetzt werden (Anschaffungskostenprinzip).

Bewegliche Wirtschaftsgüter des Anlagevermögens dürfen steuerlich ab dem Jahr 2008 nur noch linear abgeschrieben werden. (Für die Jahre 2009 und 2010 wurde inzwischen die degressive Abschreibung mit höchstens 25 % wieder eingeführt).

Sogenannte Geringwertige Wirtschaftsgüter (AHK netto bis zu 150 €) sind zwar auch bilanzierungspflichtig. Sie können im Jahr der Anschaffung oder Herstellung sofort abgeschrieben werden (§ 6 Abs. 2 EStG). Für Geringwertige Wirtschaftsgüter mit AHK von 150 € bis 1.000 € ist ein Sammelposten zu bilden. Der Sammelposten ist über 5 Jahre aufzulösen (§ 6 Abs. 2a EStG).

Die besonderen Abschreibungsregelungen für Ansparrücklagen und Sonderabschreibungen wurden im Laufe des Jahres 2007 geändert. Es können Investitionsabzugsbeträge und Sonderabschreibungen bei Vorliegen der Voraussetzungen zusätzlich zu den planmäßigen Abschreibungen in Anspruch genommen werden.

Die Anschaffungskosten einer Verbindlichkeit entsprechen dem Rückzahlungsbetrag. Planmäßige Abschreibungen kommen nicht in Betracht.

3.3.3 Einkunftsermittlung bei den Haushaltseinkunftsarten

3.3.3.1 Allgemeines

Außer den Gewinneinkunftsarten kennt das deutsche Einkommensteuerrecht vier Überschuss- bzw. Haushaltseinkünfte. Die Einkünfte errechnen sich aus dem Überschuss der Einnahmen über die Werbungskosten. Zu den Einnahmen zählen Geld- und auch Sachleistungen (z.B. die kostenlose Überlassung einer Wohnung an einen Angestellten).

Demgegenüber sind Werbungskosten Aufwendungen zur Erwerbung, Sicherung und Erhaltung der Einnahmen. Sie sind bei der Einkunftsart abzuziehen, bei der sie angefallen sind.

Einnahmen

./. Werbungskosten

= Überschuss der Einnahmen über die Werbungskosten

3.3.3.2 Werbungskosten bei Einkünften aus nichtselbständiger Arbeit (§ 19 EStG)

- ohne Nachweis tatsächlich höherer Einzelaufwendungen:

  Arbeitnehmerpauschbetrag von 920 €

- bei nachgewiesenen Einzelaufwendungen, z.B. für:

  - Fahrten zwischen Wohnung und Arbeitsstätte
  - Doppelte Haushaltsführung
  - Arbeitsmittel
  - Beiträge zu Berufsverbänden

Bei den Fahrten zwischen Wohnung und Arbeitsstätte hatte der Gesetzgeber ab dem 01.01.2007 das sogenannte „Werkstorprinzip" eingeführt. Damit wurde die Absetzbarkeit der Fahrten zwischen Wohnung und Arbeit versagt. Mit einer Sonderregelung wurde die Absetzbarkeit der Fahrt zwischen Wohnung und Arbeitsstätte erst ab dem 21. Kilometer ermöglicht. Diese gesetzliche Regelung ist inzwischen durch ein Urteil des Bundesverfassungsgerichts aus dem Dezember 2008 wieder aufgehoben worden. Es gilt derzeit die Pendlerpauschale wie sie im Jahr 2006 bestand: Ab dem ersten Kilometer ist für jeden einfachen Entfernungskilometer ein pauschaler Abzug von 0,30 € pro Kilometer erlaubt.

3.3.3.3 Werbungskosten bei Einkünften aus Kapitalvermögen (§ 20 EStG)

Regelungen bis zum 31.12.2008

- ohne Nachweis tatsächlich höherer Einzelaufwendungen: Werbungskostenpauschbetrag von 51 € (bei Verheirateten von 102 €)
- nachgewiesene Einzelaufwendungen, z.B. für:
  - Depotgebühren
  - Schuldzinsen

Von den Einnahmen wird noch der Sparer-Freibetrag von 750 €, bei Verheirateten von 1.500 € abgezogen.

Regelungen ab dem 01.01.2009

Ab dem 01.01.2009 wurde für die Einkünfte aus Kapitalvermögen ein gesonderter Steuertarif in Höhe von 25 % eingeführt. Ein Werbungskostenabzug ist damit nicht mehr möglich.

Von den Einnahmen wird nur noch der Sparer-Pauschbetrag von 801 €, bei Verheirateten von 1.602 € abgezogen.

3.3.3.4 Werbungskosten bei Einkünften aus Vermietung und Verpachtung (§ 21 EStG)

Zu unterscheiden ist zwischen vermieteten und selbstgenutzten Wohnungen. Selbstgenutzte Wohnungen sind nicht in die Besteuerungspflicht einbezogen worden, so dass keine Werbungskosten geltend gemacht werden können. Allerdings gibt es eine Förderung bei den Sonderausgaben (vgl. unten 3.4.3.2).

Bei dieser Einkunftsart gibt es keine Werbungskosten-Pauschbeträge. Abzugsfähig sind nur die tatsächlichen Aufwendungen. Dazu gehören Schuldzinsen, Grundsteuer, Versicherungen, Verwaltungskosten, Erhaltungsaufwendungen sowie die Absetzung für Abnutzung (AfA).

Die jährliche lineare AfA beträgt bei Gebäuden für Wohnzwecke

2,5 % bei vordem 01.01.1925 fertig gestellten Gebäuden

2 % bei nach dem 31.12.1924 fertig gestellten Gebäuden

Anstatt der linearen AfA konnte bis zum 31.12.2005 die degressive AfA beantragt werden. Hierbei war eine Abschreibung von zunächst 4 %, dann 2,5 % und schließlich 1,25 % möglich. Die degressive Abschreibung ist jedoch ab dem 01.01.2006 (Antrag auf Baugenehmigung oder Abschluss Kaufvertrag) entfallen.

3.3.3.5 Werbungskosten bei Sonstigen Einkünften und Besteuerung der Sonstigen Einkünfte (§ 22 EStG)

Unter die sonstigen Einkünfte fallen unter anderem die Renten und die privaten Veräußerungsgeschäfte.

Renten

Seit dem Jahr 2005 (Alterseinkünftegesetz) werden die Renten aus der Basisversorgung (§ 22 Nr. 1 Satz 3a aa EStG, hierzu zählen auch die Renten aus der gesetzlichen Rentenversicherung und den berufsständischen Versorgungswerken) mit 50 % im Jahr 2005 besteuert. Der steuerpflichtige Anteil der Renten steigt ab dem Jahr 2006 bis zum Jahr 2020 um jährlich 2 % auf 80 % und ab dem Jahr 2021 bis zum Jahr 2040 um jährlich 1 % auf 100 %.

Ohne Nachweis tatsächlich höherer Werbungskosten wird ein Werbungskostenpauschbetrag in Höhe von 102 € abgezogen.

Leistungen aus Kapitalanlageprodukten (§ 22 Nr. 1 Satz 3a bb EStG), das sind nach dem 31.12.2004 neu abgeschlossene Kapitallebensversicherungen sowie Leistungen aus privaten Rentenversicherungen sind grundsätzlich in Höhe der Auszahlungsdifferenz steuerpflichtig. Wird das Kapital jedoch nach der Vollendung des 60. Lebensjahres und nach einer Laufzeit von 12 Jahren ausgezahlt, sind nur 50 % der Erträge steuerpflichtig.

Wird eine Rente gezahlt, ist nur der Ertragsanteil steuerpflichtig. Hierunter fallen Renten aus privaten Rentenversicherungen, die vor dem 01.01.2005 abgeschlossen wurden, Renten aus neuen Lebensversicherungen, die ab dem 01.01.2005 abgeschlossen worden sind und keine Basisversorgung darstellen, Veräußerungsleibrenten und Versorgungsleistungsrenten.

Der Ertragsanteil ist umso höher je niedriger das vollendete Lebensalter bei Beginn der Rente ist. Im Folgenden sind verschiedene Lebensjahre und die entsprechenden Ertragsanteile beispielhaft aufgelistet:

Bei Beginn der Rente vollendetes Lebensjahr		Ertragsanteil
30 – 31	Jahre	44 %
60 – 61	Jahre	22 %
65 – 66	Jahre	18 %
67	Jahre	17 %

Private Veräußerungsgeschäfte

Hierunter fallen bis zum 31.12.2008 insbesondere die Veräußerungen von Grundstücken und anderen Wirtschaftsgütern wie etwa Wertpapiere (§ 23 EStG).

Wird ein Grundstück innerhalb von 10 Jahren zwischen Anschaffung und Veräußerung veräußert, liegt ein privates Veräußerungsgeschäft vor. (Bei Nutzung für eigene Wohnzwecke gilt dies als Ausnahme nicht).

Bei Wertpapieren liegt ein privates Veräußerungsgeschäft vor, wenn innerhalb von 1 Jahr zwischen Anschaffung und Veräußerung veräußert wird.

Der Gewinn oder Verlust ist der Unterschied zwischen dem Veräußerungspreis und den Anschaffungs- oder Herstellungskosten des Wirtschaftsgutes. Die Anschaffungs- oder Herstellungskosten mindern sich für die Wirtschaftsgüter, die nach dem 31.07.1995 angeschafft worden sind um Abschreibungen, erhöhte Abschreibungen und Sonderabschreibungen, soweit diese bei der Ermittlung der Einkünfte abgezogen worden sind. Der Veräußerungspreis mindert sich um etwaige Veräußerungskosten.

Der so ermittelte Veräußerungsgewinn bleibt bis zu einem Betrag von weniger als 512 € (ab 2008: 600 €) im Kalenderjahr steuerfrei. Verluste dürfen nur mit Gewinnen aus privaten Veräußerungsgeschäften im gleichen Jahr ausgeglichen werden. Sie können jedoch auf Gewinne aus privaten Veräußerungsgeschäften in dem unmittelbar vorangegangenen Veranlagungszeitraum zurückgetragen werden oder auf Gewinne aus privaten Veräußerungsgeschäften in den folgenden Veranlagungszeiträumen vorgetragen werden.

Ab dem 01.01.2009 ist die Veräußerung von Wertpapieren aus den Regelungen des § 23 EStG herausgenommen worden. Für Wertpapiere mit Anschaffungsdatum bis zum 31.12.2008 gilt noch die alte Regelung. Ab dem Anschaffungsdatum 01.01.2009 werden die Veräußerungen von Wertpapieren der Abgeltungssteuer in Höhe von 25 % unterworfen. Entsprechend wurde die Regelung in § 20 Abs. 2 EStG aufgenommen. Auf den Veräußerungsgewinn ist somit unabhängig von der Haltedauer 25 % Abgeltungssteuer zu entrichten. Transaktionskosten werden bei der Ermittlung des Veräußerungsgewinns weiterhin abgezogen.

Verluste aus privaten Veräußerungsgeschäften mit Aktien (keine wesentliche Beteiligung im Sinne des § 17 EStG, d.h. Beteiligung unter 1 %) können nur mit Verlusten aus privaten Veräußerungsgeschäften aus Aktien verrechnet werden (§ 20 Abs. 6 Satz 5 EStG).

Davon zu unterscheiden ist die übrige Verlustverrechnung. Dazu zählen Verluste aus der Veräußerung sonstiger Wertpapiere, die sowohl mit Gewinnen aus Veräußerungsgeschäften (auch Aktienveräußerungsgeschäften) als auch laufenden Erträgen verrechnet werden können. Eine Verlustverrechnung mit anderen Einkunftsarten ist nicht möglich. Ein Verlustvortrag für nicht ausgeglichene Verluste ist möglich.

3.4 Ermittlung des zu versteuernden Einkommens

3.4.1 Schema

Bemessungsgrundlage für die ESt ist nicht die Summe der Einkünfte, sondern das zu versteuernde Einkommen, das nach folgendem (groben) Schema zu ermitteln ist:

Summe der Einkünfte aus den einzelnen Einkunftsarten (§ 2 Abs. 1 EStG)

- Entlastungsbetrag für Alleinerziehende (§ 24 b EStG)
- Altersentlastungsbetrag (§ 24 a EStG)

= Gesamtbetrag der Einkünfte (§ 2 Abs. 3 EStG)

- Verlustabzug (§ 10d EStG)
- Sonderausgaben (§§ 10, 10 a, 10 b, 10 c EStG)
- außergewöhnliche Belastungen (§ 33 bis § 33 c EStG)
- Steuerbegünstigung der zu Wohnzwecken genutzten Wohnungen, Gebäude und Baudenkmale sowie der schutzwürdigen Kulturgüter (§ 10 e bis § 10 i EStG)

= Einkommen (§ 2 Abs. 4 EStG)

- Freibeträge für Kinder (§§ 31, 32 Abs. 6 EStG)

= zu versteuerndes Einkommen (§ 2 Abs. 5 EStG)

3.4.2 Abzug von der Summe der Einkünfte

Von der Summe der Einkünfte aus den sieben Einkunftsarten ist der Entlastungsbetrag für Alleinerziehende abzuziehen:

Alleinerziehende mit mindestens 1 hauhaltszugehörigen Kind, für das ihnen ein Freibetrag nach § 32 Abs. 6 EStG zusteht, erhalten einen Entlastungsbetrag von 1.308 €.

Ebenfalls von der Summe der Einkünfte aus den sieben Einkunftsarten ist der Altersentlastungsbetrag abzuziehen. Voraussetzungen im Jahr 2008 sind:

- vollendetcs 64. Lebensjahr

- 35,2 % der Einkünfte (außer Versorgungsbezügen und Leibrenten)

- maximal 1.672 €

Der Anteil der Einkünfte sowie der Höchstbetrag sinken bis zum Jahr 2040 auf 0 % der Einkünfte bzw. auf 0 €.

3.4.3 Abzüge vom Gesamtbetrag der Einkünfte

Vom Gesamtbetrag der Einkünfte sind Sonderausgaben, die Steuerbegünstigung der zu eigenen Wohnzwecken genutzten Wohnungen im eigenen Haus, außergewöhnliche Belastungen und Verlustabzüge abzuziehen.

3.4.3.1 Sonderausgaben

Bei der Einkommensteuer gilt der Grundsatz, dass Aufwendungen der privaten Lebensführung nicht abgezogen werden dürfen. In Durchbrechung dieses Prinzips lässt der Gesetzgeber bestimmte Ausgaben, sogenannte "Sonderausgaben", aus sozialpolitischen Erwägungen zum Abzug zu.

a. Unbeschränkt abzugsfähige Sonderausgaben

- Gezahlte Kirchensteuer

- Renten und dauernde Lasten

Mit der gesetzlichen Änderung durch das Jahressteuergesetz 2008 können Versorgungsleistungen auf Grund von Vermögensübertragungen im Rahmen der vorweggenommenen Erbfolge nach dem 31.12.2007 nur noch als Sonderausgaben abgezogen werden, wenn sie im Zusammenhang mit der Übertragung eines Mitunternehmeranteils, eines Betriebs oder Teilbetriebs oder eines mindestens 50 %-igen GmbH-Anteils stehen. Aus Vereinfachungsgründen wird auf die bisherige Unterscheidung zwischen Renten und dauernden Lasten verzichtet. Diese Versorgungsleistungen sind in vollem Umfang vom Empfänger der Leistung zu versteuern.

Versorgungsleistungen auf Grund von Übertragungen vor dem 01.01.2008 sind wie bisher abzugsfähig.

- Schuldrechtlicher Versorgungsausgleich

Leistungen auf Grund eines schuldrechtlichen Versorgungsausgleichs können als Sonderausgaben abgezogen werden. Liegt der Leistung eine nur mit dem Ertragsanteil steuerbare Leibrente des Ausgleichsverpflichteten zu Grunde, sind die Leistungen als Rente nur mit dem Ertragsanteil abzugsfähig. Beruht die Leistung dagegen auf Versorgungsbezügen, kommt der Abzug der Sonderausgaben in voller Höhe als dauernde Last in Betracht.

- Steuerberatungskosten

Der Abzug von Steuerberatungskosten als Sonderausgaben ist ab dem 01.01.2006 entfallen. Steuerberatungskosten können daher nur noch abgezogen werden, wenn sie Betriebsausgaben oder Werbungskosten darstellen.

Gegen die Abschaffung des Sonderausgabenabzugs für private Steuerberatungskosten sind derzeit (April 2009) fünf Verfahren beim Bundesfinanzhof anhängig.

Selbst der Bundesrat verlangt, den 2006 abgeschafften Sonderausgabenabzug für private Steuerberatungskosten bei der Einkommensteuer wieder einzuführen (Pressemitteilung vom 30.04.2009), da die ursprüngliche Zielsetzung einer Steuervereinfachung verfehlt worden sei: Die Abschaffung habe zu einem erhöhten Verwaltungsaufwand bei Finanzbehörden und Steuerberatern geführt, da die Steuerberatungskosten nun auf Erwerbs- und Privatsphäre aufzuteilen sind.

b. Beschränkt abzugsfähige Sonderausgaben

- Unterhaltsleistungen an geschiedene oder dauernd getrennt lebende Ehegatten bis 13.805 € (Realsplitting), sofern der Ehegatte der Versteuerung zugestimmt hat.

- Spenden und Mitgliedsbeiträge zur Förderung steuerbegünstigter Zwecke.

- Aufwendungen für die eigene Berufsausbildung (Höchstbetrag 4.000 € p.a.).

- Schulgeld für den Privatschulbesuch des Kindes (30 %, höchstens 5.000 € p.a.).

- Begünstigten Versicherungen (Vorsorgeaufwendungen).

- Kinderbetreuungskosten: Zwei Drittel der Kinderbetreuungskosten, max. 4.000 € je Kind können entweder als Betriebsausgaben, Werbungskosten oder als Sonderausgaben abgezogen werden. Der Abzug ist von den nachstehend beschriebenen Anspruchsvoraussetzungen abhängig, wobei die Prüfung der Anspruchsvoraussetzungen von oben nach unten erfolgt:

1. Erwerbstätige Eltern/Alleinerziehende, Kinder zwischen 0 und 14 Jahren
   -> Betriebsausgaben oder Werbungskosten

2. Mischfälle (erwerbstätig + krank/behindert/Ausbildung), Kinder zwischen 0 und 14 Jahren
   -> Sonderausgaben

3. Alle Anderen, v.a. Alleinverdiener – Eltern: Kinder zwischen 3 und 6 Jahren
   -> Sonderausgaben

Alle Verbleibenden, v.a. Alleinverdiener – Eltern: Kinder zwischen 0 und 3 und 6 und 14 Jahren ->
Steuerermäßigung für haushaltsnahe Beschäftigungsverhältnisse (bei geringfügiger Beschäftigung: 10 %, max. 510 €; bei Beschäftigungsverhältnissen, für die auf Grund der Beschäftigungsverhältnisse Pflichtbeiträge zur gesetzlichen Sozialversicherung entrichtet werden: 12 % max. 2.400 €) und Dienstleistungen (z.B. Beschäftigung einer Tagesmutter, die das Kind im Haushalt des Steuerpflichtigen betreut, 20 % max. 600 €, unbare Zahlung erforderlich)

Sofern keine tatsächlichen Aufwendungen nachgewiesen werden, wird für die Sonderausgaben, die keine Vorsorgeaufwendungen sind, mindestens der Sonderausgaben-Pauschbetrag von 36 € für Ledige bzw. 72 € für Zusammenveranlagte gewährt.

Vorsorgeaufwendungen

Mit dem Alterseinkünftegesetz 2005 wurde die Abzugsfähigkeit von Vorsorgeaufwendungen ab dem Veranlagungszeitraum 2005 völlig neu geregelt. Zwischen altem (bis 31.12.2004) und neuem Recht (ab 01.01.2005) findet eine so genannte Günstigerprüfung statt, die sich zeitlich bis in das Jahr 2019 erstreckt. Hiernach wird der Sonderausgabenabzug nach altem und nach neuem Recht verglichen. Sofern der Sonderausgabenabzug nach altem Recht günstiger ist, wird das alte Recht angewandt.

Die Günstigerprüfung beim Sonderausgabenabzug für die Basisversorgung ab dem Jahr 2005 führte bei bestimmten Berufsgruppen, z. B. bei ledigen Selbständigen, die nicht in einer berufsständischen Versorgungseinrichtung pflichtversichert sind, dazu, dass eine zusätzliche Beitragszahlung zugunsten einer Rentenversicherung den als Sonderausgaben zu berücksichtigenden Höchstbetrag nicht erhöht. Um auch in diesen Fällen den Anreiz für eine zusätzliche Altersabsicherung in Form der "Rürup"-Rente zu erhöhen, ist die bestehende Günstigerprüfung erweitert worden (Jahressteuergesetz 2007). Diese Günstigerprüfung gilt rückwirkend ab dem Jahr 2006. Zur Berechnung vgl. Beispiel 2.

Die Vorsorgeaufwendungen i.S.d. § 10 Abs. 1 Nr. 2 und 3 EStG werden unterteilt in Altersvorsorgeaufwendungen (Nr. 2) und sonstige Vorsorgeaufwendungen nach (Nr. 3).

Aufwendungen für Altersvorsorge

Der Höchstbetrag für Altersvorsorgeaufwendungen ermittelt sich wie folgt:

Alleinstehende/Verheiratete

Alleinstehende /Verheiratete ./. Kürzung um 19,9 % des Arbeitslohns (max. 54.000 €) bei z.B. Beamten, Geschäftsführern mit Pensionsanspruch	20.000,00 / 40.000,00 ./.
Summe 1	
Gezahlte Beiträge an Altersvorsorgeaufwendungen + Arbeitnehmeranteil Rentenversicherung + Arbeitgeberanteil Rentenversicherung	 + +
Summe 2	
Niedrigerer Betrag (Summe 1/Summe 2) davon in 2008: 66 % (jährliche Steigerung um 2 %, in 2024: 100 %) ./. Arbeitgeberanteil Rentenversicherung	 ./.
Höchstbetrag	

Begünstigt sind Aufwendungen

- an die gesetzliche Rentenversicherungen
- an die landwirtschaftliche Alterskassen
- an die Künstlersozialkasse
- an berufsständische Versorgungseinrichtungen, z.B. Versorgungskassen der Ärzte, Apotheker, Architekten, Rechtsanwälte, Notare, Ingenieure und Steuerberater
- zum Aufbau einer eigenen kapitalgedeckten Altersversorgung (Rürup - Rente), die nach dem 31.12.2004 beginnt (keine Beitragszahlung vor dem 01.01.2005)
- von Arbeitnehmern an die Rentenversicherung (Arbeitnehmer- und Arbeitgeberanteil).

Sonstige Vorsorgeaufwendungen

Der Höchstbetrag für sonstige Vorsorgeaufwendungen beträgt z.B. bei Selbständigen und nicht sozialversicherungspflichtigen Geschäftsführern 2.400 €. Für Beamte, Arbeiter, Angestellte und Rentner, beträgt der Höchstbetrag 1.500 €. Bei zusammenveranlagten Ehegatten bestimmt sich der gemeinsame Höchstbetrag aus der Summe der jedem Ehegatten unter den persönlichen Voraussetzungen zustehenden Höchstbeträge.

Begünstigt sind Aufwendungen

- zur Arbeitslosenversicherung
- zu Erwerbs- und Berufsunfähigkeitsversicherungen, soweit sie nicht mit einer Rürup – Rente gekoppelt sind
- zur gesetzlichen oder privaten Kranken- und Pflegeversicherung
- zu Unfallversicherungen
- zu Haftpflichtversicherungen
- zu Lebensversicherungen, die nur für den Todesfall eine Leistung vorsehen (Risikolebensversicherungen)
- zu Rentenversicherungen ohne Kapitalwahlrecht *
- zu Rentenversicherungen mit Kapitalwahlrecht gegen laufende Beitragsleistungen, wenn das Kapitalwahlrecht nicht vor Ablauf von zwölf Jahren seit Vertragsabschluss ausgeübt werden kann *, **
- zu Kapitalversicherungen gegen laufende Beitragsleistungen mit Sparanteil, wenn der Vertrag für die Dauer von mindestens zwölf Jahren abgeschlossen worden ist *, **

* Die Laufzeit dieser Versicherungen muss vor dem 01.01.2005 begonnen haben und es muss ein Versicherungsbeitrag bis zum 31.12.2004 entrichtet worden sein.

** Seit 2004 sind Beiträge zu diesen Versicherungen nur i.H.v. 88 % als Vorsorgeaufwendungen zu berücksichtigen.

Der Vorsorgehöchstbetrag bis 2004 setzt sich aus folgenden Beträgen zusammen:

	Alleinstehende / Verheiratete
Vorwegabzug	3.068 € / 6.136 €
Sonderhöchstbetrag für freiwillige Pflegeversicherung bei nach dem 31.12.1957 Geborenen	184 € / 368 €
Grundhöchstbetrag	1.334 € / 2.668 €
hälftiger Höchstbetrag	667 € / 1.334 €
	5.253 € / 10.506 €

Der Vorwegabzug steht Selbständigen ohne Kürzung zu. Bei Arbeitnehmern wird der Vorwegabzug um 16 % des Arbeitslohnes gekürzt. Bei einem Arbeitslohn von 19.175 € bei Alleinstehenden (38.350 € bei Verheirateten) entfällt der Vorwegabzug.

Die Günstigerprüfung soll anhand der nachfolgenden Beispiele verdeutlicht werden.

Beispiel 1

Der selbständige Apotheker M zahlte im Jahr 2008 folgende Beiträge:

Apothekerversorgung	€ 12.168
Kranken- und Pflegeversicherungen	€ 7.379
Unfall- und Haftpflichtversicherungen	€ 244
Kapitallebensversicherungen	€ 3.155

Höchstbetragsberechnung nach § 10 Abs. 3 und 4 EStG

Landwirtschaftliche Alterskassen, berufsständische Versorgungseinrichtungen von Nichtarbeitnehmern		12.168		
Summe der Altersvorsorgeaufwendungen		12.168		
Höchstbetrag		20.000		
Anzusetzende Altersvorsorgeaufwendungen (12.168 x 66 %)				8.031
Freiwillige Versicherungen gegen Arbeitslosigkeit, Erwerbs- und Berufsunfähigkeit, Kranken- und Pflegeversicherungen			7.379	
Unfall-, Haftpflicht- und Risikoversicherungen			244	
Rentenversicherungen mit Kapitalwahlrecht und Kapitallebensversicherungen	3.155			
davon ansetzbar 88 %			2.777	
Summe der sonstigen Vorsorgeaufwendungen			10.400	
davon ansetzbar (höchstens 2.400)				2.400
Anzusetzender Höchstbetrag				**10.431**

Höchstbetragsberechnung nach § 10 Abs. 3 EStG a. F.

Summe der Altersvorsorgeaufwendungen		12.168	
Summe der sonstigen Vorsorgeaufwendungen		10.400	
Gesamtbetrag der Vorsorgeaufwendungen		22.568	
Vorwegabzug	3.068		
- Kürzung nach § 10 Abs. 3 Nr. 2 EStG a. F.	0		
- Vorwegabzug nach Kürzung		3.068	3.068
Verbleiben		19.500	
- Höchstbetrag		1.334	1.334
Übersteigender Betrag		18.166	
- Hälfte des übersteigenden Betrags, höchstens 667		667	667
Nicht abzugsfähiger Restbetrag		17.499	
Vom übersteigenden Betrag			
haben sich hälftig ausgewirkt	1.334		
haben sich in voller Höhe nicht ausgewirkt	16.832		
Anzusetzender Höchstbetrag			**5.069**

Günstigerprüfung nach § 10 Abs. 4a EStG

Höchstbetrag nach § 10 Abs. 3 und 4 EStG	10.431
Höchstbetrag nach § 10 Abs. 3 EStG a. F.	5.069
Anzusetzende Vorsorgeaufwendungen	**10.431**

Beispiel 2

Der selbständige Apotheker M, verheiratet, zahlte im Jahr 2008 folgende Beiträge:

Apothekerversorgung	€ 12.168
Kranken- und Pflegeversicherungen	€ 7.379
Unfall- und Haftpflichtversicherungen	€ 244
Kapitallebensversicherungen	€ 3.155.

Die Ehefrau, angestellte Apothekerin, zahlte im Jahr 2008 folgende Beiträge:

Rentenversicherung Arbeitnehmeranteil:	€ 1.326
Rentenversicherung Arbeitgeberanteil:	€ 1.325
Rürup – Rente:	€ 5.000
Kranken- und Pflegeversicherungen	€ 1.312
Bruttoarbeitslohn:	€ 13.319

Höchstbetragsberechnung nach § 10 Abs. 3 und 4 EStG

Arbeitnehmeranteil zu gesetzlichen Rentenversicherungen und zu berufsständischen Versorgungseinrichtungen	1.326	
Landwirtschaftliche Alterskassen, berufsständische Versorgungseinrichtungen von Nichtarbeitnehmern	12.168	
Eigene kapitalgedeckte Rentenversicherungen	5.000	
Arbeitgeberanteil zu gesetzlichen Rentenversicherungen, Zuschüsse zu berufsständischen Versorgungseinrichtungen	1.325	
Summe der Altersvorsorgeaufwendungen	19.819	
Höchstbetrag	40.000	
Anteiliger Höchstbetrag (19.819 x 66 %)		13.081
- steuerfreier Arbeitgeberanteil		-1.325
Anzusetzende Altersvorsorgeaufwendungen		11.756

Gesetzliche Versicherungen gegen Arbeitslosigkeit, Kranken- und Pflegeversicherungen		1.312	
Freiwillige Versicherungen gegen Arbeitslosigkeit, Erwerbs- und Berufsunfähigkeit, Kranken- und Pflegeversicherungen		7.379	
Unfall-, Haftpflicht- und Risikoversicherungen		244	
Rentenversicherungen mit Kapitalwahlrecht und Kapitallebensversicherungen	3.155		
davon ansetzbar 88 %		2.777	
Summe der sonstigen Vorsorgeaufwendungen		11.712	
davon ansetzbar (höchstens 3.900)			3.900
Anzusetzender Höchstbetrag			**15.656**

Höchstbetragsberechnung nach § 10 Abs. 3 EStG a. F.

Summe der Altersvorsorgeaufwendungen		19.819	
Summe der sonstigen Vorsorgeaufwendungen		11.712	
Gesamtbetrag der Vorsorgeaufwendungen		31.531	
- Arbeitgeberanteil zu gesetzlichen Rentenversicherungen, Zuschüsse zu berufsständischen Versorgungseinrichtungen		-1.325	
Übersteigender Betrag		30.206	
Vorwegabzug	6.136		
- Kürzung nach § 10 Abs. 3 Nr. 2 EStG a. F.	2.131		
- Vorwegabzug nach Kürzung		4.005	4.005
Verbleiben		26.201	
- Höchstbetrag		2.668	2.668
Übersteigender Betrag		22.199	

- Hälfte des übersteigenden Betrags,				
höchstens 1.334			1.334	1.334
Nicht abzugsfähiger Restbetrag			22.191	
Vom übersteigenden Betrag				
haben sich hälftig ausgewirkt	2.668			
haben sich in voller Höhe nicht ausgewirkt	20.865			
Anzusetzender Höchstbetrag				**8.007**

<u>Höchstbetragsberechnung nach § 10 Abs. 4a S. 1 EStG</u>

Gesamtbetrag der Vorsorgeaufwendungen		31.531	
- eigene kapitalgedeckte Rentenversicherungen		5.000	
- Arbeitgeberanteil zu gesetzlichen Rentenversicherungen, Zuschüsse zu berufsständischen Versorgungseinrichtungen		1.325	
Anzusetzende Vorsorgeaufwendungen		25.206	
Vorwegabzug	6.136		
- Kürzung nach § 10 Abs. 3 Nr. 2 EStG a. F.	2.131		
- Vorwegabzug nach Kürzung		4.005	4.005
Verbleiben		21.201	
- Höchstbetrag		2.668	2.668
Übersteigender Betrag		18.533	
- Hälfte des übersteigenden Betrags, höchstens 1.334		1.334	1.334
Nicht abzugsfähiger Restbetrag		17.199	

Vom übersteigenden Betrag			
haben sich hälftig ausgewirkt	2.668		
haben sich in voller Höhe nicht ausgewirkt	15.865		
Eigene kapitalgedeckte Rentenversicherungen		5.000	
Höchstbetrag	40.000		
- Arbeitnehmeranteil zu gesetzlichen Rentenversicherungen und zu berufsständischen Versorgungseinrichtungen	1.326		
- Landwirtschaftliche Alterskassen, berufsständische Versorgungseinrichtungen von Nichtarbeitnehmern	12.168		
- Arbeitgeberanteil zu gesetzlichen Rentenversicherungen, Zuschüsse zu berufsständischen Versorgungseinrichtungen	1.325		
Gekürzter Höchstbetrag		25.181	
Erhöhungsbetrag (5.000 x 66 %)			3.300
Anzusetzender Höchstbetrag			**11.307**

<u>Günstigerprüfung nach § 10 Abs. 4a EStG</u>

Höchstbetrag nach § 10 Abs. 3 und 4 EStG	15.656	
Höchstbetrag nach § 10 Abs. 3 EStG a. F.	8.007	
Höchstbetrag nach § 10 Abs. 4a S. 1 EStG (JStG 2007)	11.307	
Anzusetzende Vorsorgeaufwendungen		15.656
Anzusetzende Vorsorgepauschale		2.663
Angesetzt werden		**15.656**

Vorsorgepauschale

Wenn der Steuerpflichtige und/oder sein Ehegatte Arbeitslohn bezogen hat, können 20 % des maßgebenden Arbeitslohnes, ohne dass tatsächliche Ausgaben nachgewiesen werden müssen (Vorsorgepauschale), abgezogen werden. Nichtarbeitnehmer müssen tatsächliche Aufwendungen nachweisen, um Vorsorgeaufwendungen geltend machen zu können. Bei geringem Arbeitslohn ist es vielfach vorteilhafter, die tatsächlichen Vorsorgeaufwendungen nachzuweisen, als die Vorsorgepauschale in Anspruch zu nehmen.

Wie bei den Versicherungsbeiträgen (Beispiel 1 und 2) findet auch bei der Vorsorgepauschale eine Günstigerprüfung statt:

Ermittlung der Bemessungsgrundlage

Bruttoarbeitslohn Steuerpflichtiger	0	
Bruttoarbeitslohn Ehefrau	13.319	
Bemessungsgrundlage gesamt		13.319

Ermittlung der ungekürzten Vorsorgepauschale nach § 10c Abs. 2 EStG

Bemessungsgrundlage (höchstens 63.000 je Ehegatte)	13.319,00	
darauf entfallender Rentenversicherungsbeitrag 19,9 %	2.650,49	
davon 50 % Arbeitnehmeranteil	1.325,25	
Begrenzung auf 32 % des vorstehenden Betrags		424,08
11 % aus der Bemessungsgrundlage	1.465,09	
höchstens 3.000		
davon sind anzusetzen		1.465,09
Summe		1.889,17
Vorsorgepauschale gerundet		**1.890**

Ermittlung der ungekürzten Vorsorgepauschale nach § 10c Abs. 2 EStG a. F.

20 % aus der Bemessungsgrundlage		2.663,80	
Vorweghöchstbetrag	6.136,00		
- 16 % von 13.319	2.131,04		
- Vorweghöchstbetrag nach Kürzung		4.004,96	2.663,80
Verbleiben		0,00	
Vorsorgepauschale gerundet			**2.663**

Günstigerprüfung nach § 10c Abs. 5 EStG

Vorsorgepauschale nach § 10c Abs. 2 und 3 EStG	1.890
Vorsorgepauschale nach § 10c Abs. 2 und 3 EStG a. F.	2.663
Anzusetzende Vorsorgepauschale	**2.663**

Sonderausgabenabzug für zusätzliche Altersvorsorge (Riester – Rente, § 10a EStG)

Neben den Vorsorgeaufwendungen gewährt das Einkommensteuergesetz seit dem 01.01.2002 für Beitragsleistungen auf einen begünstigten Altersvorsorgevertrag einschließlich der auf dem Altersvorsorgevertrag gutgeschriebenen Zulage einen zusätzlichen Sonderausgabenabzug. Der maximale Abzugsbetrag ist unabhängig von der tatsächlichen Höhe des individuellen Einkommens. Abzugsfähig sind die im Veranlagungszeitraum tatsächlich geleisteten Altersvorsorgebeiträge. Außerdem ist die dem Steuerpflichtigen zustehende Altersvorsorgezulage (Grund- und Kinderzulage) in den Abzugsbetrag einzubeziehen. Im Rahmen der Einkommensteuerveranlagung ermittelt das Finanzamt von Amts wegen das für den Steuerpflichtigen günstigere Ergebnis.

3.4.3.2 Steuerbegünstigung der zu eigenen Wohnzwecken genutzten Immobilie

Seit dem 01.01.1996 war an die Stelle der bis dahin geltenden steuerlichen Förderung nach § 10e EStG eine Förderung durch die sog. Eigenheimzulage, geregelt im Eigenheimzulagegesetz (EigZulG), getreten.

Ab dem 01.01.2006 ist die Eigenheimzulage entfallen. Sie ist nur noch für Altfälle zu gewähren.

Zu eigenen Wohnzwecken genutzte Immobilien werden wie folgt gefördert (§ 10 f EStG):

Geförderte Objekte

Im Inland belegenes eigenes Gebäude, das Baudenkmal ist oder im Sanierungsgebiet oder städtebaulichen Entwicklungsgebiet liegt und zu eigenen Wohnzwecken genutzt oder unentgeltlich überlassen wird.

Geförderte Person

Bauherr.

Häufigkeit

Einmal bzw. zweimal bei Ehegatten.

Bemessungsgrundlage

Aufwendungen für Baumaßnahmen, soweit diese nicht nach §§ 7h, 7i oder 10e EStG oder EigZulG abgezogen wurden.

Abzugssatz

Ab dem Veranlagungszeitraum 2004 im Jahr der Baumaßnahme und in den folgenden neun Kalenderjahren 9 % wie Sonderausgaben.

Die Förderung gilt auch für Erhaltungsaufwand, der nicht zu den Betriebsausgaben oder Werbungskosten gehört.

3.4.3.3 Außergewöhnliche Belastungen

Außergewöhnliche Belastungen sind Aufwendungen, die weder als Betriebsausgabe oder Werbungskosten noch als Sonderausgaben abzugsfähig sind, die aber wegen ihres außergewöhnlichen Charakters die Leistungsfähigkeit des einzelnen Steuerpflichtigen doch wesentlich beeinflussen.

Zwei Arten von außergewöhnlichen Belastungen lassen sich unterscheiden:

- Im Gesetz exakt definierte außergewöhnliche Belastungen sind im Rahmen bestimmter Höchstbeträge abzugsfähig, z.B. Ausbildungsfreibeträge, Freibeträge bei Körperbehinderung (§§ 33a und 33b EStG)

- Andere außergewöhnliche Belastungen sind nur abzugsfähig, wenn die Aufwendungen die zumutbare Eigenbelastung übersteigen (§ 33 EStG). Hierzu zählen u.a. Krankheitskosten und Aufwendungen im Todesfall von Angehörigen

Die zumutbare Eigenbelastung liegt bei Steuerpflichtigen ohne Kinder zwischen 4 % und 7 % und mit Kindern zwischen 1 % und 4 % des Gesamtbetrages der Einkünfte je nach Einkunftshöhe und Anzahl der Kinder.

3.4.3.4 Verlustausgleich und Verlustabzug

Verluste aus einer Einkunftsart können mit Gewinnen/Überschüssen derselben (horizontaler Verlustausgleich) oder einer anderen Einkunftsart (vertikaler Verlustausgleich) ausgeglichen werden.

Verluste, die nicht ausgeglichen werden können, sind bis zu einem Betrag von 511.500 € (bei Zusammenveranlagung 1.023.000 €) vom Gesamtbetrag der Einkünfte des unmittelbar vorangegangenen Veranlagungszeitraums abzuziehen (Verlustrücktrag).

Soweit eine solche Verrechnung nicht möglich ist, sind sie mit künftigen Überschüssen auszugleichen (Verlustvortrag). Der Verlustvortrag erfolgt jedoch nur bis zu einem Gesamtbetrag der Einkünfte von 1 Mio. € (bei Zusammenveranlagung 2 Mio. €) unbeschränkt. Darüber hinaus nur bis zu 60 % des 1 Mio. €/2 Mio. € übersteigenden Gesamtbetrags der Einkünfte.

3.4.4 Abzüge vom Einkommen

Bei der Ermittlung des zu versteuernden Einkommens sind noch weitere Beträge (Sonderfreibeträge) abzuziehen, wenn bestimmte Voraussetzungen erfüllt sind.

- Kinderfreibetrag pro Kind	1.824 €
- Freibetrag für den Betreuungs- und Erziehungs- oder Ausbildungsbedarf des Kindes	1.080 €
- Härteausgleich nach § 46 Abs. 3 EstG	

Ab 2009 wird der Kinderfreibetrag auf 1.932 € erhöht.

3.4.5 Außerordentliche Einkünfte (§ 34 EStG)

Zu den einkommensteuerpflichtigen Einkünften gehören nicht nur die laufenden Einkünfte, sondern auch bestimmte (einmalige) Veräußerungsgewinne. Diese Gewinne werden jedoch gesondert ermittelt.

(1) Begünstigte Veräußerungsvorgänge

- Veräußerung eines Betriebes oder Teilbetriebes im Ganzen
- Veräußerung einer Beteiligung an einer Personengesellschaft
- Betriebsaufgabe (keine allmähliche Liquidation!)
- Veräußerung sämtlicher Anteile an einer Kapitalgesellschaft
- Gesamtbetriebsverpachtung mit ausdrücklicher Erklärung der Betriebsaufgabe

(2) Ermittlung des Veräußerungsgewinns

Veräußerungspreis (bzw. gemeiner Wert bei Betriebsaufgabe)

./. Buchwert (= Buchwert der Aktiva ./. Schulden)

./. Veräußerungskosten

= Veräußerungsgewinn

./. Freibetrag

= zu versteuernder Veräußerungsgewinn

(3) Freibetrag

Der Freibetrag bei Veräußerungsgewinnen beträgt 45.000 €. Er ermäßigt sich um den Betrag, um den der Veräußerungsgewinn 136.000 € übersteigt. Der Freibetrag ist nur zu gewähren, wenn der Steuerpflichtige das 55. Lebensjahr vollendet hat oder dauernd berufsunfähig ist.

(4) Steuersatz

Die für die außerordentlichen Einkünfte anzusetzende Einkommensteuer beträgt das Fünffache des Unterschiedsbetrags zwischen der Einkommensteuer für das um diese Einkünfte verminderte zu versteuernde Einkommen (verbleibendes zu versteuerndes Einkommen) und der Einkommensteuer für das verbleibende zu versteuernde zuzüglich eines Fünftels dieser Einkünfte (§ 34 Abs. 1 EStG, so genannte Fünftelregelung).

Auf Antrag kann der Veräußerungsgewinn mit 56 % des durchschnittlichen Steuersatzes, jedoch mindestens mit dem Eingangssteuersatz von 15 % besteuert werden. Voraussetzungen hierfür sind:

- Antrag des Steuerpflichtigen
- 1-mal im Leben ab dem Veranlagungszeitraum 2001 gerechnet
- bei Vollendung des 55. Lebensjahres oder dauernder Berufsunfähigkeit im Sinne der Sozialversicherung
- für Gewinne bis 5 Mio. €

Es besteht ein Wahlrecht zur Anwendung der Fünftelregelung. Eine Doppelförderung ist nicht möglich.

3.5 Steuertarif (§ 32 a EStG)

Auf das zu versteuernde Einkommen wird der Steuertarif angewendet. Er besteht aus einem Grundfreibetrag, einer Progressionszone mit ansteigenden Grenzsteuersätzen und einer oberen Proportionalstufe mit konstantem Grenzsteuersatz (Spitzensteuersatz), wobei die Grundtabelle bei Veranlagung einzelner Personen und die Splittingtabelle bei Zusammenveranlagung angewandt wird.

Der Tarifaufbau für die Jahre 2007 und 2008 sowie für 2009 und 2010 stellt sich wie folgt dar:

Jahr	2007 und 2008	2009	2010
Grundfreibetrag			
Grundtabelle	7.664 €/	7.834 €/	8.004 €/
Splittingtabelle	15.329 €	15.667 €	16.007 €

Jahr	2007 und 2008	2009	2010
Progressionszone mit ansteigenden Grenzsteuersätzen von	15,0 % - 42,0 %	14,0 % - 42,0 %	14,0 % - 42,0 %
Erste Obere Proportionalstufe mit einem konstanten Grenzsteuersatz von	42,0 %	42,0 %	42,0 %
Ab einem zu versteuernden Einkommen von			
Grundtabelle	52.152 €/	52.552 €/	52.882 €/
Splittingtabelle	104.304 €	105.104 €	105.763 €

Jahr	2007 und 2008	2009	2010
Zweite Obere Proportionalstufe mit einem konstanten Grenzsteuersatz von	45,0 %*	45,0 %	45,0 %
Ab einem zu versteuernden Einkommen von			
Grundtabelle	250.001 €/	250.401 €/	250.731 €/
Splittingtabelle	500.001 €	500.801 €	501.462 €

* Korrektur für Gewinneinkünfte gem. § 32c EStG nur für den Veranlagungszeitraum 2007. Die Anhebung des Spitzenssteuersatzes von 42 % auf 45 % ab dem Veranlagungszeitraum 2007 gilt im Veranlagungszeitraum nicht für Gewinneinkünfte gem. § 2 Abs. 1 bis 3 EStG. Für Gewinneinkünfte gilt gem. § 32c EStG eine Entlastung um 3 %. Die Entlastung betrifft nur den Anteil der Gewinneinkünfte am zu versteuernden Einkommen und ist auf 100 % der Gewinneinkünfte beschränkt.

Ab dem Jahr 2008 besteht die Möglichkeit der optionalen Besteuerung des nicht entnommenen (thesaurierten) Gewinns mit 28,25 % (zzgl. 5,5 % Solidaritätszuschlag und ggf. Kirchensteuer). Bei Entnahme erfolgt eine Nachversteuerung in Höhe von 25 % (zzgl. Solidaritätszuschlag). Die Nachversteuerung wird auf den Begünstigungsbetrag abzüglich der darauf lastenden Steuern in Höhe von 28,25 (zzgl. Solidaritätszuschlag) berechnet.

3.6 Steuerermäßigung bei gewerblichen Einkünften (§ 35 EStG)

Die tarifliche Einkommensteuer verringert sich bei gewerblichen Unternehmen (im Sinne des § 15 Abs. 1 S. 1 Nr. 1 EStG), also auch bei Apotheken um das 3,8-fache des Gewerbesteuer-Messbetrags (bis 2007 um das 1,8 – fache).

3.7 Steuerermäßigungen für haushaltsnahe Beschäftigungsverhältnisse und Dienstleistungen

Steuerermäßigung für haushaltsnahe Beschäftigungsverhältnisse:

- 10 % der Kosten (ab 2009: 20 % der Kosten), höchstens 510 €, bei geringfügiger Beschäftigung im Sinne des § 8a SGB IV.
- 12 % der Kosten, höchstens 2.400 €, bei anderen haushaltsnahen Beschäftigungsverhältnissen, für die aufgrund der Beschäftigungsverhältnisse Pflichtbeiträge zur gesetzlichen Sozialversicherung entrichtet werden und keine geringfügige Beschäftigung im Sinne des § 8 Abs. 1 SGB IV ist. (Ab 2009: 20 % von max. 20.000 €, so dass der Abzug von der Steuerschuld 4.000 € betragen kann).

Steuerermäßigung für haushaltsnahe Dienstleistungen:

- 20 % der Kosten, höchstens 600 €. Erhöhung auf 1.200 € für die Inanspruchnahme von Pflege- und Betreuungsleistungen bei pflegebedürftigen Personen im Haushalt.
- Steuerermäßigung für Handwerkerleistungen: 20 % der Kosten, höchstens 3.000 €, für Renovierungs-, Erhaltungs- und Modernisierungsmaßnahmen, so dass der Steuerabzug höchstens 600 € beträgt. (Ab 2009: 20 % der Kosten von maximal 6.000 €, so dass der Steueranzug höchstens 1.200 € beträgt.)

Die Steuerermäßigung für haushaltsnahe Dienstleistungen und Handwerkerleistungen kann nur für die Arbeitskosten in Anspruch genommen werden. Es darf keine Geringfügige Beschäftigung vorliegen und die Kosten dürfen nicht als Betriebsausgaben, Werbungskosten oder außergewöhnliche Belastungen geltend gemacht werden. Als Belegnachweis sind die Rechnung und die Zahlung auf ein Bankkonto erforderlich.

3.8 Entstehung und Tilgung der Steuer

Die ESt entsteht für den jeweiligen Veranlagungszeitraum immer mit Ablauf des Kalenderjahres. Vorauszahlungen sind am 10.03., 10.06., 10.09., 10.12. eines jeden Jahres zu leisten.

4. Gewerbesteuer

4.1 Gemeindesteuer

Die GewSt ist eine Gemeindesteuer. Sie ist die bedeutendste Einnahmequelle der Gemeinden. Die Steuererhebung durch die Gemeinde begründet sich mit den zusätzlichen Lasten (z.B. Infrastruktur), die der Gemeinde entstehen, in der der Gewerbebetrieb angesiedelt ist. Den Gemeinden obliegt die Beschlussfassung über die Festsetzung des Hebesatzes, die Stundung, Niederschlagung oder Erlass sowie die Anpassung der Vorauszahlungen auf die Steuer.

4.2 Objektsteuer

Es wird nicht, wie bei der Einkommensteuer, die Leistungsfähigkeit einer bestimmten natürlichen oder juristischen Person, sondern die eines Objektes, nämlich die des Gewerbebetriebes, besteuert. Nicht der individuelle Betrieb, sondern ein "Normalbetrieb" wird besteuert. Daraus folgt, dass bestimmte individuelle Merkmale des Betriebes, wie z.B. die Art der Finanzierung, unberücksichtigt bleiben sollen. Es wird unterstellt, dass der Betrieb sich langfristig durch Eigenkapital finanziert. Dies hat u.a. zur Konsequenz, dass bestimmte Aufwendungen (wie z.B. Zinsen, Miete, Pacht, Leasing, Lizenzen) bei der Ermittlung des Gewerbeertrages nur zum Teil als Betriebsausgabe abzugsfähig sind. Da bei der Ermittlung des Gewerbeertrages vom einkommensteuerlich ermittelten Gewinn ausgegangen wird, bei dem die Aufwendungen als Betriebsausgabe berücksichtigt worden sind, müssen sie bei der Ermittlung des Gewerbeertrages teilweise hinzugerechnet werden. Aus dem Objektsteuercharakter resultiert somit eine Reihe von Hinzurechnungen und Kürzungen.

4.3 Wirkung der Gewerbesteuer

Die GewSt war bis zum 31.12.2007 als Betriebsausgabe abzugsfähig und minderte den steuerlichen Gewinn und damit auch die Höhe der ESt bzw. KSt.

Durch das Unternehmensteuerreformgesetz 2008 wird geregelt, dass die GewSt keine Betriebsausgabe mehr darstellt. Das Betriebsausgabenabzugsverbot gilt erstmals für GewSt, die für Erhebungszeiträume festgesetzt wird, die nach dem 31.12.2007 enden. Durch den Wegfall des Betriebsausgabenabzugs der GewSt entfällt die wechselseitige Beeinflussung der Bemessungsgrundlagen der GewSt einerseits und der ESt oder KSt andererseits.

Soweit GewSt erstattet wird, die dem Betriebsausgabenabzugsverbot unterlegen hat, stellt die Erstattung steuerlich keine Betriebseinnahme dar. Eine Erstattung von bereits als Betriebsausgabe berücksichtigter GewSt ist dagegen als Betriebseinnahme zu behandeln.

4.4 Steuergegenstand

Objekt der GewSt ist jeder stehende Gewerbebetrieb, soweit er im Inland betrieben wird. Unter Gewerbebetrieb ist ein gewerbliches Unternehmen zu verstehen (§ 2 Abs. 1 GewStG), welches entweder eine gewerbliche Tätigkeit ausübt oder aufgrund einer bestimmten Rechtsform stets als Gewerbebetrieb behandelt wird.

Nach den Vorschriften des Apothekengesetzes dürfen Apotheker neben der **Hauptapotheke** bis zu drei **Filialapotheken** betreiben.

Ob der Freibetrag i.H.v. 24.500 € für jede einzelne Apotheke in Betracht kommt, hängt davon ab, ob diese Apotheken eine wirtschaftliche Einheit darstellen. Die Vermutung spricht bei der Vereinigung mehrerer gleichartiger Betriebe in der Hand eines Unternehmers, insbesondere wenn sie sich in derselben Gemeinde befinden, für das Vorliegen eines einheitlichen Gewerbebetriebs. Auch wenn die Betriebe sich in verschiedenen Gemeinden befinden, kann ein einheitlicher Gewerbebetrieb vorliegen, wenn die wirtschaftlichen Beziehungen sich über die Grenzen der politischen Gemeinden hinaus erstrecken. Kriterien hierfür sind die Art der gewerblichen Betätigung, der Kunden- und Lieferantenkreis, die Geschäftsleitung, die Arbeitnehmerschaft, die Betriebsstätte, die Zusammensetzung und Finanzierung des Aktivvermögens sowie die Gleichartigkeit/Ungleichartigkeit der Betätigungen und die Nähe/Entfernung, in der sie ausgeübt werden.

Erfolgt u.a. eine getrennte Personalpolitik, eine getrennte Warenbestellung sowie eine getrennte Buchführung, liegen selbständige Gewerbebetriebe vor, so dass der Freibetrag für jede einzelne Apotheke zu gewähren ist (Niedersächsisches Finanzgericht, Urteil vom 15.12.1998).

Die **Verpachtung** eines Gewerbebetriebs im Ganzen oder eines Teilbetriebs ist grundsätzlich nicht als Gewerbebetrieb anzusehen und unterliegt daher regelmäßig nicht der Gewerbesteuer. Die Pachteinnahmen gehören zwar, solange der Verpächter nicht die Betriebsaufgabe erklärt, einkommensteuerlich zu den Einkünften aus Gewerbebetrieb, sie unterliegen jedoch nicht mehr der Gewerbesteuer. Endet die Gewerbesteuerpflicht während des Kalenderjahrs, ist der für die Gewerbesteuer heranzuziehende Anteil am Gewinn gesondert zu ermitteln. Dabei ist es nicht zu beanstanden, wenn der Gewinn sowie die Hinzurechnungen und Kürzungen, auf die Zeiträume vor und nach Pachtbeginn entsprechend dem Verhältnis der Betriebseinnahmen aufgeteilt wird.

4.4.1 Gewerbebetrieb kraft gewerblicher Tätigkeit

Die gewerbliche Tätigkeit ist durch 4 positive und 3 negative Merkmale gekennzeichnet (§ 15 Abs. 2 EStG). Die Betätigung muss

(1) selbständig (nicht weisungsgebunden)

(2) nachhaltig (Wiederholungsabsicht genügt)

(3) mit Gewinnerzielungsabsicht (muss nicht Hauptzweck sein; bei Liebhaberei erfüllt)

(4) durch Beteiligung am allgemeinen wirtschaftlichen Verkehr ausgeübt werden.

Es darf sich jedoch nicht um eine

(1) land- und forstwirtschaftliche oder

(2) freiberufliche oder sonstige selbständige Tätigkeit i.S. d. § 18 EStG

(3) private Vermögensverwaltung (§ 14 Satz 3 AO)

handeln. Da diese Kriterien bei der Apotheke erfüllt sind, ist sie gewerbesteuerpflichtig.

4.4.2 Gewerbebetrieb kraft Rechtsform

- Kapitalgesellschaften (AG, KGaA, GmbH)

- Erwerbs- und Wirtschaftsgenossenschaften

- Versicherungsvereine auf Gegenseitigkeit

unterliegen kraft ihrer Rechtsform der GewSt. Personengesellschaften (OHG, KG) werden nur dann zur GewSt herangezogen, wenn sie eine gewerbliche Tätigkeit ausüben.

4.5 Die Ermittlung der Gewerbesteuer

Der Gewerbeertrag ist das Einkommen des Objektes Gewerbebetrieb. Ausgangspunkt für die Ermittlung des Gewerbeertrags ist der nach den Vorschriften des EStG bzw. KStG ermittelte Gewinn. Dieser Gewinn ist um bestimmte Hinzurechnungen (§ 8 GewStG) und Kürzungen (§ 9 GewStG) zu korrigieren.

Die Vorschriften über Hinzurechnungen und Kürzungen sind durch den Objektcharakter der Gewerbesteuer bedingt. Der einkommensteuerpflichtige Gewinn ist um Betriebsausgaben gekürzt, die bei der Einkommensteuer als Personensteuer aufgrund persönlicher Verhältnisse des Unternehmers als Betriebsausgaben abzugsfähig sind. Die Gewerbesteuer will nicht den Gewinn besteuern, der dem Unternehmer zugeflossen ist, sondern den Ertrag, den der Betrieb in der Periode tatsächlich erzielt hat. Folglich dürfen von diesem Ertrag keine Abzüge zugelassen werden, die persönlich bedingt sind. Das bedeutet, dass bestimmte, bei der Ermittlung des einkommensteuerpflichtigen Gewinns abgesetzte Betriebsausgaben wieder hinzugerechnet werden müssen.

Im Folgenden sind die wichtigsten Hinzurechnungen und Kürzungen aufgeführt:

Hinzurechnung der Finanzierungsanteile

+ 100 % bei Zinsen, Renten, Gewinnanteile stiller Gesellschafter

+ 20 % bei Mieten, Pachten, Leasingraten bei beweglichen Wirtschaftsgütern

+ 65 % bei Mieten, Pachten, Leasingraten von Immobilien

+ 25 % bei Lizenzen

= Summe Finanzierungsanteile

./. Freibetrag 100.000 €

= Bemessungsgrundlage für die Hinzurechnung

davon 25 %

Weitere Hinzurechnungen und Kürzungen:

+ Verlustanteile aus der Beteiligung an einer Personengesellschaft (Vermeidung einer Doppelbegünstigung)

./. 1,2 % des Einheitswertes des zum Betriebsvermögen des Unternehmers gehörenden und nicht von der Grundsteuer befreiten Grundbesitzes

./. Gewinnanteile aus der Beteiligung an einer gewerbesteuerpflichtigen Personengesellschaft (Vermeidung der Doppelbesteuerung)

Der Freibetrag i.H.v. 24.500 € ist auch dann in voller Höhe zu berücksichtigen, wenn der Gewerbebetrieb im Laufe des Kalenderjahres eröffnet oder eingestellt wird. Lediglich bei Rechtsformwechsel ohne Ende bzw. Beginn der sachlichen Steuerpflicht (ein Einzelunternehmen wird durch Aufnahme von Gesellschaftern zu einer Personengesellschaft; durch das Ausscheiden bis auf einen Gesellschafter wird aus einer Personengesellschaft ein Einzelunternehmen) wird der Freibetrag entsprechend der Dauer der persönlichen Steuerpflicht aufgeteilt.

Die Anrechnung der Gewerbesteuer auf die Einkommensteuer beträgt das 3,8-fache des Gewerbesteuermessbetrags (bis 2007: 1,8-fach). Dabei ist die Gewerbesteueranrechnung auf den Höchstbetrag der tatsächlich gezahlten Gewerbesteuer begrenzt.

Verlustabzug (§ 10 a GewStG): seit 2004 uneingeschränkt nur noch bis zu einem Betrag von 1.000.000 €. Übersteigt der Verlust den Betrag von 1.000.000 €, ist er im gleichen Erhebungszeitraum nur noch bis zu 60 % des 1.000.000 € übersteigenden Gewerbeertrags verrechenbar (§ 10a GewStG).

Der so ermittelte maßgebende Gewerbeertrag (§ 10 GewStG) ist um Fehlbeträge zu kürzen, die sich für die vorangegangenen Erhebungszeiträume nach den Vorschriften des GewStG ergeben haben. Die vortragsfähigen Verluste müssen zum frühestmöglichen Zeitpunkt abgezogen werden.

Im Gegensatz zur Einkommensteuer gibt es bei der Gewerbesteuer keinen Verlustrücktrag. Damit wird der besonderen haushaltsmäßigen Bedeutung der Gewerbesteuer für die Gemeinden Rechnung getragen.

4.6 Gewerbesteuerschuld

Steuermessbetrag nach dem Gewerbeertrag § 11 GewStG x Hebesatz der Gemeinde (z.B. 490 % in München) § 16 GewStG = Gewerbesteuer.

Der Steuerschuldner hat am 15.02., 15.05., 15.08. und 15.11. Vorauszahlungen auf die GewSt des laufenden Erhebungszeitraums zu entrichten. Jede Vorauszahlung beträgt grundsätzlich ein Viertel der Steuer, die sich bei der letzten Veranlagung ergeben hat (§ 19 GewStG).

Zusammenfassung: Ermittlung der Gewerbesteuer

Gewinn aus Gewerbebetrieb

+ Hinzurechnungen

./. Kürzungen

= maßgebender Gewerbeertrag

./. Gewerbeverlust früherer Jahre

= verbleibender Gewerbeertrag (abgerundet auf volle 100 €)

./. 24.500 € Freibetrag (bei Einzelunternehmen und Personengesellschaften)

= steuerpflichtiger Gewerbeertrag

x Steuermesszahl (3,5 %)

= Steuermessbetrag

x Hebesatz der Gemeinde

= **Gewerbesteuer**

./. Vorauszahlungen

= **Abschlusszahlung/Erstattung**

5. Umsatzsteuer

Die Umsatzsteuer (USt) ist eine Verkehrsteuer, mit der grundsätzlich der gesamte private und öffentliche Verbrauch belastet wird. Wirtschaftlich wird die USt vom Verbraucher getragen. Steuerschuldner ist jedoch der Unternehmer. Da die USt vom Verbraucher auf dem Umweg über den Unternehmer erhoben wird, zählt sie zu den indirekten Steuern.

Die USt ist so gestaltet, dass bei gleichem Steuersatz alle Waren und Dienstleistungen, wenn sie beim Endverbraucher ankommen, in gleicher Höhe belastet sind, unabhängig davon, wie viel Wirtschaftsstufen eine Ware oder Dienstleistung auf ihrem Weg zum Endverbraucher durchlaufen hat. Eine Erhebung der Steuer von der Steuer ist grundsätzlich ausgeschlossen. Dies wird durch den Vorsteuerabzug erreicht. Er berechtigt den Unternehmer, von der Steuer, die er für seine Umsätze schuldet, die Umsatzsteuerbeträge (Vorsteuern) abzuziehen, die ihm andere Unternehmer für ihre an ihn ausgeführten steuerpflichtigen Umsätze offen in Rechnung gestellt haben.

Der Unternehmer hat die von ihm geschuldete USt auch dann zu entrichten, wenn sie vom Leistungsempfänger nicht als Vorsteuer abgezogen wird, bei ordnungsgemäßer Inrechnungstellung von ihm aber als Vorsteuer abgezogen werden könnte. Es ist nicht sachlich unbillig, dass der leistende Unternehmer unabhängig vom Vorsteuerabzug des Leistungsempfängers zur USt veranlagt wird.

Wirkungsweise der USt

Wirkungsweise der USt

Händler A liefert →	Händler B liefert →		Händler C liefert →		Endverbraucher D
für 100 € + 19 € USt ↓	für 200 € + 38 € USt ↑	↓	für 300 € + 57 € USt ↑	↓	zahlt 357 € an C
zahlt 19 € an FA	B erhält 19 € Vorsteuer vom FA	zahlt 38 € an FA	C erhält 38 € Vorsteuer vom FA	zahlt 57 € an FA	Der Endverbraucher hat keinen Vorsteuerabzug und trägt somit die USt.
Diesen Betrag hat A von B bei der Zahlung des Kaufpreises erhalten.		Diesen Betrag hat B von C bei der Zahlung des Kaufpreises erhalten.		Diesen Betrag hat C vom Endverbraucher D bei Zahlung des Kaufpreises erhalten.	
FA: +19	-19	+38	-38	+57	insgesamt +57

Durch die Belastung beim Endverbraucher erhält der Fiskus 57 € USt. Die Unternehmer in den einzelnen Wirtschaftsstufen sind mit der USt nicht belastet. Dies wird durch den Vorsteuerabzug erreicht.

5.1 Steuergegenstand

5.1.1 Lieferungen und sonstige Leistungen

Der Umsatzsteuer unterliegen primär Lieferungen und sonstige Leistungen, die ein Unternehmer im Inland gegen Entgelt im Rahmen seines Unternehmens ausführt.

- Unternehmer ist, wer eine gewerbliche oder berufliche Tätigkeit selbständig ausübt. Gewerblich oder beruflich ist jede nachhaltige Tätigkeit zur Erzielung von Einnahmen, auch wenn die Absicht, Gewinn zu erzielen, fehlt (§ 2 UStG).

- Unternehmen umfasst die gesamte gewerbliche oder berufliche Tätigkeit des Unternehmers. Nichtunternehmerischer Bereich ist bei einer natürlichen Person der Privatbereich.

- Entgelt ist alles, was der Leistungsempfänger oder ein Dritter aufwendet, um eine Leistung zu erhalten.

- Lieferungen sind Leistungen, durch die der Unternehmer den Abnehmer befähigt, im eigenen Namen über einen Gegenstand zu verfügen (§ 3 Abs. 1 UStG). Darunter fällt z.B. der Verkauf von Arzneimitteln.

- Sonstige Leistungen sind Leistungen, die keine Lieferungen sind. I.d.R. handelt es sich um Dienstleistungen.

5.1.2 Unentgeltliche Wertabgaben

Um einen umsatzsteuerfreien Letztverbrauch durch Unternehmer zu verhindern, wird auch der „Eigenverbrauch" des Einzelunternehmers besteuert. Dazu gehören:

- die Entnahme von betrieblichen Wirtschaftsgütern,

- die Nutzungsentnahme (betrieblicher Pkw für Privatfahrten),

- nichtabzugsfähige Betriebsausgaben i.S. des § 4 Abs. 5 Nr. 1-7 EStG (z.B. Geschenkaufwendungen für Nichtarbeitnehmer über 35 € pro Jahr)

5.1.3 Einfuhrumsatzsteuer und innergemeinschaftlicher Erwerb

Der Umsatzsteuer unterliegt die Einfuhr von Gegenständen aus dem Ausland sowie unter bestimmten Voraussetzungen der innergemeinschaftliche Erwerb. Ein innergemeinschaftlicher Erwerb liegt grundsätzlich vor, wenn es zu Transaktionen (Lieferungen, sonstige Leistungen) von Ansässigen zwischen verschiedenen Staaten der europäischen Gemeinschaft kommt.

5.2 Umsatzsteuerbare Umsätze - Umsatzsteuerpflichtige Umsätze

Umsatzsteuerbar sind:

- entgeltliche Lieferungen und sonstige Leistungen von Unternehmern im Rahmen ihres Unternehmens im Inland ausgeführt
- Einfuhren
- Eigenverbrauch
- innergemeinschaftlicher Erwerb

Umsatzsteuerbare Leistungen sind grundsätzlich auch umsatzsteuerpflichtig. Ausnahmen bringen die Befreiungsvorschriften des § 4 UStG; dort ist geregelt, welche umsatzsteuerbaren Umsätze umsatzsteuerbefreit sind.

Hierzu gehören:

- Ausfuhrlieferungen
- fast sämtliche Bank- und Versicherungsgeschäfte
- Verpachtung und Vermietung von Grundstücken
- Umsätze aus der Tätigkeit als Arzt, Zahnarzt, Heilpraktiker, Hebamme

Beispiele

a) Der Apotheker verkauft seinen Privat - Pkw

Der Verkauf ist eine Lieferung gegen Entgelt im Inland. Obwohl der Apotheker an sich Unternehmer ist, handelt er hier als Privatmann und nicht im Rahmen seines Unternehmens. Damit ist der Pkw-Verkauf nicht steuerbar; USt fällt nicht an.

b) Der Apotheker verkauft ein altes Laborgerät

Der Verkauf ist eine Lieferung gegen Entgelt im Inland. Der Unternehmer handelt hier im Rahmen seines Unternehmens (sog. Hilfsgeschäft); der Umsatz ist steuerbar und mangels Befreiungsvorschrift auch steuerpflichtig.

5.3 Vorsteuerabzug

Vorsteuer kommt in Betracht bei:

- in Rechnung gestellter Umsatzsteuer
- entrichteter Einfuhrumsatzsteuer
- Steuer für den innergemeinschaftlichen Erwerb
- Steuer für Leistungen im Sinne des § 13b Abs. 1 UStG

Ein Vorsteuerabzug ist möglich, wenn einem Unternehmer von einem anderen Unternehmer die Umsatzsteuer für empfangene Lieferungen oder sonstige Leistungen gesondert in Rechnung gestellt wird und er die Lieferung bzw. sonstige Leistung zur Ausführung steuerpflichtiger Umsätze verwendet.

Beispiel

Ein Hausbesitzer ist als Vermieter grundsätzlich Unternehmer i.S.d. UStG. Seine Umsätze (Mieteinnahmen) sind jedoch von der USt befreit (§ 4 Nr. 12 a UStG). Von Handwerkern in Rechnung gestellte Umsatzsteuer kann er nicht als Vorsteuer abziehen, weil er deren Leistungen für die Vermietung von Räumen, also zur Ausführung steuerfreier Umsätze, verwendet.

5.4 Gesetzliche Bestimmungen zur Ausstellung von Rechnungen, §14 UStG, §31 -34 UStDV)

Jeder Unternehmer ist zum gesonderten Umsatzsteuerausweis berechtigt, auf Verlangen des Leistungsempfängers sogar dazu verpflichtet. Eine ordnungsgemäße Rechnung ist Voraussetzung für den Vorsteuerabzug. Rechnungen **müssen** folgende Angaben enthalten:

- Vollständiger Name und vollständige Anschrift des leistenden Unternehmers (Rechnungsaussteller bzw. Gutschriftsempfängers),
- Vollständiger Name und vollständige Anschrift des Leistungsempfängers,
- die dem Rechnungsaussteller (Gutschriftsempfänger) erteilte Steuernummer oder erteilte Umsatzsteuer - Identifikationsnummer,
- Ausstellungsdatum,
- eine fortlaufende Rechnungsnummer,
- Menge und Art der gelieferten Gegenstände oder Umfang und Art der sonstigen Leistung,
- Zeitpunkt der Lieferung bzw. der sonstigen Leistung,
- nach Steuersätzen und einzelnen Steuerbefreiungen aufgeschlüsseltes Entgelt (Netto),
- der anzuwendende Steuersatz sowie der auf das Entgelt entfallende Steuerbetrag oder im Fall einer Steuerbefreiung einen Hinweis darauf, dass eine Steuerbefreiung gilt,
- im Voraus vereinbarte Entgeltsminderung

Rechnungen, deren Gesamtbetrag 150 € incl. USt (Kleinbetragsrechnung; bis 2006 100 €) nicht übersteigt, **müssen** folgende Angaben enthalten (§ 33 UStDV):

- Vollständiger Name und vollständige Anschrift des leistenden Unternehmers,
- Ausstellungsdatum,
- Menge und Art der gelieferten Gegenstände oder Umfang und Art der sonstigen Leistung,

- Entgelt und den darauf entfallenden Steuerbetrag in einer Summe sowie den anzuwendenden Steuersatz oder im Fall einer Steuerbefreiung einen Hinweis darauf, dass eine Steuerbefreiung gilt, ggf. eine Aufschlüsselung der Entgelte nach den Steuersätzen und einzelnen Steuerbefreiungen. Eine Aufteilung des Entgelts in Nettobetrag, Umsatzsteuer und Bruttobetrag ist damit nicht erforderlich.

Wer Umsatzsteuer in einer Rechnung gesondert ausweist, ohne eine Leistung ausgeführt zu haben oder obwohl er nicht Unternehmer ist, schuldet diesen Betrag ohne Berichtigungsmöglichkeit (z. B. Privatmann weist für Lieferung eines Pkw Umsatzsteuer aus).

Auch **Verträge** (wie z.B. Miet- und Leasingverträge) stellen Rechnungen i.S.d. § 14 UStG dar und **müssen** die o.a. Formerfordernisse erfüllen.

5.5 Entstehung der Steuer (§ 13 UStG)

Die Umsatzsteuer entsteht mit Ablauf des Voranmeldungszeitraumes, in dem die Leistung (beim Apotheker die Abgabe der Arzneimittel) erfolgt ist. Grundsätzlich kommt es nicht darauf an, wann die Gegenleistung (Zahlungseingang) erfolgt.

5.6. Berichtigung der Umsatzsteuer

Berichtigungen werden hervorgerufen durch:

- Inanspruchnahme von Skonto

- Rabatte

- Retouren

- Nachträgliche Kaufpreisänderungen

- Uneinbringlich gewordene Forderungen

In diesen Fällen ändert sich das vereinbarte Entgelt. Der Unternehmer,

(1) der den Umsatz ausgeführt hat, muss den dafür geschuldeten Steuerbetrag berichtigen

(2) an den der Umsatz ausgeführt worden ist, muss den dafür in Anspruch genommenen Vorsteuerabzug entsprechend berichtigen.

5.7 Aufzeichnungspflichten (§ 22 UStG)

Der Unternehmer ist verpflichtet, zur Feststellung der Steuer und der Grundlagen ihrer Berechnung Aufzeichnungen zu machen. Diese Aufzeichnungspflicht erfüllt der Apotheker im Rahmen seiner Buchführung.

Aus den Aufzeichnungen müssen u.a. zu ersehen sein:

- die vereinbarten Entgelte, aufgeteilt in umsatzsteuerpflichtige (getrennt nach Steuersätzen) und in steuerfreie Umsätze

- die Bemessungsgrundlagen für den „Eigenverbrauch"

- der Teilwert bei der Entnahme körperlicher Gegenstände, die Kosten bei Nutzungsentnahme und die Aufwendungen bei nichtabzugsfähigen Betriebsausgaben

- die Entgelte für empfangene, umsatzsteuerpflichtige Leistungen und die darauf entfallende Vorsteuer

- die vereinnahmten An- und Vorauszahlungen

5.8 Steuersatz (§ 12 UStG)

Der Regelsteuersatz beträgt 19 % (bis 2006: 16 %).

Für **verschreibungspflichtige Medikamente** gilt in Deutschland im Gegensatz zu anderen europäischen Staaten der Regelsteuersatz. In Italien, Frankreich und Spanien wird ein ermäßigter Steuersatz erhoben, Großbritannien erhebt überhaupt keine Umsatzsteuer.

Für eine Reihe von Lieferungen kommt der sog. ermäßigte Steuersatz (7 %) zur Anwendung.

Diesem ermäßigten Steuersatz unterliegen u.a. folgende Gegenstände:

- Kaffee, Tee, Mate, Gewürze
- Getreide
- Pflanzliche Öle
- Kakaopulver ungezuckert, Schokolade
- Speiseessig
- Ammoniumcarbonat und Natriumhydrogenkarbonat
- Essigsäure
- Bücher

5.9 Besteuerungsverfahren (§ 18 UStG)

Der Unternehmer hat nach Ablauf des Kalenderjahres eine Steuererklärung nach amtlich vorgeschriebenem Vordruck abzugeben, in der die zu entrichtende Steuer oder der Überschuss, der sich zu seinen Gunsten ergibt, selbst zu berechnen ist.

Während des Jahres hat der Unternehmer binnen 10 Tagen nach Ablauf jedes Voranmeldungszeitraums eine Voranmeldung nach amtlich vorgeschriebenem Vordruck auf elektronischem Weg nach Maßgabe der Steuerdaten-Übermittlungsverordnung zu übermitteln, in der er die Steuer für den Voranmeldungszeitraum selbst zu berechnen hat.

<u>Beispiel</u>

Umsatzsteuervoranmeldung Februar 2009

Bruttoumsatz Februar laut Kassenbuch	
+ Rezeptabrechnung	
+ sonstige Ausgangsrechnungen	71.400 €
./. Nettoumsatz (71.400 : 1,19)	60.000 €
Steuerschuld (= 19 % auf Nettoumsatz)	11.400 €
Wareneinkauf (brutto) und betriebliche Aufwendungen	
incl. Vorsteuer	47.600 €
./. davon Vorsteuer	./. 7.600 €
Wareneinkauf (netto)	
+ betriebliche Aufwendungen	
(netto)	40.000 €
Umsatzsteuervorauszahlung Februar 2009	3.800 €

Da der Apotheker seine Rezeptabrechnung i.d.R. durch eine Verrechnungsstelle vornehmen lässt, ist häufig am 10. eines Monats der Vormonatsumsatz noch unbekannt. D.h., wenn der Apotheker am 10. Februar die Voranmeldung für Januar abgeben soll, kennt er seinen Januar-Rezeptumsatz nicht. Auf Antrag des Apothekers kann die Frist für die Abgabe der Umsatzsteuer-Voranmeldung und für die Entrichtung der Umsatzsteuer-Vorauszahlungen deshalb um einen Monat verlängert werden. Der Antrag ist bis zum 10. Februar für die Dauer des laufenden Kalenderjahres zu stellen.

Voraussetzung ist, dass bis zum 10. Februar eine Abschlagszahlung in Höhe von 1/11 der Summe der Vorauszahlungen für das vorangegangene Kalenderjahr angemeldet und entrichtet wird.

Die Summe der Umsatzsteuervorauszahlungen für 2008 betrug 66.000 €. Bis zum 10. Februar 2009 muss der Steuerpflichtige 6.000 € (= 1/11 der Vorauszahlungen 2008) entrichten. Dann ist die Umsatzsteuervoranmeldung für Januar 2009 erst am 10. März, für Februar 2009 erst am 10. April usw. abzugeben. Die 6.000 € Sondervorauszahlung kann er von der für Dezember 2009 zu entrichtenden Vorauszahlung abziehen. Für das Jahr 2010 ist ein neuer Antrag mit Sondervorauszahlungen zu stellen.

6. Abgabenordnung

6.1 Allgemeines

Die Abgabenordnung (AO) ist das steuerliche Grundgesetz. Sie ist eine gemeinsame Grundlage für die Verwaltung aller Steuern. Die Abgabenordnung regelt u.a. die Rechte und Pflichten bei der Ermittlung der Besteuerungsgrundlagen, gibt Auskunft über die Steuerfestsetzung, Änderung von Steuerbescheiden und über das außergerichtliche Rechtsbehelfsverfahren.

6.2 Ermittlung der Besteuerungsgrundlagen

Damit das Finanzamt seine Aufgabe, die steuerpflichtigen Fälle zu ermitteln, erfüllen kann, bedarf es der Mithilfe der beteiligten Personen. Die AO hat diesem Personenkreis daher eine Fülle von Pflichten auferlegt.

6.2.1 Aufzeichnungspflichten

Um die Angaben des Steuerpflichtigen überprüfen zu können, bedarf es ordnungsgemäßer Aufzeichnungen. Die Mindestaufzeichnungspflichten und die allgemeinen Anforderungen an die Buchführung ergeben sich aus §§ 143 - 145 AO. Apotheker sind aufgrund von § 1 HGB zur Buchführung verpflichtet und müssen diese Pflicht deshalb auch steuerlich erfüllen (§ 140 AO). Die Buchführungspflicht bedeutet, dass der Apotheker zur Gewinnermittlung durch Vermögensvergleich, d.h. zur Bilanzierung unter Beachtung der handelsrechtlichen Grundsätze ordnungsmäßiger Buchführung, verpflichtet ist.

6.2.2 Mitwirkungspflichten

Der Steuerpflichtige ist zur Mitwirkung bei der Ermittlung des Sachverhalts verpflichtet (§ 90 AO). Über diese generelle Regelung hinaus bestehen

Einzelvorschriften:

- Auskunftspflicht (§ 93 AO)
- Vorlagepflicht (§ 97 und § 100 AO)
- Pflicht zur Anzeige der Aufnahme einer betrieblichen Tätigkeit (§ 138 AO)

Die Mitwirkungspflicht geht bis zur Grenze der Zumutbarkeit.

6.2.3 Abgabe von Steuererklärungen

Die Steuererklärung ist eine wichtige Grundlage für die Veranlagung. Die Verpflichtung zur Abgabe einer Steuererklärung bzw. Steueranmeldung kann sich aus den Einzelsteuergesetzen sowie aus der Aufforderung des Finanzamtes ergeben. Apotheken müssen folgende Steuererklärungen abgeben:

- Umsatzsteuervoranmeldung einmal pro Monat und eine Umsatzsteuerjahreserklärung (§ 18 UStG)
- Lohnsteueranmeldung einmal pro Monat (§ 41 a EStG)
- Einkommensteuererklärung (§ 25 EStG)
- Gewerbesteuererklärung (§ 14a GewStG)
- Vermögensteuerklärung: wird derzeit nicht erhoben

6.3 Steuerfestsetzung und Änderung von Steuerbescheiden

Steuern können vom Finanzamt mit oder ohne Vorbehalt der Nachprüfung in der Gestalt von Steuerbescheiden festgesetzt werden. Der Vorbehalt der Nachprüfung bedeutet, dass der Steuerbescheid jederzeit aufgehoben oder geändert werden kann (§ 164 Abs. 3 AO).

Der Vorbehalt der Nachprüfung entfällt mit Ablauf der Festsetzungsfrist von i.d.R. 4 Jahren, ohne dass eine Mitteilung an den Steuerpflichtigen ergehen muss. Nach einer Betriebsprüfung durch das Finanzamt wird der Nachprüfungsvorbehalt ebenfalls aufgehoben. Ein Steuerbescheid, der nicht unter dem Nachprüfungsvorbehalt steht, wird 1 Monat nach seiner Bekanntgabe unanfechtbar. Man spricht hier von der Rechtskraft eines Steuerbescheids. D.h., ein Einspruch durch den Steuerpflichtigen ist dann nur noch in besonderen Fällen möglich.

Eine solche Möglichkeit ist nach § 173 AO gegeben, wenn dem Finanzamt oder dem Steuerpflichtigen neue Tatsachen oder Beweismittel bekannt werden, die zu einer höheren oder niedrigeren Steuer führen würden. Unter Tatsache versteht man z.B. die Höhe der Umsätze, Betriebsausgaben und Vorsteuern. Zu einer Änderung zugunsten des Steuerpflichtigen kommt es jedoch nur dann, wenn ihn am nachträglichen Bekanntwerden der Tatsachen oder Beweismittel kein grobes Verschulden trifft.

6.4 Rechte des Steuerpflichtigen im außergerichtlichen Rechtsbehelfsverfahren

Das außergerichtliche Rechtsbehelfsverfahren ist ein dem gerichtlichen Verfahren vorgeschaltetes Verwaltungsverfahren. Mit ihm werden von der Finanzverwaltung erlassene Verwaltungsakte angegriffen. Es hat die Funktion einer Selbstkontrolle der Verwaltung.

Einspruch (§ 347 AO)

Mit dem Einspruch sind vor allem Steuerbescheide, aber auch Feststellungsbescheide, Steuermessbescheide, Vorauszahlungsbescheide und die übrigen, in § 347 AO aufgezählten Verwaltungsakte anfechtbar. Die Einspruchsfrist beträgt 1 Monat nach Bekanntgabe des Verwaltungsaktes (§ 355 AO). Über den Einspruch entscheidet die Finanzbehörde, die den Verwaltungsakt erlassen hat. In der Regel ist dies das Finanzamt.

Wiedereinsetzung in den vorigen Stand (§ 110 AO)

Wurde die Frist zur Einlegung eines Rechtsbehelfs z.B. wegen Urlaubs unverschuldet versäumt, kann ein Antrag auf Wiedereinsetzung in den vorigen Stand gestellt werden (§110 AO). Der Antrag muss innerhalb eines Monats nach Wegfall des Hindernisses, welches die Einhaltung der Frist verhindert hatte, gestellt werden, also z.B. nach Rückkehr aus dem Urlaub.

Aussetzung der Vollziehung (§ 361 AO)

Durch die Einlegung des Rechtsbehelfs wird die Vollziehung des angefochtenen Verwaltungsaktes nicht gehemmt. Die festgesetzte Steuer wird also trotz Rechtsbehelfs erhoben. Durch einen Antrag auf Aussetzung der Vollziehung kann die Finanzbehörde, die den angefochtenen Verwaltungsakt erlassen hat, die Vollziehung ganz oder teilweise aussetzen. Der Antrag wird zweckmäßigerweise zusammen mit dem Rechtsbehelf gestellt .Die Finanzbehörde kann die Aussetzung der Vollziehung von einer Sicherheitsleistung abhängig machen.

7. Exkurs: Finanzkrise und aktuelle Gesetzesänderungen

7.1 Gesetz zur Sicherung von Beschäftigung und Stabilität in Deutschland (Konjunkturpaket II)

Die weltweit eingetretene Finanzkrise hat den Gesetzgeber veranlasst, bestimmte "Belebungsmaßnahmen" zu beschließen. Neben den nachfolgend dargestellten Änderungen, ist das Kernstück des Änderungsgesetzes die Erhöhung staatlicher Investitionen in Bund, Ländern und vor allem bei den Kommunen zum Ausbau der Infrastruktur. Ein großer Teil ist demzufolge für Kindergärten, Schulen und Hochschulen vorgesehen, der Rest fließt in Straßen, Schienen, öffentliche Gebäude, Städtebau und schnellere Internetnetze.

Inhalt des Konjunkturpakets II

Anhebung des Grundfreibetrags um 170 € auf 7.834 € zum 1. Januar 2009 rückwirkend. Die übrigen Tarifeckwerte werden um 400 € angehoben.

Weitere Anhebung des Grundfreibetrags um erneute 170 € auf dann 8.004 € zum 01.01. 2010. Weitere Anhebung der Tarifeckwerte um 330 €.

Absenkung des Eingangssteuersatzes von 15 auf 14 Prozent rückwirkend zum 1. Januar 2009.

Einmaliger Kinderbonus für 2009 von 100 € pro Kind. Diese Einmalzahlung soll bei der Einkommensteuerveranlagung für das Jahr 2009 mit den Kinderfreibeträgen verrechnet werden.

Erhöhung des Regelsatzes für Kinder in der Grundsicherung Arbeitssuchender/Sozialhilfeempfänger.

Erleichterung der Voraussetzungen und der Antragstellung bei der Einführung von Kurzarbeit für Unternehmen und deren Beschäftigten.

Maßnahmen zur Vermeidung von Entlassungen und zur Förderung der Qualifizierung während Kurzarbeitszeiten in den Jahren 2009 und 2010.

Beitragssatz der Arbeitslosenversicherung wird auf 2,8 % stabilisiert.

Bundesanstalt für Arbeit übernimmt für 2009 und 2010 vollständige Finanzierung bei Umschulungen zu Alten- und Krankenpfleger.

Verbesserte Förderung der beruflichen Weiterbildung.

Zuschüsse in 2009 und 2010 zur Qualifizierung zur Wiedereinstellung von Arbeitnehmern in der Leiharbeit.

Senkung des GKV-Beitragssatzes zum 1. Juli 2009 um 0,6 Beitragssatzpunkte - dafür anwachsender Bundeszuschuss (u.a. 2009: 3,2 Mrd. €, 2010/2011 je 6,3 Mrd. €).

Begrenzung vom Gleichstellungsgrundsatz bei Tarifvertrag abzuweichen durch die Festsetzung einer Lohnuntergrenze.

Umweltprämie zur Förderung der Autoindustrie: Wer sich einen Neuwagen kauft und diesen noch im Jahr 2009 zulässt, erhält eine einmalige Umweltprämie in Höhe von 2.500 Euro, wenn er dafür sein mindestens neun Jahre altes Auto verschrotten lässt.

Neuregelung der Kfz-Steuer

7.2 Gesetz zur Förderung von Familien und haushaltsnahen Dienstleistungen

Erhöhung des Kinderfreibetrags (§ 32 Abs. 6 Satz 1 EStG): Der Freibetrag für das sächliche Existenzminimum eines Kindes wird von 1.824 auf 1.932 € erhöht.

Zusammen mit dem Freibetrag für Betreuungs-, Ausbildungs- und Erziehungsbedarf von 1.080 € betragen die Freibeträge für ein Kind ab 2009 damit 3.012 €, bei Zusammenveranlagung 6.024 €.

Erhöhung des Kindergeldes (§ 66 Abs. 1 EStG): Für das erste und zweite Kind beträgt das Kindergeld ab 2009 jeweils 164 Euro, für das dritte Kind 170 Euro und für das vierte und weitere Kinder 195 Euro.

Neufassung und Erweiterung des § 35a EStG: § 35a EStG wurde durch das Maßnahmenpaket betr. Handwerkerleistungen neu gefasst und erheblich erweitert. So beträgt der Abzugssatz einheitlich 20 % für alle begünstigten Maßnahmen. Eine Differenzierung muss nur noch im Hinblick auf unterschiedliche Höchstbeträge vorgenommen werden:

Haushaltsnahe Beschäftigungsverhältnisse bei geringfügiger Beschäftigung: maximal 510 € (§ 35a Abs. 1 EStG),

Andere haushaltsnahe Beschäftigungsverhältnisse und haushaltsnahe Dienstleistungen: maximal 4.000 € (§ 35a Abs. 2 EStG),

Handwerkerleistungen: maximal 1.200 € (§ 35a Abs. 3 EStG).

Die bisherige Zwölftelungsregelung in § 35a Abs. 1 Satz 2 EStG entfällt ersatzlos.

7.3 Beschäftigungssicherung durch Wachstumsstärkung

Zeitlich befristet für zwei Jahre wird eine degressive Abschreibung für bewegliche Wirtschaftsgüter des Anlagevermögens in Höhe von höchstens 25 % zum 01.01.2009 eingeführt. Allerdings sind bei Wirtschaftsgütern, bei denen die Absetzung für Abnutzung in fallenden Jahresbeträgen bemessen wird, Absetzungen für außergewöhnliche technische oder wirtschaftliche Abnutzung nicht zulässig.

Im Rahmen der Inanspruchnahme von Investitionsabzugsbeträgen und Sonderabschreibungen im Sinne des § 7g EStG sieht das Maßnahmenpaket folgende Änderungen vor:

In Wirtschaftsjahren, die nach dem 31.12.2008 und vor dem 01.01.2011 enden, ist § 7g Abs. 1 Satz 2 Nr. 1 EStG (Bildung eines Investitionsabzugsbetrags) mit der Maßgabe anzuwenden, dass bei Gewerbebetrieben oder der selbständigen Arbeit dienenden Betrieben, die ihren Gewinn nach § 4 Abs. 1 EStG oder § 5 EStG ermitteln, ein Betriebsvermögen von 335.000 € (vorher 235.000 €), bei Betrieben der Land- und Forstwirtschaft ein Wirtschaftswert oder Ersatzwirtschaftswert von 175.000 € (vorher 125.000 €) und bei Betrieben, die ihren Gewinn nach § 4 Abs. 3 EStG ermitteln, ohne Berücksichtigung von Investitionsabzugsbeträgen ein Gewinn von 200.000 € (vorher 100.000 €) nicht überschritten wird. Diese Maßnahme dient vorrangig der Investitions- und Innovationskraft von Unternehmen und soll somit auch Unternehmen, die die alten Grenzen überschreiten, die "begünstigte" Investition ermöglichen.

Bei Wirtschaftsgütern, die nach dem 31.12.2008 und vor dem 01.01.2011 angeschafft oder hergestellt werden, ist § 7g Abs. 6 Nr. 1 EStG (Inanspruchnahme der Sonderabschreibung), welcher die Größenvoraussetzungen für die Inanspruchnahme von Sonderabschreibungen regelt, mit der Maßgabe anzuwenden, dass der Betrieb zum Schluss des Wirtschaftsjahres, das der Anschaffung oder Herstellung vorangeht, die o.g. Größenmerkmale nicht überschreitet.

Sanacorp-Campus

Mit Sanacorp-Campus leichter durchs Pharmaziestudium

Unterstützung für Pharmaziestudenten bei Sanacorp-Campus

Uni-Praxistage (nach dem 1. Staatsexamen)
Hinter den Kulissen des Pharmagroßhandels – Workshops mit praxiserfahrenen Referenten zu den Themen Kauf und Pacht von Apotheken, betriebswirtschaftliche Unterstützung für Apotheker, Marketing in der Apotheke und Tipps zur sinnvollen Nutzung des Internets für die Apotheke.

Internetangebot www.sanacorp.de/campus
alle Sanacorp-Campus-Termine, Vermittlung von Praktikumsplätzen, Seminarbörse, Erfahrungen anderer Studenten, Tipps fürs Studium und vieles mehr.

ZADO online für Universitäten
kostenlos Datenbanken nutzen - detaillierte Informationen zu mehr als 60.000 in Deutschland/Europa zugelassenen Arzneimitteln, ABDATA, ABDA Artikelstamm, Gelbe Liste, Austria Codex, Schweizer Codex Galenica usw.

Betriebsbesichtigungen
Der Weg eines Medikaments vom Eingang der Apothekenbestellung bis zu seiner Auslieferung durch das Sanacorp-Lager zum Fuhrpark. Regelmäßig finden in fast allen Sanacorp Niederlassungen Betriebsbesichtigungen statt. Hierbei lernen Sie die Arbeit eines Mikrologistikers kennen.

Vorlesungen zum dritten Prüfungsabschnitt
Lehrbuch zu den Vorlesungen zum dritten Prüfungsabschnitt
Praxiserprobte Referenten vermitteln Wissen, das nicht nur für die Prüfungen taugt. Das BWL-Buch für Pharmaziepraktikanten wurde entsprechend den Anforderungen des 3. Studienabschnittes aufgebaut und ist prüfungsrelevant.

Paukkurse zum dritten Prüfungsabschnitt
Kostenlos zwei Tage auf Kurs gebracht werden in Bilanzierung, Finanzierung und Steuerrecht.
Termine jeweils im Frühjahr und im Herbst.

Apofit Unternehmertraining für angehende Apotheker/innen
Lernen Sie, was für die Praxis nötig ist. Zweieinhalb Tage Apotheken-Planspiel: Bilanzen erstellen, Gewinn- und Verlustrechnungen ausführen, das Apothekenpersonal und das Kapital mit Blick auf die Konkurrenz richtig einsetzen und das eigene Sortiment aufs spezifische Publikum ausrichten.

Sie wollen mehr über Sanacorp-Campus, das Programm für Pharmaziestudierende, angehende und junge Apothekerinnen und Apotheker wissen?

Setzen Sie sich mit uns in Verbindung! Wir helfen Ihnen gerne weiter.

Kontakt
campus@sanacorp.de
Norman Keil, Ilona Rodewald, Petra Winklbauer
Sanacorp Pharmahandel GmbH
Hauptverwaltung
Semmelweisstraße 4
82152 Planegg
Tel. 089 85 81 580
Fax 089 85 81 470

Mit Sanacorp-Campus leichter durchs Studium kommen und erfolgreich in den Beruf starten!

Niederlassungen der Sanacorp-Gruppe

Niederlassung Asperg
Im Waldeck 11
71679 Asperg
Telefon: 07141/4 00-6 00
Telefax: 07141/4 00-6 26

Niederlassung Chemnitz
Carl-von-Bach-Straße 12
09116 Chemnitz
Telefon: 0371/27 858-235
Telefax: 0371/27 858-209

Niederlassung Düsseldorf
Wahlerstraße 40
40472 Düsseldorf
Telefon: 0211/65 01-0
Telefax: 0211/65 01-214

Niederlassung Fürth
Am Weidiggraben 14
90763 Fürth
Telefon: 0911/97 01-230
Telefax: 0911/97 01-239

Niederlassung Gelsenkirchen
Scheuten-Solar-Str. 1
45881 Gelsenkirchen
Telefon: 0209/17792-200
Telefax: 0209/17792-210

Niederlassung Hamburg
Marlowring 23–25
22525 Hamburg
Telefon: 040/8 53 09-156
Telefax: 040/8 53 09-155

Niederlassung Hannover
In den Kolkwiesen 74–78
30851 Langenhagen
Telefon: 0511/77 00-2 60
Telefax: 0511/77 00-9 11

Niederlassung Herne
Lindenallee 4
44625 Herne
Telefon: 02325/64 01-0
Telefax: 02325/65 01-214

Niederlassung Lübeck
Reepschlägerstraße 10
23556 Lübeck
Telefon: 040/8 53 09-156
Telefax: 040/8 53 09-155

Niederlassung Mainz
Galileo-Galilei-Straße 8
55129 Mainz
Telefon: 06131/9 56-2 00
Telefax: 06131/9 56-272

Niederlassung Offenburg
Hanns-Martin-Schleyer-Straße 14
77656 Offenburg
Telefon: 0781/87-220
Telefax: 0781/77-300

Niederlassung Planegg
Behringstraße 1
82152 Planegg
Telefon: 089/85 81-710
Telefax: 089/85 81-272

Niederlassung Potsdam
An der Brauerei 2
14478 Potsdam
Telefon: 0331/86 86-261
Telefax: 0331/86 86-266

Niederlassung Saarbrücken
Theodor-Heuss-Straße 9
66130 Saarbrücken
Telefon: 0681/87 04-600
Telefax: 0681/87 04-260

Niederlassung Stralsund
Nesebanzer Weg 3
18439 Stralsund
Telefon: 03831/26 98-2 09
Telefax: 03831/26 98-214

Niederlassung Tuttlingen
Alemannenstraße 10
78532 Tuttlingen
Telefon: 07462/2 02-4 43
Telefax: 07462/2 02-4 20

Niederlassung Ulm
Hans-Lorenser-Straße 30
89079 Ulm
Telefon: 0731/4015-920/-9 30
Telefax: 0731/4015-915